化学の指針シリーズ

編集委員会　井上祥平・伊藤　翼・岩澤康裕
　　　　　　大橋裕二・西郷和彦・菅原　正

錯体化学

佐々木陽一　柘植清志　共著

裳華房

COORDINATION CHEMISTRY

by

YOICHI SASAKI
KIYOSHI TSUGE

SHOKABO

TOKYO

〈出版者著作権管理機構 委託出版物〉

「化学の指針シリーズ」刊行の趣旨

　このシリーズは，化学系を中心に広く理科系（理・工・農・薬）の大学・高専の学生を対象とした，半年の講義に相当する基礎的な教科書・参考書として編まれたものである．主な読者対象としては大学学部の2〜3年次の学生を考えているが，企業などで化学にかかわる仕事に取り組んでいる研究者・技術者にとっても役立つものと思う．

　化学の中にはまず「専門の基礎」と呼ぶべき物理化学・有機化学・無機化学のような科目があるが，これらには1年間以上の講義が当てられ，大部の教科書が刊行されている．本シリーズの対象はこれらの科目ではなく，より深く化学を学ぶための科目を中心に重要で斬新な主題を選び，それぞれの巻にコンパクトで充実した内容を盛り込むよう努めた．

　各巻の記述に当たっては，対象読者にふさわしくできるだけ平易に，懇切に，しかも厳密さを失わないように心がけた．

1. 記述内容はできるだけ精選し，網羅的ではなく，本質的で重要な事項に限定し，それらを十分に理解させるようにした．
2. 基礎的な概念を十分理解させるために，また概念の応用，知識の整理に役立つよう，演習問題を設け，巻末にその略解をつけた．
3. 各章ごとに内容に相応しいコラムを挿入し，学習への興味をさらに深めるよう工夫した．

　このシリーズが多くの読者にとって文字通り化学を学ぶ指針となることを願っている．

「化学の指針シリーズ」編集委員会

まえがき

　本書は錯体化学を初めて学ぶ学生諸君のために書いたものである．
　この本を手に取った学生諸君の中には，錯体化学は無機化学の一分野と思っている人が多いに違いない．錯体化学が対象とするのは，金属錯体と呼ばれる一群の化合物である．その金属錯体は，金属イオンに対して，「配位子」と呼ばれる有機物や，簡単な構造の分子・イオンが複数個結合してできている化合物である．初期の錯体化学では配位子が比較的簡単な構造のものに限られていたため，金属イオンが主役となっていた．このため，従来の錯体化学の教科書は，金属元素の側からだけ書かれてきた観がある．これが，錯体化学が無機化学の一分野と見られてきた理由であろう．しかし，最近の錯体化学は，配位子としての有機化合物が複雑多岐にわたるようになり，これに伴って，有機配位子抜きでは錯体化学を語ることができない時代となった．すなわち，錯体化学の主要な部分が，無機化学と有機化学の両方にまたがるようになったのである．もはや，錯体化学を無機化学の一分野といって済まされるような状況ではないといえよう．
　生命活動を理解するのにも今や錯体化学の知識が欠かせない．私たちの生命活動は，たくさんの含金属酵素によって支えられている．そのような酵素の中で，金属イオンはタンパク質を配位子として錯体を形成している．例えば，含鉄タンパク質のヘモグロビンは，私たちの血液の中で酸素を運搬する役割を果たしているが，酸素運搬の主役は，ヘモグロビン中で酸素と直接結合する鉄イオンである．また，新しい性質を持つ物質の開発により，私たちの生活は豊かになっているが，その開発も金属元素を含むものに向けられている．そのような金属元素を含む物質の多くが錯体を形成している．豊かさの一方で，エネルギー問題，環境問題が深刻になってきている．これらの問題

への対処にも金属元素の役割，すなわち錯体化学の知識が重要であることが認識されてきている．

　このように見てくると，錯体化学の科学全体における位置づけも大きく変わってきたことがわかるであろう．このような錯体化学を取り巻く状況の変化に応じて，錯体化学自体も大きく変貌してきている．つまり，錯体化学で教わるべき内容も，現代錯体化学の置かれた位置づけの変化に対応して新たなバランスで構成され直さなければならない．本書は，このような最近の錯体化学の分野の変化にも十分配慮してまとめたものである．本書では，金属元素の基礎的な性質を系統的な目で振り返るところから出発し，この知識をもとに，全体を通して金属元素全体に常に目を配り，系統的な視点を失わないような記述を心掛けた．このため，第1章で錯体化学の概略と歴史を述べた後，第2章を金属元素の一般的な知識をまとめる章にあてた．錯体化学を学ぶには，金属元素の基本的な性質を十分に身に付けておくことが必要と考えたからである．一方で，錯体化学の進展を支えてきた，いわゆる配位子場理論の記述には第4章で十分のページを割いた．錯体化学のエッセンスとして，ここはきちんと学び，幅広い分野に生かして欲しいと思うからである．1つの錯体ユニット内に複数の金属原子が含まれるいわゆる多核錯体の重要性が一段と増していることを考慮して，全編にわたり，立体構造，電子状態などを通じて，多核錯体に関する記述を取り入れるように努めた．現代錯体化学の進展には，配位子の役割が欠かせないことは上で述べた．その意味で配位子から見た錯体化学の章として第7章を設けた．最後の第8章で錯体化学を取り巻く最先端領域の一部を紹介した．第7,8章でも紹介できたのはごく表面的な事柄だけであるが，これを基礎として必要に応じてこの観点からの知識を深めて欲しいと思っている．全体を通して，多分に欲張った方針となったので，限られたページ数では中途半端になったことを恐れるが，新しい錯体化学の分野の全体像の概略なりと把握してもらえれば有り難い．

まえがき

　この本が切っ掛けとなって，錯体化学の分野の研究に一人でも多くの学生諸君が飛び込んでいただければ，著者らの喜びはこれに尽きる．錯体化学は奥の深い化学分野である．どの現象，どの金属元素から飛び込んでも，研究者を夢中にさせ，研究を発展・深化させるような事柄がちりばめられているに違いない．研究を進めていると，容易には全体像が見えにくくなることがあるかも知れない．そんな折，本書に立ち戻って，全体像を思い出すこともまた重要かもしれない．そのような面からも本書が役に立てば幸いである．

　本書の執筆の切っ掛けは裳華房の「化学新シリーズ」編集委員会の一員でおられた一國雅巳先生からのお誘いでした．執筆の遅い著者に対しまして，その後「化学の指針シリーズ」編集委員会の委員を引き継がれた伊藤　翼先生から，新しいシリーズの一冊として執筆を続けるよう強い働きかけをいただきました．ここまでくるのに，最初のお誘いから何年もの歳月が経ってしまいました．この間，両先生はもとより，裳華房編集部の小島敏照氏には適切な助言と忍耐強い励ましをいただき，ようやく刊行にこぎ着けることができました．また，同編集部の山口由夏氏には，最終原稿に対する多くのまことに適切な指摘や助言をいただきました．本書の刊行に当たっては，これらの方々をはじめ，多くの方々に励ましと助言をいただきました．ここに深く謝意を表します．

2009年11月

佐々木　陽一
柘植　清志

目　　次

第 1 章　錯体化学とは
1.1　錯体化学とはどのような学問か　*1*
1.2　錯体化学の対象となる元素　*4*
1.3　金属錯体を形成する結合　*5*
1.4　金属錯体の研究の歴史　*6*
　演 習 問 題　*13*

第 2 章　錯体化学の基礎としての金属元素の諸性質
2.1　元素の分類　*15*
2.2　安定な酸化状態　*18*
　2.2.1　典型金属元素　*20*
　2.2.2　遷移金属元素　*20*
　2.2.3　ランタノイド元素　*25*
　2.2.4　アクチノイド元素　*26*
2.3　金属元素のイオン半径　*26*
2.4　配位水の酸解離定数　*31*
2.5　オキソ金属イオン　*31*
2.6　金属元素の存在量　*32*
　演 習 問 題　*36*

第 3 章　金属錯体の立体構造
3.1　有機化合物やイオン結晶の立体構造との比較　*38*
　3.1.1　有機化合物の立体構造の考え方　*38*
　3.1.2　配位結合におけるイオン結合性　*39*
　3.1.3　金属錯体の立体構造を支配する要因　*39*
3.2　金属イオンのサイズと立体構造 ―イオン半径と配位数―　*42*

- 3.3 単核金属錯体の立体構造　44
  - 3.3.1 単核錯体における配位数と立体構造の関係　44
  - 3.3.2 d-ブロック遷移金属錯体の構造　49
  - 3.3.3 高い酸化数の金属錯体の構造　50
  - 3.3.4 π電子で配位した錯体の構造　51
- 3.4 異性体（幾何異性体・光学異性体・連結異性体）　52
- 3.5 多核錯体の立体構造　56
  - 3.5.1 金属間結合のない多核錯体　57
  - 3.5.2 金属間結合を持つ多核錯体　64
  - 3.5.3 無限鎖状錯体から超分子錯体へ　67
- 演習問題　69

第4章　金属錯体の電子状態

- 4.1 金属錯体の電子状態に対する考え方　71
- 4.2 電子状態の考え方の概略　73
- 4.3 自由原子の電子状態　74
  - 4.3.1 自由原子における軌道関数　74
  - 4.3.2 自由原子における電子配置と電子状態　75
- 4.4 遷移金属錯体の電子状態　79
  - 4.4.1 結晶場理論　79
  - 4.4.2 配位子場理論　89
  - 4.4.3 中心金属－配位子間のπ性相互作用　93
  - 4.4.4 電子配置と磁性　98
  - 4.4.5 配位子場理論のさらに進んだ取扱い　100
- 4.5 金属－金属間結合　101
  - 4.5.1 金属－配位子フラグメント　101
  - 4.5.2 金属－金属間多重結合　102
  - 4.5.3 金属配位子フラグメントに分けられない場合　104
- 4.6 電子状態と電子スペクトル　105
  - 4.6.1 多電子配置とエネルギー状態　106

4.6.2 電子遷移の選択則　*107*
　　4.6.3 d-d 遷移と田辺-菅野図　*109*
　　4.6.4 d-d 遷移のさらに詳しい取扱い　*113*
　　4.6.5 電荷移動吸収　*115*
　演習問題　*117*

第5章　金属錯体の安定性
5.1 金属錯体の固体と溶液内での安定性に対する考え方　*120*
5.2 錯体の固体状態での安定性　*121*
5.3 錯体の溶液中での安定性　*122*
5.4 安定度定数　*123*
　　5.4.1 安定度定数の定義　*123*
　　5.4.2 逐次安定度定数　*124*
　　5.4.3 キレート効果　*126*
　　5.4.4 安定度定数と水溶液の pH の関係　*129*
　　5.4.5 非水溶媒中での錯形成　*129*
5.5 硬さ-軟らかさの概念と安定度定数　*131*
5.6 金属イオンによる安定度定数の変化　*134*
　　5.6.1 典型金属イオン　*134*
　　5.6.2 遷移金属イオン　*135*
　　5.6.3 ランタノイド金属イオン　*137*
　演習問題　*140*

第6章　金属錯体の反応
6.1 金属錯体の多彩な反応性　*141*
6.2 配位子置換反応　*142*
　　6.2.1 置換活性と置換不活性　*143*
　　6.2.2 配位子置換反応の速度を決める要因　*147*
　　6.2.3 置換しない配位子の影響　*151*
　　6.2.4 配位子置換反応の機構　*152*

6.3 酸化還元反応　155
　6.3.1 酸化還元反応の起こりやすさ　155
　6.3.2 外圏型反応機構と内圏型反応機構　157
　6.3.3 原子移動反応機構　159
　6.3.4 酸化還元反応の速度　160
6.4 多核錯体の反応性　162
　6.4.1 配位子置換反応　162
　6.4.2 電子移動反応　163
演習問題　165

第7章　配位子から見た錯体化学

7.1 配位子に対する一般的なことがら　168
7.2 単一金属イオンに配位する多座配位子　169
　7.2.1 配座数による分類　169
　7.2.2 配位子の形状による分類　170
　7.2.3 直鎖状配位子　170
　7.2.4 分岐型配位子　172
　7.2.5 環状配位子　172
　7.2.6 環状ポリエーテル配位子　175
　7.2.7 ポルフィリンおよびフタロシアニン　176
　7.2.8 配位子による錯体の立体構造の歪み　178
7.3 複核および多核錯体を与える配位子　179
　7.3.1 架橋配位子の種類　179
　7.3.2 二核化ならびに多核化配位子　180
　7.3.3 錯体配位子　182
演習問題　185

第8章　発展する錯体化学の分野

8.1 生体内金属酵素に関わる錯体化学　187
　8.1.1 生体内の金属元素と錯体化学　187

8.1.2 酸素運搬酵素　*188*
　　8.1.3 モデル化が難しい金属酵素　*191*
　8.2 触媒化学における錯体化学　*193*
　　8.2.1 触媒と錯体化学　*193*
　　8.2.2 C−C結合やC−H結合の生成　*193*
　　8.2.3 酸化反応　*195*
　　8.2.4 不斉触媒　*196*
　8.3 錯体ユニットの集積化と固体錯体化学　*198*
　　8.3.1 自己集積化錯体，超分子錯体および配位高分子　*198*
　　8.3.2 超分子錯体の構造と機能　*199*
　　8.3.3 配位高分子の基本的構造　*202*
　　8.3.4 配位高分子の作る空間　*203*
　　8.3.5 配位高分子の作る空間の利用　*204*
　　8.3.6 固体表面への金属錯体の固定　*205*
　8.4 光化学と錯体化学　*206*
　　8.4.1 金属錯体の発光　*206*
　　8.4.2 発光性の金属錯体　*207*
　　8.4.3 光励起状態と発光　*211*
　　8.4.4 光励起状態における錯体の反応性　*214*
　　8.4.5 金属錯体の光化学的利用　*215*
　8.5 磁性と錯体化学　*217*
　　8.5.1 金属錯体の磁性　*217*
　　8.5.2 スピン状態の変換　*218*
　　8.5.3 単分子磁石　*220*
　演習問題　*223*

参考文献　*225*
演習問題解答　*228*
索　引　*242*

Column

■ 錯体化学と配位化学　*12*
■ テクネチウム錯体 ―錯体化学の宝庫？― 　*35*
■ 光学活性の定義と記憶法？　*68*
■ モリブデンと生命の起源　*117*
■ 酸化と還元 ―電子の立場から―　*138*
■ 桁　違　い　*146*
■ 車輪型錯体　*184*
■ 薬になる金属錯体　*222*

第1章　錯体化学とは

本章では，まず錯体化学がどのような学問分野かを概観する．次に錯体化学の対象である金属錯体を形成する結合についての簡単な予備知識を述べ，最後に錯体化学の発展の歴史を通して錯体化学を学ぶ上での重要なポイントを明らかにする．

1.1　錯体化学とはどのような学問か

「錯体化学」と聞くとまずどのようなイメージを思い浮かべるであろうか．かなり特殊な学問分野であると思う人が多いのではないだろうか．確かに錯体化学がそのように考えられていた時期もあった．しかし，今やそのような考え方は妥当ではない．錯体化学は多くの分野に密接な関係を持つようになり，化学の領域の中で重要な位置を占める学問分野となってきている．

錯体化学(coordination chemistry)では，金属元素を扱う．その金属元素は，錯体化学の対象となるとき，陽イオンとして存在する（稀に中性原子であったり負の酸化数を持つこともあるが例外的である）．その金属イオンのまわりに，有機化合物や，よく知られている簡単な分子 (O_2, CO, N_2, H_2O, NH_3 など)，イオン (OH^-, F^-, Cl^- など) が結合した化合物が**金属錯体** (metal complex：coordination compound) と呼ばれ，錯体化学で取り上げられる化合物群である．図1.1に比較的よく見かける金属錯体の例を図示した．図1.1 (a) に示すコバルト(III)イオンにアンモニアが6個結合した錯体 $[Co(NH_3)_6]^{3+}$ は，典型的な金属錯体の例として高校の教科書でも目にし

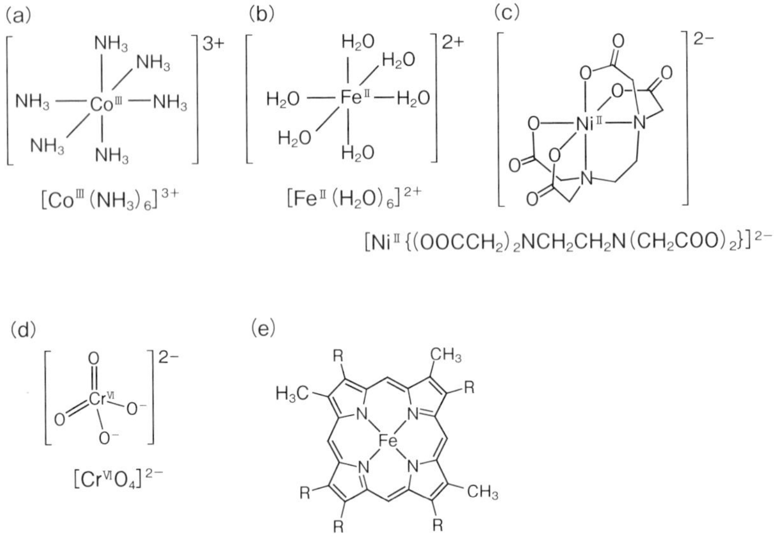

R：直鎖アルキルカルボン酸，
ビニル基などの有機置換基

図 1.1 よく知られた金属錯体の例

(a) ヘキサアンミンコバルト錯体，(b) ヘキサアクア鉄(II)錯体，(c) ニッケル EDTA 錯体，(d) クロム酸イオン，(e) ヘモグロビン中の活性中心における鉄ポルフィリン錯体骨格

たことがあるかも知れない．図 1.1(b) に示した $[Fe(H_2O)_6]^{2+}$ では，アンモニアではなく水分子が 6 個，鉄(II) のイオンに結合しているが，これも金属錯体である．この錯体はすぐ後でもう一度取り上げる．分析化学で金属イオンの分析にしばしば用いられる EDTA (エチレンジアミン四酢酸およびそのイオン，$((OOCCH_2)_2NCH_2CH_2N(CH_2COO)_2)^{4-}$ の総称；錯体中ではイオンとなっている) は，金属イオンと極めて安定な錯体を形成する．この EDTA の錯体の例としてニッケル錯体を図 1.1 (c) に示した．さらに，酸化剤として知られるクロム酸イオン (図 1.1 (d)) も，クロム(VI) のイオンに 4 個の酸化物イオン (O^{2-}，以後オキソイオンと呼ぶことにする) が結合した

錯体である．図1.1 (e) に示す複雑な構造をした鉄のポルフィリン錯体は我々の体の中にある金属錯体の例である．これについてもすぐ後に述べる．

さて，金属錯体は自然界には存在しない珍しい化合物群だと思う人も多いかも知れないが，実は，私たちのまわりにある金属元素を含む化合物の多くが金属錯体なのである．その意味で，錯体化学は決して特殊な化合物を取り扱う学問分野ではない．身近な例からあげてみよう．海，湖，川などの水には様々な金属イオンが溶け込んでいる．この金属イオンは単独で存在しているのではなく，必ず複数個の水分子をまわりに結合させている．図1.1 (b) の鉄(II)錯体，$[Fe(H_2O)_6]^{2+}$ はその例である．すなわち，水に溶けた金属イオンはすべて水分子と結合して錯体を形成しているのである．

私たちの体の中には，私たちの生命活動にとって欠かせないたくさんの酵素がある．その酵素タンパク質の半分以上に金属元素が含まれているといわれており，多くの場合，金属元素は酵素機能の中心的な役割を果たしている．例えば，私たちの血液の中では，ヘモグロビンと呼ばれる複合鉄タンパク質が，酸素を運搬する役割を担っている．ヘモグロビン中では鉄のイオンが酸素と直接結合して酸素運搬の主役を演じる．鉄イオンはタンパク質の中のポルフィリンと呼ばれる有機化合物部分に結合しており，その意味でヘモグロビン中の鉄イオンは錯体を形成していることになる．図1.1 (e) に示した構造は酸素が結合する前のものであるが，酸素が取り込まれた後の状態も，ポルフィリンに加えて酸素が鉄イオンと結合した錯体である．我々が吐き出す炭酸ガスは，重炭酸イオンの形で亜鉛(II)イオンに結合して肺に運ばれるが，この機能を担う炭酸脱水酵素の活性中心も亜鉛(II) の錯体である．これらの例は金属タンパク質や金属酵素のごく一部にすぎない．生体内には他にも多くの金属元素を含む酵素タンパク質，金属酵素が知られており，そのすべてが実は金属錯体なのである．

現在，新しい機能を持つ化学物質の開発が化学者の手により盛んに行われており，私たちの生活を豊かにしてくれている．そして，その新しい物質の

開発が金属元素を含む化合物に向けられてきている．有機物だけでは新規な物質の開発は難しくなってきているのである．そのような金属元素を含む化学物質の多くが錯体を形成している．

このように考えてくると，金属錯体の化学は，特殊な分野どころか，私たちの生活に密接に関連した知識を提供してくれる重要な学問分野であることがわかるであろう．

1.2 錯体化学の対象となる元素

上で述べたように，錯体化学で扱う化合物は金属イオンとそれをとり巻く有機化合物や簡単な分子，イオンから成り立つ．金属イオンとしてはすべての金属元素が対象となる．それに結合する有機化合物などを配位子と呼ぶが，非金属元素のほぼすべてが単独のイオン（例えば，塩化物イオン（Cl^-）など）あるいは化合物（例えば，図1.1で示したアンモニアや，EDTA，さらにはアミノ酸など）の形で配位子となる．この意味で，錯体化学には，周期表に見られるほぼすべての元素が登場する．外してよい元素は18族元素（希ガス元素）ぐらいであるが，これらの元素の中でも重い方の元素の化合物（例えばXeF_4などのXeの化合物）は，一種の錯体と見ることができる．すなわち，錯体化学は全元素化学である．

有機化学では伝統的に，C，H，O，N，S，Pなどが主な対象元素である．このことは，限られた元素だけで極めて多彩な化学が展開される有機化学の特徴を示している．しかし，最近では，有機化学にも金属元素がしばしば登場するようになった．そのほとんどすべての場合において，金属元素は錯体の形で登場する．錯体化学が周辺領域の化学と密接に関連を持つようになってきたことの好例であろう．

1.3 金属錯体を形成する結合

上で述べたように，金属イオンに結合する有機化合物や簡単な構造の分子，イオンは配位子と呼ばれる．そして，金属イオンと配位子との間の結合は**配位結合**（coordination bond）と呼ばれる．結合に関する詳しい説明は第4章に譲るが，ここでは第3章までの内容を理解する程度の知識として，配位結合の概要を述べておきたい．

共有結合は，その結合を作る2つの原子が電子を1個ずつ出して，合わせて2個の電子が電子対を作り，この電子対を両原子が共有することによって形成される．金属錯体の場合にも，金属イオンと配位子の間に電子対が共有されているが，電子対は配位子側から一方的に供与される．そして，結合内では電子対は配位子側に大きく偏っている．このような結合を特に配位結合と呼んでいるのである．この様子を**図1.2**に示した．この図からわかるように，金属イオンは電子対を受けとるのでルイス酸，配位子は電子対を渡すのでルイス塩基として作用する．つまり，電子対の授受により錯体が形成される．一般的なルイス酸塩基反応の説明では，ルイス酸とルイス塩基が1：1で反応する場合が示されるが，図1.1の例でわかるように，金属錯体の場合は1個のルイス酸（＝金属イオン）に対し，複数個のルイス塩基（＝配位子）が結合する場合がほとんどである．これにより，金属イオン1個のまわ

(a) 典型的な共有結合

(b) 典型的な配位結合

図1.2 典型的な共有結合と配位結合の考え方

りに複数の配位子が配位する，金属錯体に特徴的な構造ができ上がる．

金属錯体の中には，電子対が金属イオンと配位子の両方で比較的偏りなく共有されているものもある．そのような例はいわゆる**有機金属化合物**（organometallic compound）と呼ばれるものに多い．有機金属化合物では配位子に含まれる炭素が金属イオンに直接配位した化合物や，π電子が金属イオンに供与された化合物が見られる．例えば，$W(CH_3)_6$のような化合物は，CH_3^-が電子対を金属イオンに供与して配位結合を形成していると見ることができるが，W原子のまわりにCH_3ラジカルが電子1個を供出して共有結合を形成していると見ることもできる．π電子が供与される例としては，次の節で取り上げるような，エチレンやシクロペンタジエニルイオンが配位した錯体があげられる．このようないわゆる有機金属化合物と典型的な金属錯体とは，しばしば別の種類に属する化合物として取り扱われるが，そのように考えるのはあまり適切ではない．これらは金属イオンと配位子からなる一連の化合物であり，共有している電子対の偏り方にしばしば違いが見られる．

1.4 金属錯体の研究の歴史

この節では，金属錯体の分野の発展の歴史を大雑把に眺めてみる．やや難しい事柄も出てくるかも知れないが，ここでは，金属錯体の化学の発展の流れを通して，錯体化学ではどのようなことが重要な問題なのか，どのようなことを学ぶべきなのかといったようなことをつかんでもらいたい．

今，我々が金属錯体と呼んでいる化合物の合成は18世紀末くらいから散見されるようになったが，本格的に合成が進んだのは19世紀後半からである．当時，コバルト，ニッケル，クロムなどのイオンとアンモニアとから，様々な色を呈する一連の化合物が合成できることが知られるようになった．デンマークのヨルゲンセン（S. M. Jørgensen）は，これらの金属錯体の合成法を今でも用いられるような形で整理し，合成という観点から錯体化学の発

1.4 金属錯体の研究の歴史

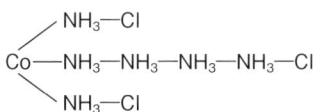

図1.3　19世紀に提唱された [Co(NH$_3$)$_6$]Cl$_3$ の構造
Coは3価であるため3つの結合を持つとしている．

展に大きく貢献した．しかし，それらの化合物の構造は，当時の有機化合物の構造論をもとにしたものであり，今から見ると奇妙な構造が提示されていた．例えば，[Co(NH$_3$)$_6$]Cl$_3$ については，Coが3本の手を，アンモニアのNが5本の手を持つという仮定のもとに，図1.3のような構造が提案されていた．

このような構造上の難点を解決したのが，スイスの化学者ウェルナー（A. Werner）である．彼は，コバルト(III)などの金属イオンに正八面体型方向に伸びた6本の手を仮定するという，当時から見れば画期的な発想に至り，これによりヨルゲンセンの構造では解決できない様々な問題点が，すべて説明できることに気づいた．これがウェルナーの配位説の誕生で，1893年のことである．この6配位八面体型構造を証明するために用いられた手段が，6配位八面体型構造に特有な幾何異性体や光学異性体を持つ錯体の合成とその異性体への分離である．

図1.4に具体的な例をいくつか示す（異性体のまとまった説明については3.4節参照）．例えば，[CoCl$_2$(NH$_3$)$_4$]$^+$ にはトランス（*trans*）体とシス（*cis*）体が存在するが，このような異性体の組み合わせがいくつもの例で合成され，彼の配位説の妥当性が示された．さらに，エチレンジアミン NH$_2$CH$_2$CH$_2$NH$_2$ 3個がそれぞれ2個の窒素でコバルトイオンに配位[†]した錯

[†] これをキレート，生じる金属イオンを含む環状構造をキレート環と呼ぶ．またキレート環を生ずるような2個以上の配位原子を持つ配位子をキレート配位子と呼ぶ（3.4節, 5.4.3項, 7.2.1項参照）．

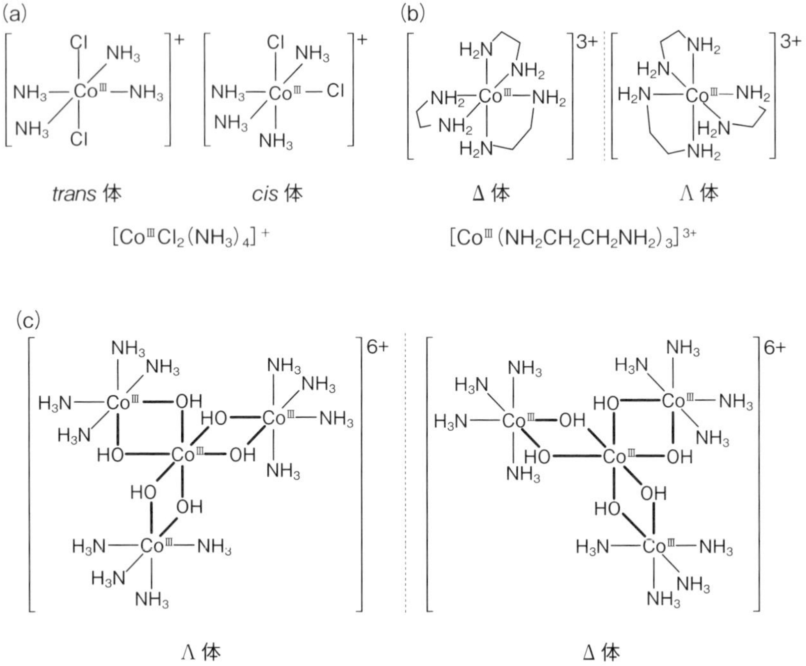

(a) trans体　　　cis体
$[\mathrm{Co^{III}Cl_2(NH_3)_4}]^+$

(b) Δ体　　　Λ体
$[\mathrm{Co^{III}(NH_2CH_2CH_2NH_2)_3}]^{3+}$

(c) Λ体　　　Δ体

図1.4　ウェルナーが6配位八面体型構造を説明するために用いた化合物
(a) ジクロロテトラアンミンコバルト(III)錯体の幾何異性体，(b) トリス(エチレンジアミン)コバルト(III)錯体の光学異性体，(c) ヘキソール錯体光学異性体（各異性体の名称については第3章で詳しく述べる）

体 $[\mathrm{Co(NH_2CH_2CH_2NH_2)_3}]^{3+}$ には，6配位八面体型構造のもとでは光学対掌体が存在することになるが，ウェルナーは，光学分割によりこの錯体の対掌体を単離してみせた．ウェルナーはその他にも多くの光学活性錯体の対掌体を単離してみせたが，極め付きは，有機化合物をいっさい含まない光学活性錯体の光学分割である．コバルト(III)，$\mathrm{NH_3}$，$\mathrm{OH^-}$ からなる金属錯体 cis-$[\mathrm{Co(NH_3)_4(OH)_2}]^+$ が2つの $\mathrm{OH^-}$ を橋掛けの配位子として，ちょうどエチレンジアミンのように3個，別のコバルト(III)に配位した錯体 $[\mathrm{Co\{(OH)_2Co(NH_3)_4\}_3}]^{6+}$ が合成され，光学分割された．当時，光学活性体

は有機化合物で広く知られていたが，ウェルナーは有機物を全く含まない金属錯体も光学活性になり得ることを示し，金属錯体に6配位八面体構造を持ち込んだ彼の配位説の強い証拠としたのである．このような配位説の確立により，ウェルナーは錯体化学の父と呼ばれる．1913年にはノーベル化学賞を受賞した．

金属錯体の結合に関する理論はウェルナーの時代からしばらく遅れて発展した．まず最初に**結晶場理論**(crystal field theory) が提案されたが，これは遷移金属錯体のd軌道のエネルギー状態を静電的な考察により説明したものである．結晶場理論では，配位子を負の点電荷と見なして，この負の点電荷との静電的な相互作用により，遷移金属イオンのd軌道がエネルギー的に分裂すると考えた．この理論は，遷移金属錯体の吸収スペクトルや磁性をうまく説明できたことから大きな成功をおさめた．わかりやすくかつ定性的な説明には有効なことから，現在でも簡単な電子状態モデルとしてよく用いられる．金属イオンと配位子の結合に共有結合的な要素を取り込んだ理論は**配位子場理論** (ligand field theory)（結晶場理論も配位子場理論の一部と見なして包含することもある）として発展し，さらにより厳密な分子軌道の考え方を取り入れた扱いが導入されて現在に至っている．

新しいタイプの金属錯体の合成は，錯体化学に大きな進歩をもたらした．そのような金属錯体のいくつかを**図 1.5**に示した．X線単結晶構造解析手法の発展により，新しく合成された錯体の立体構造も次々に明らかになった．そして，早くから知られていた錯体からは予想できない，新しいタイプの構造の錯体も知られるようになった．エチレンがπ型で白金(II)に結合したツァイゼ (Zeise) 塩 $[PtCl_3(C_2H_4)]^-$（合成は1827年に遡る）（図 1.5 (a)) や，シクロペンタジエンから1個水素が外れた形をした陰イオン $C_5H_5^-$ が2個上下から鉄(II)に配位した，フェロセンと呼ばれるサンドイッチ型の錯体 $Fe(C_5H_5)_2$（図 1.5 (b)）などは，結晶解析が構造決定の決め手となった．後者を合成したウィルキンソン (G. Wilkinson) は1973年にこの業績でノー

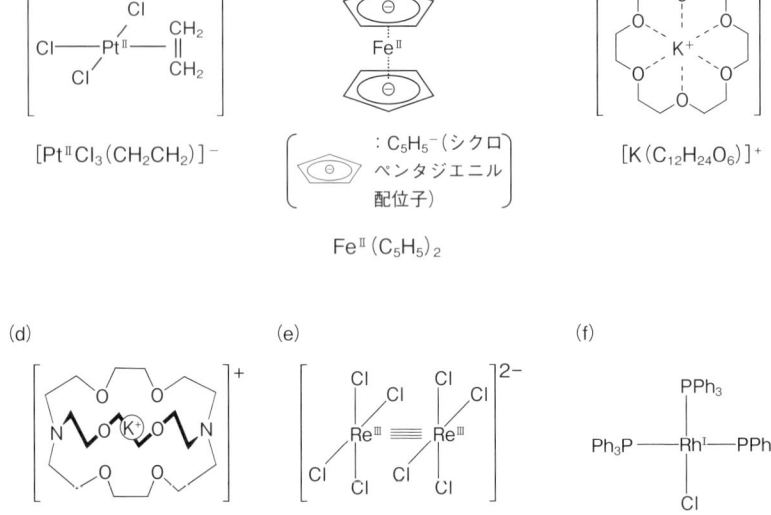

図 1.5　歴史的に重要な役割を果たした錯体
(a) ツァイゼ塩，(b) サンドイッチ錯体，(c) クラウンエーテル錯体，(d) クリプタンド錯体，(e) 金属—金属多重結合を持つ錯体（この例では Re と Re の間に四重結合），(f) ウィルキンソン錯体

ベル化学賞を受賞した．

　1960年代以降になって，配位子の設計が進み，新たなタイプの錯体が多数合成されるようになった．クラウンエーテルのような環状エーテルによる金属イオンの取込みは，それまで遷移金属イオンが中心であった錯体化学を，アルカリ金属イオンなどの典型金属元素へ広げる役割を果たした．クラウンエーテル（図 1.5 (c)）およびそれを複雑にしたクリプタンド（図 1.5 (d)）を用いた研究で，1987年にペダーセン（C. J. Pedersen）およびレーン

(J. -M. Lehn) がノーベル化学賞を受賞した．また，1960年代には，金属原子間に直接の共有結合，特に金属間多重結合を持つ化合物（図 1.5 (e) にレニウム(III) の間に四重結合を持つ錯体 [Re$_2$Cl$_8$]$^{2-}$ の構造を示す）の合成がきっかけとなって，1つの錯体ユニット内に複数の金属原子を含む形の多核錯体の研究が発展した．このようにして，配位子と単核，多核金属骨格との組み合わせによる高次構造の化合物（超分子化合物と呼ばれるものも含む．3.5節参照）が次々と作られるようになり，現在に至っている．

化学反応の面からの金属錯体の研究も1950年代から進み始めた．金属錯体を水などの溶媒に溶かしたとき，溶液内で配位子が他の配位子と置き換わる反応が起こる．その反応の速度は金属イオンの種類によって大きく異なる．1秒以下で終わってしまうような反応の追跡は，アイゲン (M. Eigen) らの迅速反応測定装置（ストップトフロー法や温度ジャンプ法）の開発により一気に進んだ．この測定法の開発は，タウビー (H. Taube) による金属錯体の配位子置換活性 (labile) 型と置換不活性 (inert) 型への分類と相まって，配位子置換反応の系統的な理解に大きな貢献をした（第6章参照）．

遷移金属元素の重要な性質の1つに，複数の酸化数をとりやすいことがあげられる．したがって，金属イオンの酸化数に変化の起こる酸化還元反応は金属錯体の重要な反応の1つである．酸化還元反応では，反応に伴い電子が移動することが多い（電子ではなく酸素原子など原子が移動することもある）が，その機構の解明にもタウビーの寄与が大きい．彼は，電子移動反応機構を内圏型，外圏型に分類し，反応中間体の単離などを通してこの反応機構を証明した．金属錯体の酸化還元反応（電子移動反応）の理論的な研究にはマーカス (R. A. Marcus) の貢献が大きい．彼の提唱したマーカスの理論は，電子移動反応の研究に欠かせない．これら金属錯体の反応に関する研究に貢献したアイゲン，タウビー，マーカスは1967年，1983年，1992年にそれぞれノーベル化学賞を受賞した．

金属錯体が，有機化学反応の触媒として働くことは，ウィルキンソン

(Wilkinson) 触媒（図 1.5 (f)，RhCl(P(C_6H_5)_3)_3，オレフィンの水素化の触媒）などを始めとして多くの事例が知られているが，かなり早くから活発な研究が展開されてきた．また，最近の例では，ルテニウムの光学活性錯体を触媒とした不斉有機化合物の合成が，野依良治（名古屋大学名誉教授）らのノーベル賞に結び付いた．野依教授の業績は有機化学とされているが，触媒として金属錯体が重要な位置を占めている．

　以上，金属錯体の発展の歴史をおおまかにたどってきたが，金属錯体の化学を学ぶ上でどのようなことが対象となるのかについて，だいたいの描像がつかめたことと思う．**表 1.1** に示したようにノーベル賞受賞者も多く，金属錯体の研究が化学全体の発展にとっても重要な位置を占めてきたことがわかるであろう．次からの章で個別の項目について詳しく学ぶこととする．

表1.1　錯体化学が関連する研究でのノーベル化学賞受賞者

年	受賞者	国	研究内容
1913	A. Werner	スイス	配位説の確立
1967	M. Eigen	西ドイツ	高速化学反応の研究
1973	G. Wilkinson	イギリス	サンドイッチ型化合物の合成
1983	H. Taube	アメリカ	金属錯体の電子移動反応機構の解明
1987	C. J. Pedersen	アメリカ	クラウンエーテル化合物の開発
1987	J.-M. Lehn	フランス	クリプタンドなど超分子化合物の合成
1992	R. A. Marcus	アメリカ	電子移動反応の理論的研究
2001	K. B. Sharpless	アメリカ	不斉錯体触媒による有機酸化反応の研究
2001	野依 良治	日本	不斉錯体触媒による有機水素化反応の研究

錯体化学と配位化学

　日本では，金属錯体に関わる呼称には，概ね"錯体"が用いられる．すなわち，錯体化学研究室であり，錯体化学討論会，錯体化学会である．これらに対応する英語はというと，coordination chemistry laboratory, conference on coordination chemistry, coordination chemistry society であり，complex chemistry laboratory や complex chemistry society ではピンとこない．この一般的な英語の名称を逆に文字通り日本語に訳すと，配位化学研究室，配位化学討論会，配位化学会ということになる．金属錯体を示す metal complex という言葉は，英語圏では錯体化学の総称としてはまず使われることがないのである．配位化学という言葉が広まる前に，錯体化学という言葉が日本ではすっかり定着していたことを示す事実である．実際は初期には"錯体"ではなく，"錯塩"という言葉がよく用いられていた．古い本を見ると，"錯"という字が最初に現れたのは，1897年の東京化学会誌に発表された池田菊苗の論文にみられる"錯根 (complex radical)"であるらしい．その後，complex salt を表す用語として，"錯塩"が用いられ，多くの complex が塩の形 (complex salt) であったことからこの用語が定着した．現在の錯体化学討論会は1942年に錯塩化学討論会として発足した．complex に対して"錯体"という用語が提唱されたのは，1954年の錯塩化学討論会の場であったという記録がある．しかし，討論会の名称はかなり最近まで錯塩化学討論会のままであった．錯塩では中性の錯体を除外することになり実態と合わないという声が次第に高くなって，名称が錯体化学討論会に変更されたのは，1989年のことである．錯体化学者の組織も錯塩化学研究会から，1989年の錯体化学研究会への名称変更を経て，2003年，錯体化学会となった．ちなみに中国では，錯体とは呼ばず，配体と呼んでいるという．

演習問題

[1] 錯体化学とは，何を対象にした化学か述べよ．
[2] 金属元素を含む以下の化合物が，錯体であるかどうかを考えてみよ．
(1) NaCl (食塩)，(2) FeO (酸化鉄(II))，(3) 金と銀の合金，(4) $CoCl_2 \cdot 6H_2O$ (塩化コバルト(II)六水和物(市販の塩化コバルト))，(5) $K_3[Fe(CN)_6]$ (ヘキシアノ鉄(III)酸カリウム (フェロシアン化カリウム，黄血塩))
[3] ヘキソール錯体 (図1.4 (c)) の合成法と光学分割法を調べてみよ．
[4] ウェルナーの時代 (20世紀初頭) には，原子・分子の概念は存在したが，1つ1つの分子構造を決定する方法はなかった．ウェルナーが $[CoCl_2(NH_3)_4]Cl$ に

関して知り得た情報は，その組成が Co：Cl：NH$_3$ ＝ 1：3：4 であることと，Cl$^-$ には外れやすいものが1つと外れにくいものが2つあること，さらに，この同じ組成で色の異なる2種類の化合物（異性体）があるということである．ウェルナーは，この組成比と2つの外れにくい Cl$^-$ があることから，コバルト(III) に2つの Cl$^-$ と4つの NH$_3$ の計6つの配位子が結合していると考えた．この [CoCl$_2$(NH$_3$)$_4$]$^+$ の構造について，平面，三角柱，6配位八面体を考え，それぞれいくつの異性体があるか答えよ．

第 2 章　錯体化学の基礎としての金属元素の諸性質

　金属錯体は金属イオン（原子）と配位子との組み合わせによって作られる化合物である．金属錯体の化学を学ぶためには，その一方の主役である金属元素について，基礎的な知識を整理しておくことが重要である．そこで，本章では錯体化学の理解のために必要な金属元素の基礎的な性質について述べる．

2.1　元素の分類

　図 2.1 には，周期表上に，元素を金属元素と非金属元素とに分けて示した．金属元素は，その単体が金属であるものと定義できる．図 2.1 には非金属元素を × 印で示し，金属元素と非金属元素の性質を併せ持つ両性元素は右下がりの斜線で示した．その他の元素は金属元素である．典型金属元素を網かけで，遷移金属元素（ここでは便宜上，第 12 族を遷移元素に含めている．後述），ランタノイド，アクチノイド金属元素は無印としてある．

　この図には，元素を最外殻の軌道に対応させて，s−，p−，d−，f−ブロック元素に分けた分類も示してある．元素の分類にはいくつかの方法があるが，錯体化学を学ぶ上ではこのブロックとしての分類が最も実際的である．これは，電子の入っている最もエネルギーの高い軌道による分類である．ヘリウム（He）は，図 2.1 では周期表の都合上，希ガス元素として p−ブロックの位置に入れられているが，s−ブロック元素である．金属元素には，s−ブロックの水素（H）とヘリウム（He）を除いた元素，および d−，f−ブロックに属するすべての元素が含まれる．また，p−ブロック元素では，左下方に位置す

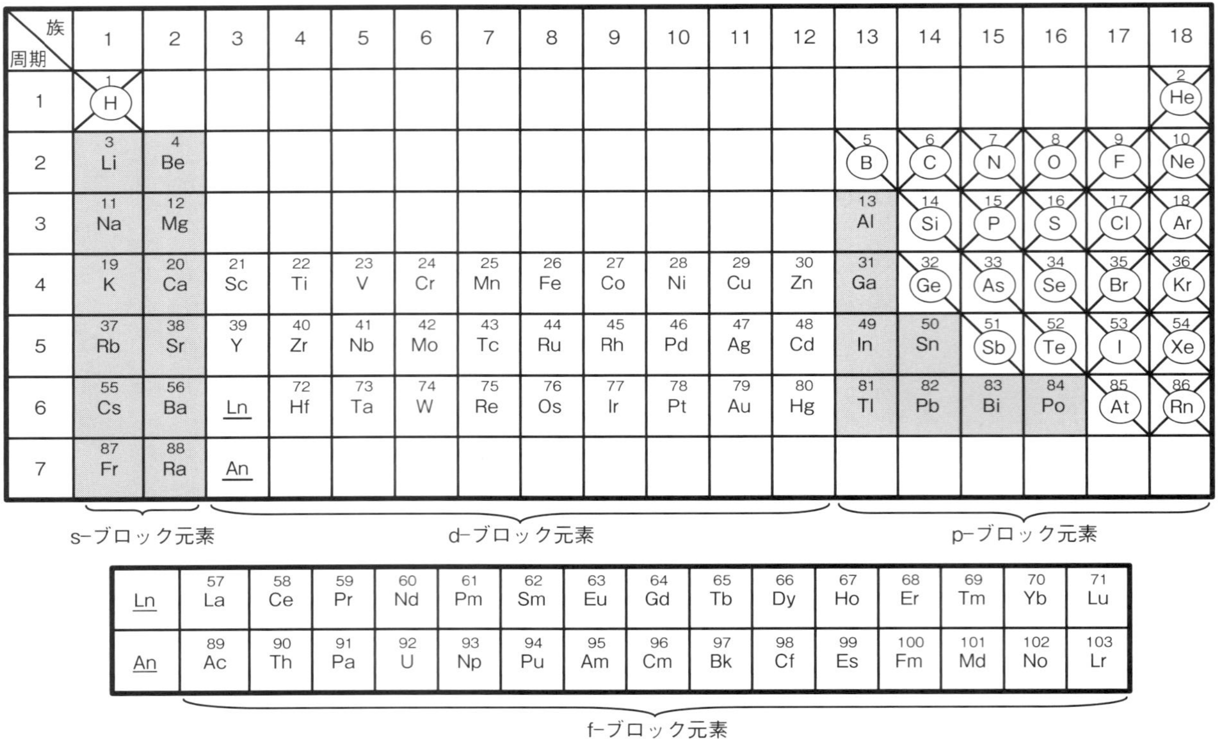

図 2.1 金属元素と非金属元素, ならびに最外殻軌道による元素の分類

網かけは典型金属元素, 無印は遷移金属元素 (欄外の Ln はランタノイド元素, An はアクチノイド元素). また×は非金属元素, \は両性元素.

2.1 元素の分類

る8元素（網かけした元素）が金属元素に分類される．金属元素と非金属元素との境界に位置する元素，すなわち，ケイ素（Si），ホウ素（B），ゲルマニウム（Ge），アンチモン（Sb）などは金属と非金属の性質の両面を併せ持つ両性元素である．周期表上で，金属元素を数えてみると，88番目のラジウム（Ra）までで65に及ぶ．さらに，アクチニウム（Ac）以降103番元素までを加えると金属元素の数は80となる．一方，非金属元素はp-ブロック元素のうち約半分の元素が該当し，周期表上方右側に位置する．

金属錯体を考える場合には，これらの金属元素は通常陽イオンの形で登場する（例外的に中性の原子や陰イオンの場合もある）．両性元素の場合には，金属としての性質は基本的には単体として現れることが多く，陽イオンとしての性質はあまり見られない．しかし，金属元素の陽イオンと同じように，中心原子として典型的な形の錯体を形成する場合もあり，このとき，中心原子は見かけ上陽イオンのように扱うことができる．例えば，ケイ素（Si）はアセチルアセトン陰イオン3個が配位して，6配位錯体，$[Si(CH_3C(O)CHC(OH)CH_3)_3]^+$を与えるが，このとき，ケイ素は+4価の状態と見なすことができる．同じように，リン（V）のポルフィリン錯体と見なせる化合物や，イオウ（VI）の化合物であるSF_6のように，構造から見ると錯体の延長上にくるような典型元素の化合物もある．

金属元素を整理するときには，典型金属元素，遷移金属元素，ランタノイド元素，アクチノイド元素に大別して考える場合が多い．典型金属元素は，周期表のs-，p-ブロックに属する金属元素である．これらの元素は，図2.1では網かけで示した．遷移元素は，錯体化学の主流をなす金属元素である．遷移元素の定義（d，f軌道が不完全に満たされた元素）から考えると第12族元素は除かれることになるが，実際の錯体化学を学ぶ上では，実質的には12族元素を含めて，遷移元素をd-およびf-ブロック元素と見なす方がわかりやすい．d-ブロック遷移元素は，3～12族の元素に該当するが，これらの元素の最外殻電子軌道はd軌道である．f-ブロック遷移元素は，ランタノ

イド元素とアクチノイド元素からなる．ランタノイド元素は，ランタン（La）および4f軌道が充填される過程の14元素を指し，アクチノイド元素は，アクチニウム（Ac）および5f軌道が充填される過程の14元素を指す．この本の記述では，遷移元素という項目では，主にd-ブロック遷移元素を取り上げることとし，ランタノイド，アクチノイド元素に言及する場合には，その旨断ることとする．また，d-ブロック遷移金属元素は，3d，4d，5dの各軌道への電子の充填に対応して，第4周期から第6周期まで3周期のシリーズがあるが，順に第一遷移系列元素，第二遷移系列元素，第三遷移系列元素と呼ばれている．

以下の節では，これらの金属元素の作る陽イオンについて，安定性，イオン半径，配位水の酸性度など，金属錯体について学ぶ際に頭に入れておいた方がよい事項について，周期表全体を見渡しながら述べることにする．

2.2 安定な酸化状態

金属元素は，金のような一部の貴金属元素を除いて，陽イオンの塩として産出される．すなわち，空気中，室温下では，金属元素は概ね陽イオンの状態の方が安定である．**図 2.2** には，各金属元素のとる安定な酸化状態を示した．もちろん，安定な酸化状態は，配位子の種類によっても大きく変化するので，ここでは水溶液中で扱えるようなごく普通のルイス塩基である H_2O や NH_3，さらに Cl^-，Br^- のようなハロゲン化物イオンなどが配位子である場合を考えることにする．図 2.2 は，金属イオンがこれらの配位子を持つ場合によく見られる酸化状態をまとめたものと考えてもらえればよい．これらの酸化状態とかなりかけ離れた酸化数が安定となるのは，配位子としてCOなどを持つ場合を含め，概ねいわゆる有機金属錯体を作る場合である．

2.2 安定な酸化状態

H																	He
Li +1	Be +2											B +3	C	N	O	F	Ne
Na +1	Mg +2											Al +3	Si +4	P	S	Cl	Ar
K +1	Ca +2	Sc +3	Ti +3, +4	V +2, +3, +4, +5	Cr +2, +3, +6	Mn +2, +3, +7	Fe +2, +3	Co +2, +3	Ni +2, +3	Cu +1, +2	Zn +2	Ga +3	Ge +4	As +3	Se +4	Br	Kr
Rb +1	Sr +2	Y +3	Zr +4	Nb +5	Mo +6	Tc +4, +5, +7	Ru +2, +3, +4	Rh +3, +4	Pd +2	Ag +1	Cd +2	In +1, +3	Sn +2, +4	Sb +3	Te +4	I	Xe
Cs +1	Ba +2	Ln	Hf +4	Ta +5	W +6	Re +4, +5, +7	Os +3, +4, +8	Ir +1, +3, +4	Pt +2, +4	Au 0, +1, +3	Hg +1, +2	Tl +1, +3	Pb +2, +4	Bi +2, +4 +3, +5	Po +4	At	Rn
Fr +1	Ra +2	An															

Ln	La +3	Ce +3, +4	Pr +3	Nd +3	Pm +3	Sm +3	Eu +2, +3	Gd +3	Tb +3	Dy +3	Ho +3	Er +3	Tm +3	Yb +3	Lu +3
An	Ac +3	Th +4	Pa +5	U +4, +6	Np +5	Pu +4	Am +3	Cm +3	Bk +3	Cf +3	Es +3	Fm +3	Md +3	No +2	Lr +3

図2.2 金属元素の安定な酸化状態

図中,太字はd遷移金属元素.灰色で示した元素は両性元素(示した酸化状態は陽イオンとして生ずるものではなく,化合物中で酸化数としてふられるものを示す)である.

2.2.1 典型金属元素

まず，典型金属元素の安定な酸化数について見てみよう．s-ブロックの元素は，原子価電子がすべて失われた酸化状態，すなわち最高酸化数の状態が安定である．すなわち，アルカリ金属元素は+1価の陽イオン，ベリリウム，マグネシウムやアルカリ土類金属元素（Ca以下の第2族元素）は+2価の陽イオンが安定である．p-ブロックの元素でも，13族のアルミニウム，ガリウムは原子価電子がすべて失われた+3価の酸化状態が安定である．しかし，同じ13族でも，周期表を下にたどったインジウム，タリウムでは最高酸化数から2を減じた酸化数，すなわち，+1価の酸化状態が安定となる傾向が現れる．実際，図2.2に示すようにタリウムの安定な酸化状態は+3価に加えて+1価をとり，後者の方がむしろ安定である．14族元素のスズ，鉛，15族元素のビスマスはいずれも，「(最高酸化数)−2」の酸化状態が安定である．すなわち，スズ，鉛では+2価の酸化状態が安定であり，最高酸化数の+4価の状態を持つ場合には，これらの元素は強い酸化剤として働く．また，ビスマスも最高酸化数の+5ではなく，+3価の状態が安定である．「(最高酸化数)−2」の酸化数では原子価電子が2個存在することになるが，p-ブロック元素ではこの2個の電子が対となってs軌道を占有する．この状態はさらに酸化されそうに思われるが，周期表の下の方のp-ブロック元素では，s軌道の安定化が大きく，s軌道に2電子が入った状態が安定となる（不活性電子対効果と呼ばれる）．このため，「(最高酸化数)−2」の酸化数をとるのである．

典型金属のイオンでは，いわゆる有機金属錯体を除けば，安定な酸化状態は配位子に依存しないため，図2.2に示した安定な酸化数は一般的なものと考えて差し支えない．

2.2.2 遷移金属元素

遷移金属元素では，原子価軌道はnd軌道（nは主量子数）ならびにその上

2.2 安定な酸化状態

の $(n+1)$s 軌道となる．両軌道は，中性原子の場合には近いエネルギー状態にある．陽イオンになると，どちらの軌道のエネルギーも安定化するが，より内側にある d 軌道の方の安定化が大きいので，軌道のエネルギーは nd $<$ $(n+1)$s となり，通常 $(n+1)$s 軌道には電子が残らない．したがって，遷移金属陽イオンの場合には最外殻電子軌道は nd 軌道と考えてよい．

この nd 軌道は適度に安定なエネルギーを持ち，比較的容易に電子の出し入れが可能である．すなわち，nd 軌道上の電子が 1 個ないし複数個出し入れされても，安定性が大きく損なわれない場合が多い．このため，1 つの遷移元素に比較的よく見られる酸化数がいくつかあることになる．例えば，鉄の場合，配位子を水に限っても，+2 価の $[Fe(H_2O)_6]^{2+}$ と，+3 価の $[Fe(H_2O)_6]^{3+}$ はどちらも安定に取り扱うことができ，どちらも安定な酸化状態といってよい．

一般に，遷移金属元素は，比較的よく見られる配位子に限っても，いくつかの酸化状態をとるものが多い．その場合でもとり得る最高酸化数は d 電子が完全に除かれた状態であり，内側の軌道の電子が取り除かれることはない．通常我々が取り扱うのは，そのような複数の酸化状態のうちで比較的安定な酸化状態の陽イオンである．安定な酸化数は元素によって異なるので，それぞれの元素の安定な酸化状態を知っておくことは，取り扱える酸化数の限界を理解することにつながり，遷移金属錯体を取り扱う上で重要なことである．

図 2.2 に示した遷移金属元素の安定な酸化状態を見ると，第一遷移系列元素では，+2 価および +3 価の酸化数が最もよく見られる酸化状態であることがわかる．これに対して，第二，第三遷移系列元素の場合には，+2 価および +3 価の酸化数は必ずしも一般的ではない．ことに，周期表前半の元素ではより高い酸化数をとる傾向が強くなる．例えば 6 族元素では，第一遷移系列元素のクロムが +3 価を安定にとるのに対し，周期表でその下のモリブデン，タングステンは +6 価の状態が安定である．第二，第三遷移系列に進

むと，それぞれより外側の 4d, 5d 軌道が原子価軌道となるため，軌道のエネルギーが高くなる．それにつれて，イオン化ポテンシャルが低くなるので，第二，第三遷移系列では，同じ族の第一遷移系列元素より高い酸化状態をとりやすくなる傾向が見られるのである．しかし，この傾向は遷移元素全体に共通ではなく，周期表後半の元素はむしろ第二，第三遷移系列元素の方が低い酸化数を安定にとる傾向がある．銅は+2 の酸化状態が安定であるのに対し，銀は+1 価，金は単体（0 価）がむしろ安定である．

酸化状態の安定性を第一遷移系列元素で横に比べてみると，前半のチタンは+4 価，クロムは+3 価が安定なのに対し，後の方のニッケルや銅では+2 価の酸化数がより安定である．すなわち，第一遷移系列元素のシリーズでは，原子番号が大きくなるにつれ低い酸化数が安定になる傾向が認められる．同じような傾向は　第二，第三遷移系列元素についても見られる．例えば，第二遷移系列元素では，前半の元素が最高酸化数を安定にとるのに対し，後の方のロジウムでは+3 価，パラジウムでは+2 価が安定な酸化数となる．この安定な酸化数の傾向は，例えば市販されている遷移金属の塩に普通に見られる酸化状態にも反映されている．

このような安定性の推移は次のように説明できる．すなわち，第一遷移系列の金属元素では，3d 軌道が共通に最外殻電子軌道であるが，この軌道のエネルギーは，原子番号の増加により低くなる．すなわち，中心の原子核の陽電荷が増すと，電子が原子核により強く引き付けられ，このため電子が離れにくくなって，低い酸化状態が安定化するのである．同様のことは，第二，第三遷移系列元素についてもいえる．

酸化状態の安定性を比較するためには，注目する酸化状態と隣の酸化状態（酸化還元対という）との間の酸化還元電位が目安となる．酸化還元電位は標準的には V vs. NHE 単位で表され，標準水素電極（NHE）を 0 V としたときの相対的な電位である．この電位が正に大きければ酸化還元対のうちの還元型が，負に大きければ酸化型がより安定であると判断すればよい．例え

ば，+2価と+3価の間の酸性水溶液中での酸化還元電位（具体的にいうと $[M(H_2O)_6]^{2+}$ と $[M(H_2O)_6]^{3+}$ の間の酸化還元電位）は，M = V（バナジウム）の場合には，-0.255 V vs. NHE であるが，M = Fe では $+0.771$ V であり，還元型の+2価の酸化状態は鉄の場合の方がバナジウムより安定であることがわかる．

遷移金属元素の持ついくつかの酸化数の相対的な安定性を見るには，図 2.3 に示す**フロスト図** (Frost diagram) と呼ばれるダイヤグラムがよい．この図は無機化学で教わるが，なじみのない人のために概略を説明する．このダイヤグラムの縦軸は中性の状態と注目する酸化数 (n) との間の酸化還元電位差 (ΔE) に酸化数を乗じたもので，上にいくほど酸化を受けにくいことを示す（縦軸の単位 $n\Delta E$ は，中性状態を基準とした ΔG ($= nF\Delta E$) に比例する．ここで，F はファラデー定数）．また，横軸は酸化数を表している．すなわち，この図は，酸化数が順次変化していくときにその変化がどの程度起こりやすいかを示している．図で下にある酸化数ほど安定であると考えればよい．

図 2.3 は pH = 1 の水溶液中でのフロスト図を第一遷移系列の元素全体にわたり比較したものである．例えば，バナジウムでは+3価のとき，グラフが最も下にきており，この酸化状態が pH = 1 の水溶液中で最も安定であることを示している．これに対して，マンガン以下ニッケルまでは，+2価の状態が最も下にきており，この状態が最安定形であることがわかる．図の全元素で比較すると，周期表で前から後にいくほど，グラフ全体が上にずれる傾向が見られ，高い酸化数になりにくいことがわかる．すなわち，周期表で後にいくほど，順次低い酸化数が安定となることを示している．この傾向を示す理由は，上で説明したように，周期表後半にいくほど原子核の陽電荷数が増し，電子が離れにくくなるためであり，フロスト図はその傾向が幅広い酸化数全体を支配していることを示している．

安定な酸化状態は配位子によっても影響を受ける．一般には，より塩基性

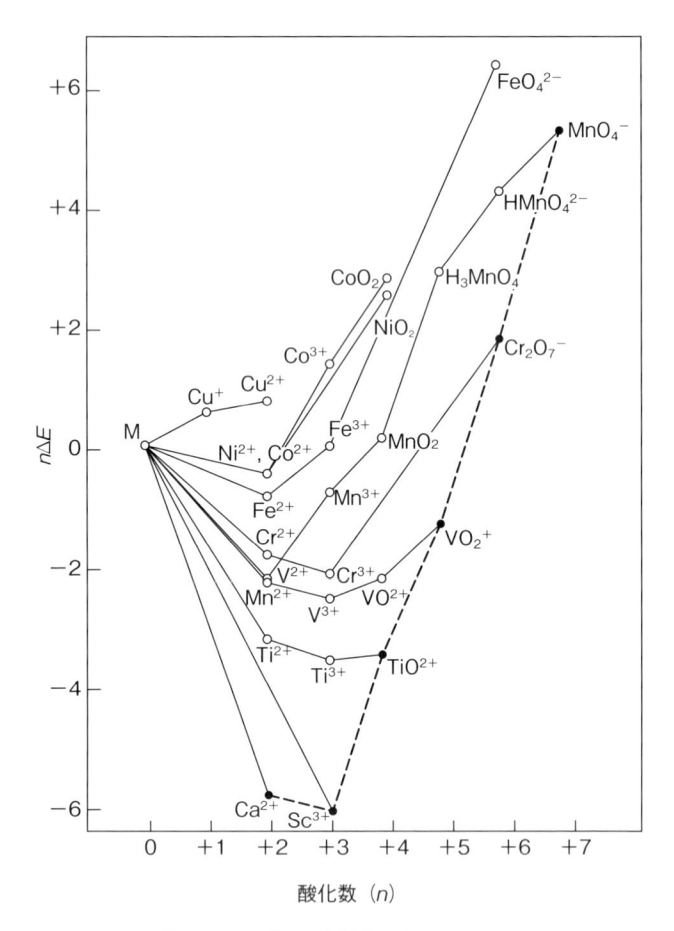

図2.3　d-ブロック遷移元素のフロスト図
pH = 1の水溶液．●印は最高酸化数を示し，破線は比較しやすいようにこれらの値を結んだもの．

の強い配位子が配位すると，より高い酸化数が安定となる．よく体験する実例を1つあげたい．錯体化学の実験ではコバルト(III)錯体がよく取り上げられる．これは，コバルト(III)錯体が極めて安定で扱いやすいことによる．しかし，錯体を合成する原料のコバルト塩は通常+2価の状態である．原料のコバルト(II)塩では水やハロゲン化物イオンが配位しているが，これらの

配位子の塩基性はそれほど高くないので，コバルト(II)の状態が安定なのである．一方，錯体の合成に用いる配位子は NH_3 やアミン類など，より塩基性の強いものがほとんどであり，そのような配位子が配位するとコバルト中心の電子密度がより大きくなり，酸化を受けやすくなる．その結果，コバルト(II)の状態に比べコバルト(III)の状態の方が安定化する．一般的な実験は空気中で行うので，これらの配位子が配位するとコバルト(II)は空気中の酸素によりコバルト(III)に酸化される．

安定な酸化状態は水溶液中では pH の影響も受ける．水溶液中では水が配位している場合が多いが，pH が高くなると配位している水からプロトンが外れ，OH^- の配位した錯体となる (2.4 節参照)．OH^- は H_2O に比べ，塩基性が強いのでより高い酸化状態を安定化する．例えば，水溶液中で鉄アクア錯体 $[Fe(H_2O)_6]^{2+}$ を鉄(II)の状態に保つためには，溶液を酸性にする必要がある．塩基性水溶液中では配位水のプロトンが解離し，OH^- 配位の錯体となる．その結果，鉄(II)が速やかに空気中の酸素で酸化されて鉄(III)となり水酸化物として沈殿する．

2.2.3 ランタノイド元素

図 2.2 からわかるように，ランタノイド元素は，概ね +3 価の酸化状態を安定にとる．ランタノイド元素は，原子価電子となる 4f 電子が，完全に充填された 5s，5p 軌道の内側にある．中性ではさらに外側の 6s や，時には 5d 軌道にも電子が入る電子配置をとっているが，陽イオンになると，内側の 4f 軌道がより安定化し，6s や 5d 軌道には電子が入らなくなる．4f 電子との相互作用はイオンの正電荷が大きくなるほど強くなるが，ランタノイド元素全体を通してちょうど +3 価から +4 価になるところで，その強さが 4f 電子をそれ以上取り除くのが難しい程度となるので，4f 電子の数にかかわらず +3 価が安定な酸化状態となる．+3 価以外の酸化数が見られる元素は限られているが，f 軌道に電子がない f^0 と，各軌道に電子が 1 個ずつ入る f^7 の

電子配置，完全につまった f^{14} の電子配置が相対的に安定となるため，そのような f 電子数のイオンでは +3 価以外の酸化状態をとることがある．+4 価の Ce^{4+} (f^0) や +2 価の Eu^{2+} (f^7) はそのようなイオンである．これらの元素でも，+3 価が安定な傾向に変わりはなく，Ce^{4+} や Eu^{2+} はそれぞれ，強い酸化剤および還元剤である．

2.2.4 アクチノイド元素

アクチノイド元素は，中性状態では完全に詰まった 6s，6p 軌道の内側に 5f 電子がある．アクチノイド元素もランタノイド元素の場合と同様の理由で +3 価の酸化状態をとりやすい．しかし，ランタノイド系列前半の 4f 軌道の場合ほどには 5f 軌道が十分に内側に引っ張られていないので，核電荷が相対的に小さい周期表前半のアクチノイド元素では 5f 軌道からも電子が抜け，U，Np などの元素では +5，+6 価のような高酸化数が安定に存在する．高周期元素ほど高い酸化状態をとり得るという点では，ランタノイド元素とアクチノイド元素の安定な酸化状態の違いは，d 遷移系列で見られた第一遷移系列元素と第二，第三遷移系列元素の安定な酸化状態の違いと類似している．

2.3　金属元素のイオン半径

表 2.1 (1) ～ (4) には，金属元素の作る陽イオンの半径を示した．表 2.1 (1) には s-ブロック金属イオン，表 2.1 (2) には p-ブロック元素のイオン，表 2.1 (3) には d-ブロック金属イオン，表 2.1 (4) には f-ブロック金属イオンの値を示した．これらのイオン半径は，酸化物固体の金属 − 酸素間距離をもとに，酸化物イオン (O^{2-}) のイオン半径を 1.40 Å として算出されたものである．イオン半径は配位数によっても影響を受ける（配位数が少ないほど，結合 1 個あたりの結合の強さは大きくなるので，結合距離は短くなりイ

2.3 金属元素のイオン半径

表 2.1 元素のイオン半径 (R. D. Shannon, *Acta Cryst*, **A32**, 751-767 (1976) より)

(1) s-ブロック元素のイオン半径 (Å)

	配位数	イオン半径
Li^+	4	0.73
Na^+	6	1.13
K^+	6	1.52
Rb^+	6	1.66
Cs^+	6	1.81
Be^{2+}	4	0.41
Mg^{2+}	6	0.86
Ca^{2+}	6	1.14
Sr^{2+}	6	1.32
Ba^{2+}	6	1.49

(2) p-ブロック金属元素・両性元素のイオン半径 (Å)

	配位数	イオン半径
Al^{3+}	6	0.68
Ga^{3+}	6	0.76
In^{3+}	6	0.94
Tl^{3+}	6	1.03
Si^{4+}	6	0.54
Ge^{4+}	6	0.67
Sn^{4+}	6	0.83
Pb^{4+}	6	0.92
As^{3+}	6	0.72
Sb^{3+}	6	0.90
Bi^{3+}	6	1.17

(3) d-ブロック遷移金属元素のイオン半径 (Å)

(a) 第一遷移系列元素 (配位数 6)

	酸化数 2+	酸化数 3+
Sc	—	0.88
Ti	1.00	0.81
V	0.93	0.78
Cr	(h) 0.94 ; (l) 0.87	0.76
Mn	(h) 0.97 ; (l) 0.81	(h) 0.79 ; (l) 0.72
Fe	(h) 0.92 ; (l) 0.75	(h) 0.79 ; (l) 0.69
Co	(h) 0.89 ; (l) 0.79	(h) 0.75 ; (l) 0.69
Ni	0.83	(h) 0.74 ; (l) 0.70
Cu	0.87	—
Zn	0.88	—

(h)：高スピン状態，(l)：低スピン状態（これらについては 4.4.1 項 (b) 参照）

(b) 第二遷移系列元素（配位数 6）

	酸化数		
	2+	3+	4+
Y	—	1.04	—
Zr	—	—	0.86
Nb	—	0.86	0.82
Mo	—	0.83	0.79
Tc	—	—	0.79
Ru	—	0.82	0.76
Rh	—	0.81	0.74
Pd	0.78 (SQ) ; 1.00 (Oh)	0.90	0.76
Ag[†]	1.08	0.89	—
Cd	1.09	—	—

SQ：平面四辺形，Oh：正八面体型
[†] Ag の 1+ のイオン半径は 0.81Å（2 配位）

(c) 第三遷移系列元素（配位数 6，SQ のみ平面 4 配位）

	酸化数			
	2+	3+	4+	他の主要な酸化数
La	—	1.17	—	
Hf	—	—	0.85	
Ta	—	0.86	0.82	0.78 (5+)
W	—	—	0.80	0.74 (6+)
Re	—	—	0.77	0.69 (6+), 0.67 (+7)
Os	—	—	0.77	
Ir	—	0.82	0.77	
Pt	0.74 (SQ), 0.94	—	0.77	
Au	—	0.82 (SQ), 0.99	—	1.51 (1+)
Hg	1.16 (2+)	—	—	1.33 (1+)

オン半径は小さくなる）ので，イオン半径の値は配位数と共に示した．表に示した配位数はそれぞれの金属イオンの代表的なものである．イオン半径の比較にあたっては，配位数に注意し，なるべく同じ配位数のときの値を取り上げる必要がある．

まず一般的な傾向を眺めてみよう．陽イオンの大きさは，最外殻電子がど

2.3 金属元素のイオン半径

(4) f-ブロック金属元素のイオン半径（Å）（特に記さない限り3+，配位数6）

	イオン半径		イオン半径
La	1.17	Ac	1.26
Ce	1.15	Th	1.08 (+4)
Pr	1.13	Pa	1.18
Nd	1.12	U	1.17
Pm	—	Np	1.15
Sm	1.10	Pu	1.14
Eu	1.09	Am	1.12
Gd	1.08	Cm	1.11
Tb	1.06	Bk	1.10
Dy	1.05	Cf	1.09
Ho	1.04	Es	—
Er	1.03	Fm	—
Tm	1.02	Md	—
Yb	1.01	No	—
Lu	1.00	Lr	—

れだけ原子核に引き付けられているかで決まる．原子核の陽電荷は，内殻の電子の負電荷により打ち消されるので，そのまま最外殻の電子に伝わるわけではない．また，同じ最外殻にある電子同士も互いに相手の感ずる核の陽電荷を打ち消す働きをする．このような効果を遮蔽効果と呼ぶ．元素が陽イオンになると電子の数が減る分だけ遮蔽効果が減少し，電子はより強く原子核に引き付けられるので，半径は減少する．酸化数が大きいほど遮蔽効果が小さくなり，電子が原子核に引き付けられてイオン半径はより小さくなる．一方，酸化数が同じでも，周期表を上から下にいくにつれイオン半径は大きくなるが，これは原子価軌道がより外側の軌道となるからである．これらの効果は，表2.1(1)および(2)の典型金属イオンの半径に見ることができる．

遷移金属イオンでは，同じ酸化数で原子番号が順次大きくなる場合の変化を見ることができる．表2.1(3)の遷移金属イオンのイオン半径をもとに，第一遷移系列元素の+2価のイオンのイオン半径を比較する（一部元素では高スピンと低スピンの2つの状態がある．このことについては4.4.1項(b)

で詳述するが，ここでは+2価のとき，より多くの元素で見られる高スピンの値を取り上げて比較する）と，原子番号が増加するにつれてイオン半径が増加する傾向は見られず，むしろ一様ではないが徐々にイオン半径が短くなる傾向が見られる．これは原子核の陽電荷の増加により，3d軌道の引き付けられ方が強まることを反映している．この傾向は次節で述べるランタノイド金属イオンでより顕著である．

　第二，第三遷移系列元素は，第一遷移系列元素に比べて，より外側の4d, 5d軌道が最外殻軌道となるので，順次イオン半径の増加が期待される．事実，同族の第一遷移系列元素と第二遷移系列元素のイオン半径を見るとそのような傾向が認められる．しかし，第二遷移系列元素と第三遷移系列元素とのイオン半径を比較すると，同族の元素同士ではほとんど違いが見られない．このことは，第二と第三遷移系列元素の間にランタノイド元素が挟まっていることと深く関連している．第二から第三遷移系列へ進むときに期待されるイオン半径の増加は，次に説明するランタノイド収縮で相殺されてしまうからである．同じ族に属するニオブとタンタル，ハフニウムとジルコニウムとはそれぞれ互いに分離が極めて難しい元素として知られているが，このことは，イオン半径が類似していることと深く関わっている．

　ランタノイド金属のイオン半径は原子番号が大きくなるにつれ小さくなる傾向がある．これをランタノイド収縮と呼ぶ．最初のランタノイド金属であるランタン(III)のイオン半径が1.17 Åであるのに対し，最後のルテチウム(III)のイオン半径は1.00 Åであり，原子番号が大きくなったにもかかわらずイオン半径は約0.17 Å減少している．ランタノイド金属イオンでは最外殻の軌道はどの元素でも4f軌道なので，原子番号が大きくなるにつれ，すなわち原子核の陽電荷が大きくなるにつれ，4f電子が強く引き付けられるのである．

2.4 配位水の酸解離定数

金属イオンは水溶液中では，水を配位子とした形で存在する．水は金属イオンに配位することによりプロトンを解離しやすくなる．水の酸素原子が金属イオンと結合した分，プロトンとの結合（O−H 結合）が弱くなるからである．＋3 価の金属イオンに配位した水のうちの 1 つの酸解離定数 pK_a は，金属イオンの種類によってばらつきがあるものの，概ね 3 程度である（式 2.1）．すなわち，＋3 価の金属イオンに配位した水は，酢酸などのカルボン酸に匹敵するか，あるいはそれを超える強さの酸である．

$$[M(H_2O)_6]^{3+} \rightleftarrows [M(OH)(H_2O)_5]^{2+} + H^+ \qquad (2.1)$$

一方，＋2 価の金属イオンに配位した水分子の酸解離定数 pK_a は 10 程度である（式 2.2）．

$$[M(H_2O)_6]^{2+} \rightleftarrows [M(OH)(H_2O)_5]^{+} + H^+ \qquad (2.2)$$

中心金属イオンの酸化数が低くなると，金属イオンと配位水の酸素との結合が弱くなり，その分，プロトン解離は起こりにくくなるのである．＋1 価の金属イオンに配位した水の pK_a はさらに大きく（酸として弱く）なる．ちなみに，水そのものの対応する pK_a は，定義上（水全体の半分（55.5/2 M）が OH$^-$ であるときの pH），15.7 である．

2.5 オキソ金属イオン

＋4 価，＋5 価など酸化数の高い金属イオンは，水溶液中では一般に酸化物イオン（オキソイオン，O^{2-}）が配位した形で存在する．例えば，バナジウムは，＋4 価の状態ではオキソイオンが 1 個配位した {VO}$^{2+}$ が単位となっていることが多い．この形では，＋4 価の陽電荷はオキソイオンの負電荷により大幅に相殺され，バナジウム(IV) の錯形成反応挙動（配位子置換反応速度や反応機構（第 6 章参照））はバナジウム(II)，(III) の延長上にはな

く，むしろバナジウム(II)に近い．+5価のバナジウムは，その他の配位子の種類や数により異なるが，2〜4個のオキソイオンが配位した形で存在する．このように，配位するオキソイオンの数は酸化数が高いほど多くなる傾向がある．よく知られているマンガン(VII)の過マンガン酸イオン MnO_4^- やクロム(VI)のクロム酸イオン CrO_4^{2-} は，高い酸化数ほど多くのオキソイオンが配位する傾向を示す端的な例である．

2.4節では酸化数が大きい錯体ほど配位水の pK_a が小さくなる（H^+ が解離しやすくなる）ことを述べたが，高酸化数の金属イオンにオキソイオンが配位する傾向は，このことを考えると理解しやすい．例えば，+4価のバナジウムのアクア錯体 $[V(H_2O)_6]^{4+}$ が存在した場合，その pK_a は−3より負の値となることが，+2価，+3価のアクア錯体の pK_a 値から予想される．このことから，高酸化数金属イオンに配位したアクア配位子がプロトン解離によりオキソ配位子になりやすいことが理解できる．しかし，この考え方だけでは，+4価のバナジウムの錯体がビスヒドロキソ錯体 $[V(OH)_2(H_2O)_4]^{2+}$ ではなくモノオキソ錯体 $[VO(H_2O)_5]^{2+}$ になることや，マンガン(VII)やクロム(VI)がそれぞれ MnO_4^- や CrO_4^{2-} になることの説明は難しい．オキソイオンは非共有電子対を4個持っており，σ結合性の配位結合だけでなく，π型で電子対を金属イオンに供与した結合も作ることができる．すなわち，pK_a の効果に加え，オキソイオンが安定で強い結合を形成する傾向があることを考慮すれば，高酸化数の金属イオンにオキソイオンが配位する傾向を説明できる．高い酸化数の金属イオンは，窒素（ニトリドイオン，N^{3-}）や硫黄（硫化物イオン，S^{2-}）とも，同様に強い結合を形成する．

2.6　金属元素の存在量

元素の存在量は元素の種類によって著しく異なる．優れた機能を持つ錯体が見いだされても，その錯体を与える金属元素の存在量が少ない場合には，

2.6 金属元素の存在量

表 2.2 地殻中の元素の存在量 (ppm)

元素	存在量 (ppm)	元素	存在量 (ppm)	元素	存在量 (ppm)	元素	存在量 (ppm)	元素	存在量 (ppm)
（アルカリ金属）		B	10	Fe	56300	（第三遷移元素）		Sm	6.0
Li	20	Al	82300	Co	25	Hf	3	Eu	1.2
Na	23600	Ga	15	Ni	75	Ta	2	Gd	5.4
K	20900	In	0.1	Cu	55	W	1.5	Tb	0.9
Rb	90	Tl	0.45	Zn	70	Re	0.0007	Dy	3.0
Cs	3	Si	281500	（第二遷移元素）		Os	0.005	Ho	1.2
（アルカリ土類金属）[†]		Ge	1.5	Y	33	Ir	0.001	Er	2.8
Be	2.8	Sn	2	Zr	165	Pt	0.01	Tm	0.48
Mg	23300	Pb	12.5	Nb	20	Au	0.004	Yb	3.0
Ca	41500	Bi	0.17	Mo	1.5	Hg	0.08	Lu	0.50
Sr	375	（第一遷移元素）		Tc	0	（ランタノイド金属）		（アクチノイド金属）	
Ba	425	Sc	22	Ru	0.0001	La	30	U	2.7
(s, p-ブロック元素)		Ti	5700	Rh	0.0001	Ce	60	Th	9.6
H	1520	V	135	Pd	0.015	Pr	8.2		
C	200	Cr	100	Ag	0.07	Nd	28		
O	464000	Mn	950	Cd	0.2	Pm	0		

[†] Be, Mg は通常アルカリ土類金属に含めないが，便宜上ここに入れた．
（日本化学会 編：『化学便覧　基礎編　改訂 5 版』丸善 (2004) より）

応用面での限界があることになる．このため錯体化学を研究するには，金属元素の存在量を頭に入れておくことも実用面を考える場合には重要となってくる．表 2.2 には，金属元素および主な非金属元素の地殻中での存在量を 1 kg 当たりのモル数で示した．酸素とケイ素の量が突出して多いのが注目されるが，金属元素の中では，軽い方の典型金属元素であるアルミニウム，カルシウム，マグネシウム，ナトリウム，カリウムが多く存在する．その中に混じって遷移元素の鉄の存在量が多いのが注目される．その他の第一遷移系列元素も，鉄と比べると桁違いとはいえ，比較的存在量が多い．しかし，第二，第三遷移系列元素の存在量は少ない．希土類と呼ばれるランタノイド

元素は，存在量が少ないと思われがちであるが，相対的に多いのが注目される．

宇宙での元素の存在量は，原子核の安定性で決まると考えられており，水素，ヘリウムが圧倒的に多く，原子番号3から5までのリチウム，ベリリウム，ホウ素の存在量が少ない点を除けば，原子番号が増すにつれて存在量が減っていく傾向がある．原子核の安定性は，一般には原子番号26番の鉄までは増加するが，それ以降の元素は減少する．これを反映して，宇宙でも鉄の存在量は比較的多い．宇宙と地球上での元素の存在量の違いは，地球上では水素，ヘリウムや，第2周期の元素のような軽い元素の存在量が相対的に少ない点である．地球生成段階で軽い元素が宇宙に放出されてしまったためと考えられている．

表2.2には，地殻中での元素の存在量を示したが，海水中での元素の存在量を考えることも重要である．海水中では，水の構成元素である水素，酸素が多いのは当然であるが，これに次いで塩の主成分となるアルカリ金属，アルカリ土類金属元素の存在量が多く，ケイ素が相対的に少ない．地殻中では多かったアルミニウムや鉄も，海水中での存在量は，鉄以外の第一遷移系列元素とあまり違わない．注目される点は，第二遷移系列元素のモリブデンが，アルミニウムや第一遷移系列元素と比べても多く存在することである．これは，水に溶解度の高いモリブデン+6価の酸化状態が安定であることによると考えられる．地殻中では比較的存在量の少ない第二，第三遷移系列元素の中でモリブデンが唯一生体必須元素であることは，生命が海から誕生したことを示唆している（第4章の章末コラム参照）．

金属元素，とりわけ遷移金属は資源量が決して多いわけではないので，このまま使い続けた場合，鉛，亜鉛，銅などのよく用いられている金属元素でさえ，数十年で枯渇する恐れがあることが指摘されている．銀も資源量が少なく，写真技術に必須であったためその枯渇が心配されたが，最近のデジタル技術の発展で状況が変わったようである．海底のマンガン鉱の発見で遷移金

属資源の枯渇の恐れは減少したとしても，採鉱には費用がかさむ．これらのことは，錯体化学の研究でも念頭においた方がよい重要な事柄である．

テクネチウム錯体 —錯体化学の宝庫？—

　遷移金属元素の中で，どの元素が錯体化学として最も多彩な姿を見せるであろうか．周期表で中央の元素は，前の方の元素と後の方の元素のそれぞれの特徴を併せ持つ傾向があり，それは族でいえば第7族に相当する．そう思って見ると，第一遷移系列金属の中でも，マンガン錯体の多様性が目につく．マンガンの錯体化学は扱える酸化数も多彩で酸化還元反応性に富み，光合成系でのマンガンの構造を考えるまでもなく，多核構造もよく知られている．さて，周期表を下の方にいくと，第一遷移系列元素に比べて構造や扱える酸化数の範囲もずっと広がる．しかし，第三遷移系列元素が最も多彩な錯体化学を示すかというと，そうでもない．第二，第三遷移系列では，Mo と W，Ru と Os などの例を見るまでもなく，第二遷移系列の元素の錯体の方が，錯体化学の発展に寄与してきた程度はずっと大きいのである．

　縦横両方から見たとき，遷移元素の中央に位置するのはテクネチウムである．今まで述べてきた観点からすれば，テクネチウムこそが，最も多彩な錯体化学の姿を見せてくれる元素であるという結論に達する．ところが，そのテクネチウムは放射性元素で，一般の錯体化学者が自分の研究室で容易に扱える元素ではない．何という皮肉であろうか．最も注目すべき元素が最も遠い存在であるとは．それでも，施設が整った研究室では細々とながらテクネチウムの錯体の研究が進んでいる．構造面の多様性だけでなく，発光性，酸化還元挙動など，限られた情報からでもその多様性を垣間見ることができる．テクネチウムを扱える環境にいる研究者の活躍に期待しよう．

演習問題

[1] (1) 第 13 族元素，B，Al，Ga，In，Tl について，それぞれの元素の原子核の持つ陽子数と，中性の原子のときの電子数を答えよ．
(2) 3 価になったときの陽子数と電子数の比を，それぞれの元素について答えよ．
(3) 陽子数と電子数の比が各イオンで大きく異なるのに，同様な化学的性質を示す理由を述べよ．

[2] 図 2.2 には，金属元素のとる主たる酸化状態が示してある．価電子数を考えると最高酸化数は族番号に一致すると考えられるが，実際には，族番号まで酸化されない元素も多い．
(1) 遷移金属元素（第 3 ～ 12 族）のうち，3 つの周期とも主たる酸化状態が族番号に到達している族，部分的に族番号に到達している族，到達していない族をあげよ．
(2) 第 6 族，7 族，8 族の元素の最高酸化数の酸化物，もしくはオキソ酸をあげよ．
(3) 第 7 族のフッ化物としては，ReF_7 は知られているが，MnF_7 は知られていない．この理由について考えよ．
(4) 第 6 族では，最高酸化数の化合物として $[MoS_4]^{2-}$ と $[WS_4]^{2-}$ が知られているが，$[CrS_4]^{2-}$ は知られていない．この理由について考えよ．

[3] 図 2.3 に示したフロスト図を見ると，pH = 1 の水溶液中での金属イオンの安定度がわかる．例えば，鉄を考えると，pH = 1 の水溶液中で最も安定なのは Fe^{2+} であることがわかる．一方，銅は金属銅の状態が安定であり，Cu^{2+} が最も不安定となっている．
(1) イオン化傾向とフロスト図の関係を考えよ．
(2) 図 2.3 では，Cu^{2+} が Cu^+ より不安定となっているが，pH = 1 の水溶液中では，銅イオンは 2 価の状態で存在する．この理由を述べよ．

[4] 表 2.1 に示したイオン半径は，金属イオンの大きさを見積もる上で非常に有効なものであり，およその値と傾向を知っておくことは重要である．
(1) 第 2 周期のイオンは 4 配位なので，これを除き，第 3 周期から第 6 周期

の第1族1価, 第2族2価, 第13族3価イオンの大きさが, 第14族4価イオンの大きさのおよそ何倍か計算せよ.

(2) 同様の比較を各族で行ってみよ. すなわち, 第3周期のイオンを基準として, 同じ族の他のイオンのイオン半径がおよそ何倍であるか計算せよ.

(3) (2)で, 第13族3価イオンは他のイオンとサイズ変化の傾向が異なる. この理由を考えよ.

第3章　金属錯体の立体構造

　金属錯体の立体構造は極めて多彩で，金属イオンの種類，配位子の構造など多様な要因によって影響を受ける．単核錯体だけではなく，様々な形の多核錯体も知られており，立体構造はさらに多様性を増す．本章では，この多彩な金属錯体の立体構造を，なるべく系統的に整理し，それを支配する要因を考える．

3.1　有機化合物やイオン結晶の立体構造との比較

3.1.1　有機化合物の立体構造の考え方

　有機化合物は，炭素，窒素，酸素，水素の4元素から構成されているものがほとんどである．複雑な化合物であっても，その立体構造は化合物を構成する各元素のまわりの立体構造の足し合わせでほぼ理解できる．炭素のまわりの立体構造は，その炭素が sp^3 であれば四面体型，sp^2 であれば三角形型，sp であれば直線型となる（sp^3, sp^2, sp 混成軌道については，一般化学や有機化学の本を参照のこと）．窒素や酸素の場合には，**非共有電子対**（lone pair）がそれぞれ1個および2個含まれるので，これを結合の手の一種と考えれば，炭素と同様の考え方で立体構造がわかる．非結合電子対を除いた立体構造は，これを含めた立体構造を考えた後，その立体構造から構成原子だけの骨組みを抜き出してを考えればよい．例えば，sp^3 の窒素は，非共有電子対を含めると四面体型であるが，これを除いた立体構造は三角錐となる．

　このようなわかりやすい立体構造のルールは，有機化合物の結合が実質的

に**共有結合**（covalent bond）であり，結合にはっきりした方向性があることに起因する．すなわち，共有結合では最外殻の電子軌道における電子配置の影響を強く受けて，結合の手の数や方向が決まってしまい，立体構造の自由度は小さい．構造が簡単なルールで整理できるのは，結合に関与する電子軌道が1個のs軌道と3個のp軌道のみであることにもよっている．

3.1.2　配位結合におけるイオン結合性

第1章で簡単にふれたように，金属原子と配位原子との間の結合は配位結合と呼ばれ，結合にかかわる電子対は配位原子側に偏っている．電子対が金属原子と配位原子で共有されているという意味では一種の共有結合であるが，電子対が配位子側に偏っているという点をとらえて，イオン結合性が強いということがある．

イオン結合（ionic bond）の代表例としては，**陽イオン**（cation）と**陰イオン**（anion）が一定の規則性を持って配列したイオン結晶があげられる（例 NaCl）．イオン結晶では，1つの陰イオンが特定の陽イオンにのみ結合しているのではなく，いくつかの陽イオンに隣接して結晶構造を作り上げている．1つの陽イオンに隣接する陰イオンの数やその方向は，主に両者のサイズや電荷のバランスなどで決まり，金属イオンの種類では決まらない．

金属錯体においては，イオン結晶の場合の陽イオンに対しては中心金属イオン，陰イオンには配位子が対応すると考えてよいが，配位子が特定の金属イオンに結合しているという点でイオン結晶とは全く異なる．しかし，結合電子対が配位子側に偏っていることを反映して，イオン結合的な面が現れる．すなわち，配位数や配位原子の配置に関しては金属イオン側の制約はあまり強くなく，いわゆる共有結合に比べ自由度が大きい．

3.1.3　金属錯体の立体構造を支配する要因

金属錯体は，有機化合物の共有結合と異なり，結合の方向性の制約が弱

く，関与する軌道も s，p 軌道だけでなく，d 軌道，さらには f 軌道も加わることから，その立体構造は極めて多様なものとなり，有機化合物のように簡潔に整理することはできない．中心金属[†]のまわりの配位原子の数，すなわち配位数は，中心金属の元素の種類や酸化数，配位子の配位座の数や立体構造などによって大きく変化し，2 から 10 を越えるものまで様々である．個々の金属イオンも，決まった配位数や立体構造を持つというわけではない．したがって，個々の金属イオンとその錯体の配位数や立体構造を簡単な規則で一義的に結び付けることはできない．配位子の中では，特に多座配位子がその立体的な制約によって，しばしば錯体の配位数や立体構造に大きな影響を及ぼす．多座配位子による錯体の立体構造や性質の制御は現代錯体化学の研究において重要な位置を占めているが，このことについては第 7 章で概略を述べる．この章では金属イオン側からの立体構造に対する影響を中心として述べることにする．

　錯体の配位数や立体構造を議論する上で，金属イオン側からの要請，すなわち金属イオン自体が好む配位数や立体構造を考えるには，比較的簡単な構造の配位子，特に単座配位子を持つ錯体の構造を考えるのがよい．金属イオン側からの配位数や立体構造に及ぼす要因としては，イオンのサイズ，電荷，最外殻の電子軌道の電子配置（電子の数や入る軌道）があげられる．詳細は次節以降にゆずるが，ここではこれらの要因が与える影響について大ざっぱに整理しておく．まず，サイズの影響について見ると，予想されるように，サイズが大きいほど配位数が多くなる傾向がある．それぞれの配位数に対する立体構造は，配位子同士が互いに最も遠ざかる配置をとりやすい．一方，電荷の影響はあまり明瞭ではない．一般に電荷が大きくなるとサイズ

[†] すでに述べたように，金属錯体の中心金属は概ね陽イオンであるが，中には中性の金属原子や陰イオンの場合もある．しかし，後者のときは構造も特殊であることが多く，例外的である．本章で扱うのは，中心金属が陽イオンの錯体にほぼ限られるので，中心金属を表すのに，金属イオンという表現で代表することにする．

が小さくなるので，配位数が小さくなると予想されるが，実際にはそれほど明瞭な変化が認められるわけではなく，純粋に電荷の効果を取り出して調べることは難しい．酸化数が +4 価以上になると，金属イオンはオキソイオン（酸化物イオン，O^{2-}）に代表されるような -2 以上の負電荷の単座配位子が結合した形で存在し，それが配位数や立体構造に大きな影響を及ぼす．

　次に金属イオンの電子配置の影響を概説する．d 遷移金属錯体では，関与する電子軌道も s, p 軌道の他に，5 つの d 軌道が加わる．ランタノイドやアクチノイド金属イオンでは f 軌道も関与する．しかし，電子配置が錯体の立体構造に大きな影響を及ぼすのは，d 遷移金属錯体に限られると思ってよい．典型金属錯体の場合には，最外殻の s, p 軌道は空位である場合がほとんどであり，事実上，s, p 軌道は構造を規制する要因とはならない．s, p 軌道が空位でない典型金属イオンは，「（最高酸化数）-2」の酸化数をとる場合（スズ(II)，鉛(II)，ビスマス(III) など）にほぼ限られるが，この場合には金属イオン上の非共有電子対（不活性電子対）が構造に影響を与える．すなわち，この不活性電子対が 1 つの方向を占め，配位子はその方向を避けた形に配置する場合が見られる．

　ランタノイド，アクチノイド錯体の場合には，不完全に充填された f 軌道が存在するが，その外側にある 1 つ大きい主量子数の s 軌道，p 軌道が満たされている．例えば，ランタノイド金属イオンの電子配置は，$(4f)^m(5s)^2(5p)^6$ ($m = 0 \sim 14$) となる．この外側の軌道の遮蔽により，f 電子と配位子の軌道との相互作用は弱く，f 電子が錯体の立体構造に影響を及ぼすことはない．一方，外側の 5s, 5p 軌道は充填されており，これらの軌道による立体的な制約も事実上ない．

　以上述べた部分と異なり，d-ブロック遷移金属錯体の構造は，d 電子の数により影響を受ける．この場合，d 金属イオンの電子配置は $(nd)^m$ ($m = 0 \sim 10$) となり，最外殻の d 軌道が配位子の軌道と直接相互作用する．d-ブロック遷移金属錯体の基本的な構造は，6 配位八面体型であるが，d 電子の

数によっては，d電子と配位原子との反発によりこの基本構造が歪む．d電子が8個ある金属イオンによく見られる平面型構造は，最も歪みが大きくなった場合である（3.3.2項参照）．

3.2 金属イオンのサイズと立体構造 ―イオン半径と配位数―

金属錯体の立体構造を考える場合，配位数を基準にするのがわかりやすい．上で述べたように，配位数に影響を与える要因としては，金属イオンのサイズ，電荷，それに最外殻の電子配置が考えられる．典型金属イオン，ランタノイド，アクチノイド金属イオンの錯体では，最外殻軌道の電子の構造に対する影響はほとんどなく，主にサイズが構造に影響する．一方，酸化数が+2価，+3価のd-ブロック遷移金属錯体の構造は，最外殻のd電子の影響を受けて変化する．本節では，まず，前者のグループの金属イオンについてイオン半径と配位数の大雑把な傾向を述べ，その後で，d-ブロック遷移金属錯体の構造について若干コメントする．

表3.1に，様々の金属イオンの錯体に見られる代表的な配位数をまとめた．示したデータは，X線結晶解析により固体状態で構造がわかっている錯体の構造に基づいている．第1族や第2族の金属イオンでは，重い方の金属イオンの錯体については，はっきりした構造のデータがない．結合が弱く特定の安定な構造をとり得ないためと思われる．

表3.1からわかるように，第1族や第2族の金属イオンの錯体では，配位数は周期表で下にいくにつれ，4から8まで2倍にも変化する．一方，第13族元素の+3価イオンの場合には，配位数は基本的には6であり，サイズの効果は明瞭ではない．高い酸化数のため，サイズが小さく，その影響が明瞭に現れていないものと思われる．電荷の違いに注目すると，Li^+，Be^{2+} が4配位を好むのに対して，Al^{3+} の配位数は6である．Al^{3+} は他の2つのイオンよりむしろサイズが小さいくらいであり，サイズから考えると高い配位数は

3.2 金属イオンのサイズと立体構造

表3.1 いろいろの金属イオンに見られる主な配位数

(1) 典型金属イオン

	Li^+	Na^+	K^+	Rb^+	Cs^+
配位数	4	6	6〜8	8	—

	Be^{2+}	Mg^{2+}	Ca^{2+}	Sr^{2+}	Ba^{2+}
配位数	(3), 4	4, 6	6〜8	8, 9	8〜10

	Al^{3+}	Ga^{3+}	In^{3+}	Tl^{3+}
配位数	6	6	6	6

(2) 遷移金属イオン

	M^{2+} (M = V, Cr, Mn, Fe, Co, Cu) M^{3+} (M = Ti, V, Cr, Mn, Fe, Co, Mo, Ru, Rh, Ir)
配位数	6

	Ni^{2+}	Pd^{2+}	Pt^{2+}
配位数	4, 6	4	4

	Cu^+	Ag^+	Au^+
配位数	4, 6	2〜6	2〜6

(3) ランタノイドイオン

	La^{3+} 〜 Lu^{3+}
配位数	6〜12

不利のように思われるが，酸化数が高いので，静電的により多くの配位子を引き付けるものと考えられる．しかし，酸化数の影響だけを取り出して考える適当な例は少なく，サイズに比べれば，その影響はあまり顕著ではない．

　以上の例は，金属イオンのサイズが大きいほど配位数が多くなる傾向を示しているが，サイズが大きくなるにつれ関与する最外殻軌道も，より外側の軌道になっている点も見逃せない．金属イオンのサイズの影響をより明瞭に示すのは，同じ4s軌道が最外殻軌道となる一連のランタノイド金属イオンの錯体の場合である．

　ランタノイド金属イオンの場合には，+3価の酸化数をとる傾向が強いが，一連の+3価のイオンでは，原子番号が増すほどイオン半径が小さくなる傾

向がある(2.3 節で述べたように,これをランタノイド収縮と呼ぶ).同じ型の配位子を持つ錯体の場合,周期表の後にいくにつれ,配位数が 1〜2 個小さくなる傾向が見られる.例えば,周期表の初めの方の La^{3+} は,六座配位子 EDTA の錯体では他に H_2O 4 個が加わり,配位数が 10 となる.しかし,周期表を後に進むにつれ,配位数は 10 から 9 に減ずる.この傾向は,他の配位子のランタノイド錯体の場合でも見られる.金属イオンのサイズが小さくなるほど配位数が減少することを示す典型的な例である.

3.3 単核金属錯体の立体構造

3.2 節では,主として金属イオンのサイズと配位数の関係を述べた.このことを背景として,本節では配位数ごとの金属錯体の立体構造をまとめることにする.すでに述べたように,ある配位数における立体構造は,配位子が互いに立体的に最も遠ざかる配置が有利である.大部分の典型金属イオンの錯体や,ランタノイド,アクチノイド金属錯体の立体構造は基本的にはこの考え方で説明できる.したがって,これらの金属錯体の立体構造は対称性が高いものとなる.d-ブロック遷移金属錯体の場合には,d 軌道の影響が立体構造に現れるので,項目を分けて述べることとする.

3.3.1 単核錯体における配位数と立体構造の関係

図 3.1 には 2〜9 配位の金属錯体に見られる立体構造を示した.配位数が 6 までのものや,よく見られるものについては実例も示した.以下に配位数と立体構造の関係を概説するが,対象となるのは,典型金属錯体や,d 軌道の影響がないと考えられる d^0,d^{10} 金属錯体,ランタノイド金属錯体である.

2 配位錯体は,d^{10} 電子配置の 銅(I),銀(I),金(I) の一部の錯体に見られ,直線型構造をとる.ただし,この 2 配位構造はこれらの金属イオンを代表する立体構造ではなく,むしろ珍しい構造に属する.これらの金属イオンのま

3.3 単核金属錯体の立体構造

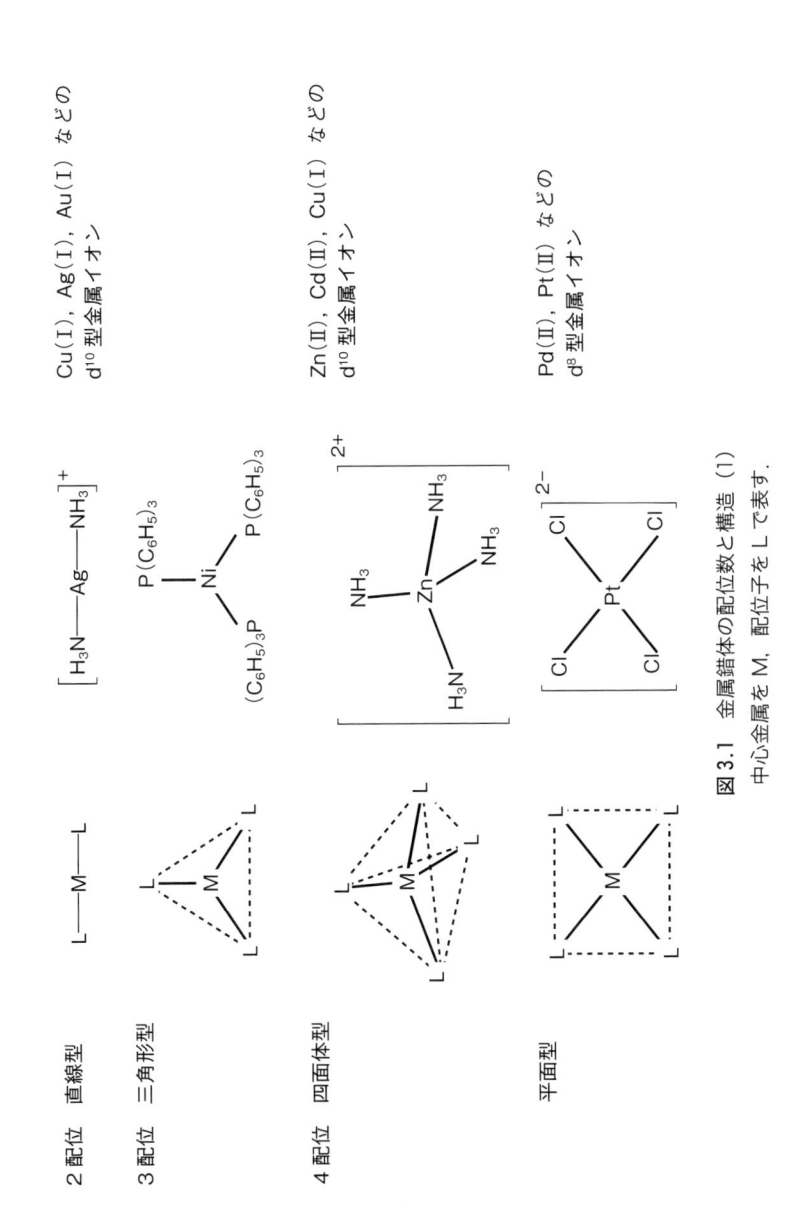

配位数	構造型	例	模式図	代表金属イオン
2配位	直線型	$[H_3N-Ag-NH_3]^+$	L—M—L	Cu(I), Ag(I), Au(I) などの d^{10}型金属イオン
3配位	三角形型	$Ni(P(C_6H_5)_3)_3$	三角形	
4配位	四面体型	$[Zn(NH_3)_4]^{2+}$	四面体	Zn(II), Cd(II), Cu(I) などの d^{10}型金属イオン
	平面型	$[PtCl_4]^{2-}$	平面四角形	Pd(II), Pt(II) などの d^8型金属イオン

図 3.1 金属錯体の配位数と構造 (1)
中心金属を M, 配位子を L で表す.

第3章　金属錯体の立体構造

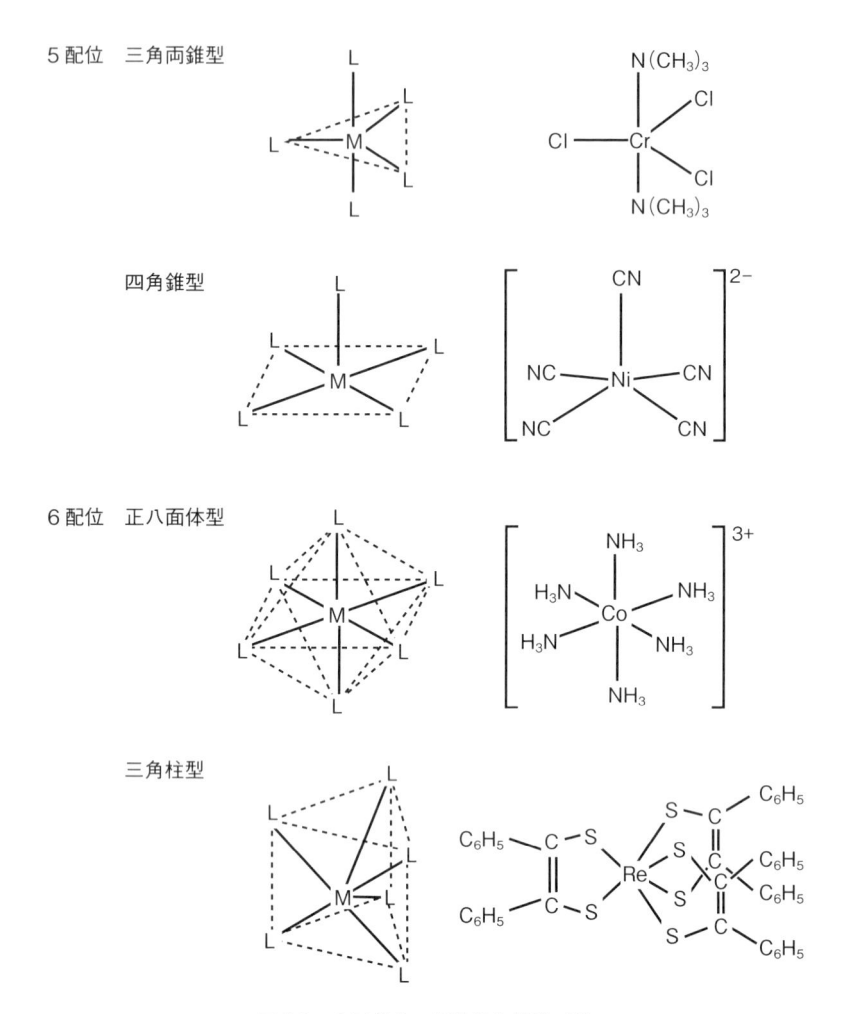

5配位　三角両錐型

四角錐型

6配位　正八面体型

三角柱型

図3.1　金属錯体の配位数と構造（2）
中心金属をM，配位子をLで表す．

3.3 単核金属錯体の立体構造

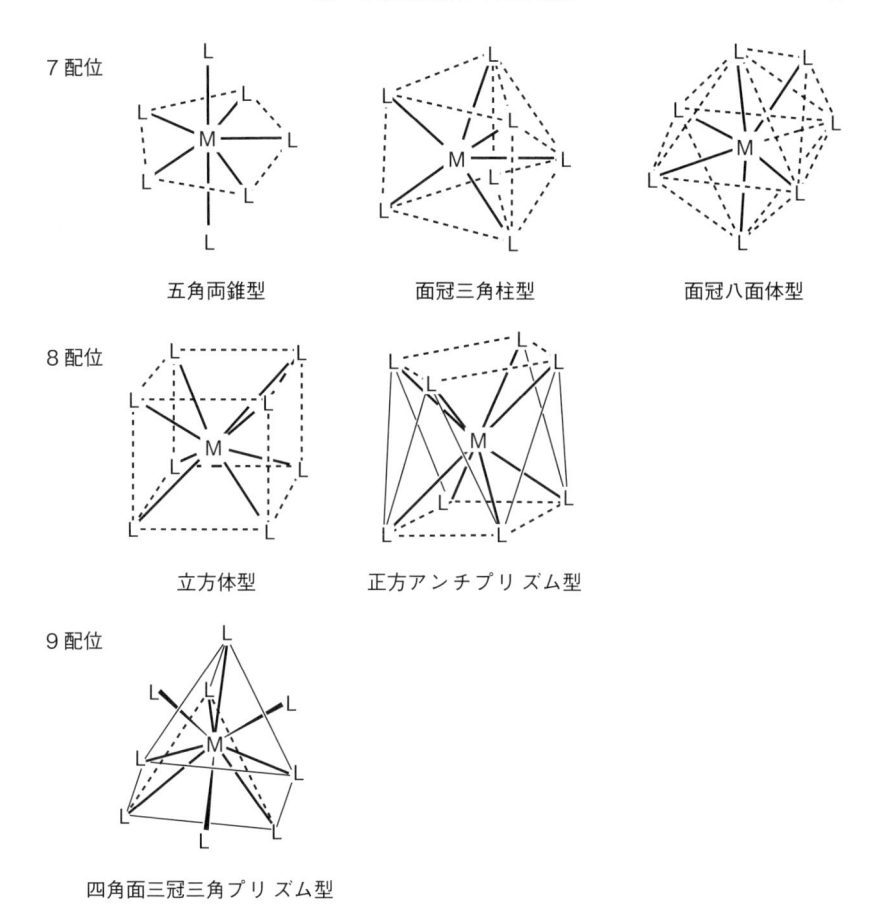

7配位

五角両錐型　　　面冠三角柱型　　　面冠八面体型

8配位

立方体型　　　正方アンチプリズム型

9配位

四角面三冠三角プリズム型

図 3.1　金属錯体の配位数と構造（3）
中心金属を M，配位子を L で表す．

わりの配位子の立体配置は自由度が極めて大きく，3配位以上の単核錯体やハロゲン化物イオンによる架橋を持つ多核錯体もよく知られており，どのような立体構造をとるかは，対イオンの種類や電荷，合成の溶媒などによって様々に変化する．

3配位錯体は立体規制のない配位子の錯体ではほとんど知られていない．

構造は三角形型であり，P(C$_6$H$_5$)$_3$などのようにかさ高い置換基を3個も持ち，立体障害の大きい配位子が配位した錯体にしばしば見られる．例として，P(C$_6$H$_5$)$_3$のNi(0)錯体，[Ni(P(C$_6$H$_5$)$_3$)$_3$]の構造を図に示した．三角形型は，金(I)などのd^{10}金属錯体にも見られる．

4配位錯体は四面体型が一般的であり，平面型はd^{8}電子配置の金属イオンに特有である(3.3.2項参照)．四面体型構造は，銅(I)，亜鉛(II)，カドミウム(II)などd^0，d^{10}電子配置のイオンがとりやすい構造であるが，これらの金属イオンは4配位以外の配位数をとることも多い．

5配位錯体の例は多くない．5配位錯体はハロゲン化物イオンが配位した銅(II)，水銀(II)などの錯体に見られる他，遷移金属錯体でも配位子の立体的制約で6配位構造をとりにくい場合にしばしば見られる．5配位構造の中で，対称性がよく，配位子間の反発も少ない配置としては，三角両錐型と四角錐型が考えられるが，前者がエネルギー的には安定である．しかし，これらの構造のエネルギーの間には大きな違いはなく，実例では両者が見られる．

6配位は金属錯体に最もよく見られる配位数で，正八面体型の立体構造をとる．特に遷移金属錯体でよく見られる構造である(3.3.2項参照)．6配位錯体の中には，三角柱型をとるものも見られるが，キレート配位子などの規制を受けている場合が多く一般的ではない．

7配位以上の錯体では，可能ないくつかの立体構造の間のエネルギー差が小さくなるので，いくつかの構造が見られるようになる．7配位では，五角両錐型，面冠八面体型(八面体型の1つの面上に7番目の配位子がくる)，面冠三角柱型(三角プリズムの1つの長方形の面上に7番目の配位子がくる)の3種の構造が比較的よくみられる．8配位錯体の一般的な構造には，立方体型，正方アンチプリズム型，正十二面体型がある．また，9配位の錯体では，三角柱の3つの長方形面に一つずつの配位子がきた形(四角面三冠三角プリズム)が一般的である．この他，10配位以上の錯体がランタノイド，ア

クチノイド金属イオンについて知られているが,二座配位の硝酸イオンなど比較的サイズの小さなキレート配位子を持つ場合が多く,構造は複雑である.

3.3.2 d-ブロック遷移金属錯体の構造

d-ブロック遷移金属錯体の立体構造は,6配位正八面体型を基本に考えるのがよい.6配位正八面体型の立体構造は金属錯体の最も典型的な構造とされ,錯体化学の研究者組織や学会のシンボルマークとしてもよく用いられている.しかし,厳密に正八面体型の構造をとる金属錯体は,d電子が完全に対称的(全対称的)な配置を持つ遷移金属イオンに限られる.そのようなd電子配置の錯体をあげると,d^3電子配置のクロム(III)やモリブデン(III),低スピン(低スピン,高スピンについては4.4.1項 (b) で詳述する) d^6電子配置のコバルト(III),ロジウム(III),イリジウム(III),高スピン d^5電子配置などである.d^0 や d^{10} 電子配置の金属イオンの場合ももちろん全対称的ではあるが,これらの金属イオンでは6配位以外の配位数,例えば4配位(四面体型)構造をとる場合も多い.

全対称型以外の電子配置でも,d-ブロック遷移金属錯体の構造の基本は6配位八面体型であるが,正八面体から歪んだ構造となっている.これは,金属イオンの持つd電子の一部が配位子の結合方向と同じ方向に分布を持つことにより,その反発によって対称性がくずれるためである.そのような歪みが顕著な電子配置は,高スピンの d^4,低スピンの d^7,および d^9 電子配置である.d^1, d^2, 低スピン d^4 と d^5 でも歪みが見られるが,これらの場合にはd電子が配位子と45°ずれた方向に分布を持つので,反発の影響は小さく歪みの程度は小さい.このような歪みは,ヤーン-テラー(Jahn–Teller)効果と呼ばれる要因で説明される (4.4.1項 (d) 参照).

d^8 電子配置のパラジウム(II)や白金(II)錯体は典型的な4配位平面構造をとる.この理由については4.4.1項 (d) で詳述するが,d電子と配位子の反

発が顕著に現れる結果である．

　遷移金属イオンの中で，周期表前半の元素で酸化数が比較的小さな場合には，金属イオンのサイズが大きいので，配位数が 7 以上の錯体も見られる．分析試薬に用いられる 6 座配位子の EDTA などは，金属イオンのサイズが大きいと金属イオンを包み切れず，他に H_2O などを加えて 7 配位となる場合もある．例として，マンガン(II) の錯体，$[Mn(EDTA)(H_2O)]^{2-}$ があげられる．シアン化物イオンを含む錯体では，酸化数が比較的高いものでも高配位数をとることがあり，モリブデン(IV)や(V)ではアンチプリズム型の 8 配位の錯体が見られる．

3.3.3　高い酸化数の金属錯体の構造

　これまでは，金属イオンの酸化数が +3 価以下のものを主に考えてきた．酸化数が +4 価以上になると，高い酸化数を打ち消すため，陰イオン性の配位子と結合する傾向が強くなる．特に，水溶液中では配位水が脱プロトン化して生じたオキソイオン（酸化物イオン，O^{2-}）が配位した錯体がよく見られるようになる．代表的な例はバナジウム(IV) に見られるオキソバナジウム(IV)イオンで，バナジウムイオンは，1 個の酸化物（オキソ）イオンと一体となって $\{VO\}^{2+}$ として存在する．このオキソバナジウム(IV)イオンの錯体の立体構造は特徴的である．V と O^{2-} の間の強い結合で，他の配位子との結合は弱くなる傾向があり，特に，オキソ配位子の向い側の配位座にある配位子との結合は大きな影響を受ける．この影響を**トランス影響**（trans influence）と呼ぶ (3.4 節で述べるが，向い側の配位座をトランス，隣の配位座をシスと呼ぶ)．この効果により，オキソバナジウム(IV)錯体は，オキソ配位子の向い側の結合が伸びた構造をとり，時には配位子が欠落する場合もある．オキソ配位子のシス位の配位子も影響を受け，オキソ配位子から遠ざかる方向にずれた配置となる．この結果，例えばオキソバナジウム(IV)錯体は，**図 3.2** に示すように，オキソ配位子のトランス位の配位子を軸として

傘を開いたような歪んだ構造をとる．

さらに酸化数が高くなると，配位する酸化物イオンの数も増加する．オキソイオンが2個配位した錯体では，2個のオキソ配位子が互いにトランス位となるのを避け，隣接した配位座をとる場合が多い．このとき，錯体全体は2つのオキソ配位子のトランス影響で大きく歪んだ構造となる．例外

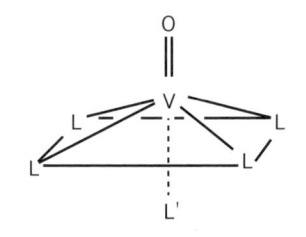

図3.2 オキソバナジウム(IV)錯体に見られる歪んだ6配位構造

的に，オキソ配位子が互いにトランス位を占める傾向があるのは，d電子が2個の金属イオンの錯体である．これはd軌道との相互作用でトランス構造が安定化されるからである．クロム(VI)やマンガン(VII)イオンは，それぞれ4個のオキソイオンが配位したクロム酸イオン（CrO_4^{2-}）や過マンガン酸イオン（MnO_4^{-}）として存在するが，これらのオキソ錯イオンの構造は，4個の配位子が互いに最も遠ざかる四面体型である．

3.3.4 π電子で配位した錯体の構造

単核錯体の場合でも，ここまで述べてきた配位数と立体構造の関係では整理しにくい構造がいくつかある．これらはいわゆる有機金属錯体と呼ばれるものに多く，特に有機化合物のπ電子が金属原子との結合に関与したときに，独特の構造をとる．それらの錯体では，特定の原子が金属原子に結合したと考えるよりは，原子間に広がるπ電子が金属原子に供与されたと見るのがよい．すでに第1章で触れたツァイゼ(Zeise)塩（図1.5 (a)）やフェロセン（図1.5 (b)）がその典型的な例である．

ツァイゼ塩と呼ばれる錯体は，エチレンが配位した平面型白金(II)錯体で，エチレンはπ電子で白金(II)に配位している．命名法上は炭素が2個，等価に結合しているという形から，η^2-C_2H_2（ηは見かけ上の結合している原子の数を表すときに用いる）と表現する．フェロセンは，鉄イオンがシクロペ

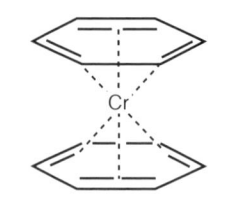

図3.3 Cr(C$_6$H$_6$)$_2$の構造

ンタジエニルイオン2個で上下から挟まれた形の錯体で，俗にサンドイッチ型錯体と呼ばれる．配位子の5個の炭素が等価に鉄イオンに接しているので，η^5-C$_5$H$_5$と表すが，他の錯体との比較などには，5配位と見るよりは，6π系の配位子がπ電子で3配位していると見る方が妥当である．Cr(C$_6$H$_6$)$_2$も同様に，ベンゼンがCr原子をサンドイッチした形の錯体である（図3.3）．

3.4 異性体（幾何異性体・光学異性体・連結異性体）

これまでに述べてきたように，金属錯体の立体構造は複雑である．このため，生ずる異性体の数も多い．ここでは，最もよく見られる正八面体型錯体の場合を取り上げ，重要な異性体について説明しておこう．

6個の配位子のうちいくつかが異なる配位子の場合には，それらの配位子の相対的な配置により異性体が生ずる．これを**幾何異性体**（geometrical isomer）という．主な幾何異性体を**図3.4**に示す．6個の配位子のうち，2個が異なるM(a)$_4$(b)$_2$型では，**トランス**（*trans*），**シス**（*cis*）の異性体が存在する．前者は，2個の配位子bが互いに向い側に配置する場合であり，後者はそれらが互いに隣接する配位座を占める場合である．異なる単座配位子が3個ずつ配位したM(a)$_3$(b)$_3$型の場合には，**メル**（*mer*），**ファク**（*fac*）の2種の異性体が存在する．後者は3個の同じ配位子の立体的関係が，すべて互いにシスであるのに対し，前者では一対がトランスの関係にある．平面型錯体においても，シス，トランスの幾何異性体が存在する．M(a)$_2$(b)$_2$型の錯体の場合，同じ配位子が隣接して配置する場合がシス体，Mを挟んで反対側に配置する場合がトランス体である．一方，四面体型錯体では，配位

3.4 異性体（幾何異性体・光学異性体・連結異性体）

	M(a)₄(b)₂ 型		M(a)₃(b)₃ 型	
	トランス (trans)	シス (cis)	メリディオナル (メル；mer)	フェイシャル (ファク；fac)
表示法 1				
表示法 2				

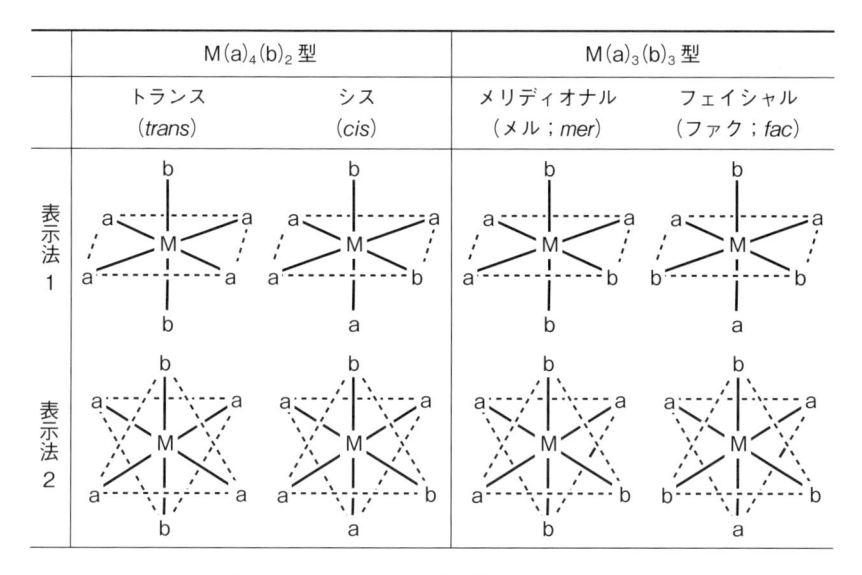

図 3.4 (1) 6 配位八面体型錯体の幾何異性体

M(a)₂(b)₂ 型

トランス (trans)　　シス (cis)

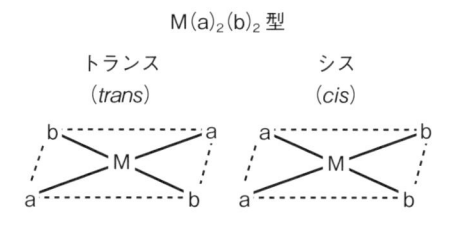

図 3.4 (2) 平面体型錯体の幾何異性体

子が2個ずつの M(a)₂(b)₂ 型でも幾何異性体は存在しない．

配位子の結合部位の違いにより異性体が生ずる場合もある．このような異性体を**連結異性体**（linkage isomer，つながり異性体と呼ぶこともある）と呼ぶ（図 3.5）．このような異性体を与える代表的な配位子に，NCS^- や NO_2^- がある．NCS^- は，N と S で配位が可能である．配位様式により配位子を別の呼び方で表し，S 配位をチオシアナト，N 配位をイソチオシアナトと呼ぶ．また，NO_2^- の場合には，N 配位をニトロ，O 配位をニトリトと称する．

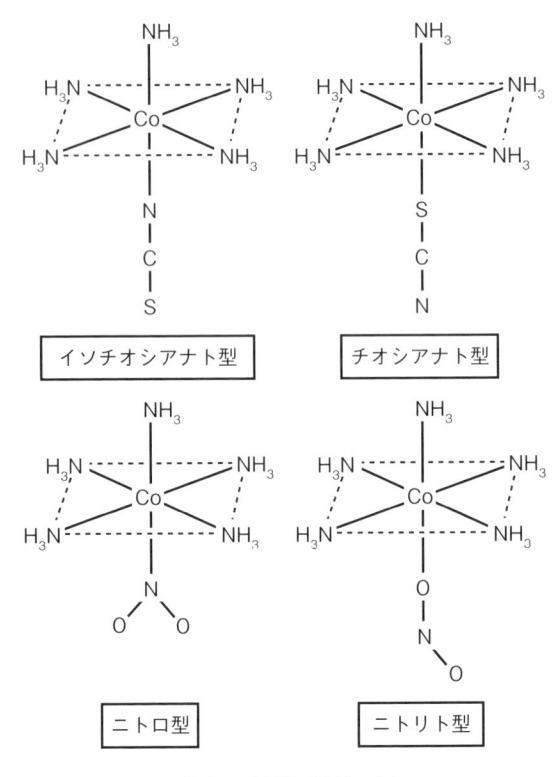

図 3.5 連結異性体の例

　キレート配位子を含む場合には，組成や配位原子の種類が同じでもキレート配位子の巻き方で幾何異性体が存在する場合がある．例えば，三座のキレート配位子 1,4,7-トリアザヘプタン (dien) が 2 個配位したコバルト(III)錯体 $[Co(dien)_2]^{3+}$ では，キレート環がトランス側に巻くか，シス側に巻くかで異性体が生ずる．また，対称的な四座のキレート配位子 1,4,7,10-テトラアザデカン (trien) を含むコバルト(III)錯体 $[CoCl_2(trien)]^+$ では，Cl^- 配位子の相対的配置により，トランス体とシス体が存在するが，さらにシス体には図 3.6 に示すようにキレート環の巻き方により，α 型と β 型の幾何異性体が生ずる．

3.4 異性体（幾何異性体・光学異性体・連結異性体）

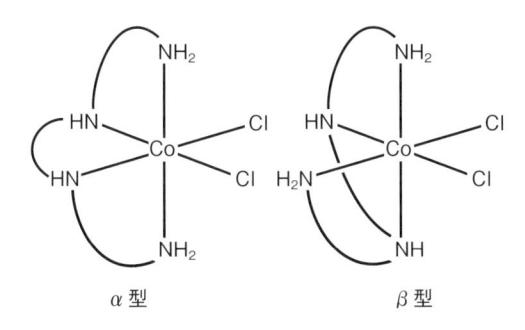

図 3.6 多座配位子のキレート環の巻き方の違いにより生ずる異性体の例
$[CoCl_2(trien)]^+$ (trien：$NH_2(CH_2)_2NH(CH_2)_2NH(CH_2)_2NH_2$)

次に光学異性体について述べる．1つの金属イオンのまわりに3個の二座配位子が配位した場合，光学異性体が生ずる．これらの異性体はΔ型，Λ型で区別される．図3.7(a)の3回軸方向から見た図の左側のものでは，キレート環が奥にいくにつれ時計と逆方向に進む．この異性体をΛ（ラムダ）と呼び，時計方向に進む異性体をΔ（デルタ）と呼ぶ（章末コラム参照）．2個の二座配位子がシスにキレート配位した場合も同様である．

さらに，金属錯体に特有の不斉についても紹介しておきたい．面不斉と呼ばれる光学異性は，面の上下が区別されているとき，面内の4個の配位子の配列により光学活性が生ずるものである．例えば，3.3.3項で述べたオキソ錯体の面内に4個の異なる配位原子が配位している場合，図3.7(b)に示したような光学異性体が生ずる．さらに，面内の4個の配位原子A，B，C，Dが交互に上下に捻れている場合（例えば，A，CがB，Dに対して上方にずれている場合とその逆の場合）には，不斉が生ずる（図3.7(c)）．この不斉は，A–CとB–Dの中央を通る線のまわりでの捻れと見ることができるので，軸不斉と呼ばれる．

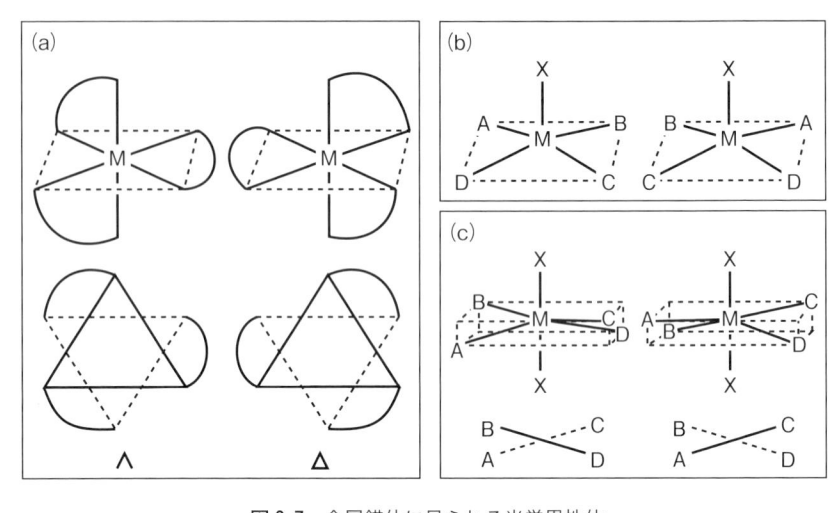

図 3.7 金属錯体に見られる光学異性体
(a) [M(L−L)$_3$] 型（l−l, キレート配位子），(b) 面不斉，(c) 軸不斉

3.5 多核錯体の立体構造

　これまでは，単核錯体の立体構造について述べてきた．金属錯体には，1つの錯体ユニット内に複数の金属原子が含まれる多核錯体も数多く知られている．2個の金属イオンを含む錯体を複核錯体，3個含むものを三核錯体，それ以上を順次四核錯体，五核錯体と呼ぶ．また，2個以上の金属イオンが含まれる錯体をまとめて多核錯体と呼ぶ．最近では，このような多核錯体に，錯体ユニットが無限につながった錯体も含めて集積型金属錯体と呼ぶことも多い．また，金属イオンが複数個集まっているという意味から，金属クラスター錯体とも呼ばれるが，この呼び方については，金属原子間に直接の結合を持つ場合に限るという立場もある．

　これら多核錯体の立体構造は極めて多様性があるが，いくつかの基本的なパターンに分けて考えることができる．最も重要な点は，金属原子間に直接の結合があるか否かである．ここでいう金属原子間の直接結合というのは，

3.5 多核錯体の立体構造

金属原子の持つ軌道が重なり合って生成する共有結合である．典型金属イオンの場合には，そのような例は少ないが，遷移金属イオンの場合，2つの金属原子のd軌道が重なり，結合性の相互作用が生ずる場合がしばしば見られる（4.5節参照）．そのような結合を，金属－金属間結合といったり，単に金属間結合と呼んだりする．一方，金属間直接結合がなくても，配位子が架橋として働き，これを仲立ちとして複数の金属イオンが1つの錯体ユニット内に集まる形の多核錯体が多く知られている．また，金属間結合と架橋配位子とが同時に含まれる多核錯体も多数知られている．

以下には，便宜的に配位子側から見た構造と，金属間結合の側から見た構造に分けて述べることとする．なお，配位子が架橋した多核錯体を化学式で示すとき，配位子の前に μ- をつけて表す．また，架橋配位子が3個の金属イオンと結合した場合，μ の次に下付きで3を書く（μ_3-）．さらに，4個，5個，6個の金属イオンと結合した場合にはそれぞれ，μ_4-，μ_5-，μ_6-を付して表す．

3.5.1 金属間結合のない多核錯体

配位子が2個あるいはそれ以上の金属イオンを架橋することによって，複核あるいは三核以上の多核錯体が形成される．金属間結合がない場合には，各金属イオンのまわりの配位子の配置は，その金属イオンが単核錯体のときにとる構造と同じであることが多い．6配位八面体型や平面四角形型錯体の配位子の1つが橋架けして生じた複核錯体を点共有（頂点共有）型（corner-shared）複核錯体，互いにシス位の2個を共有した場合を辺共有（稜共有）型（edge-shared）複核錯体と呼ぶ．また，6配位八面体型錯体のフェイシャル（*fac*）位の3個を共有する場合を面共有型（face-shared）複核錯体という．

6配位八面体型をもとにした複核錯体の構造を図 **3.8** に示す．点共有や辺共有型の複核錯体の場合には，金属イオンは無理なく八面体型の配位構造をとることができるが，面共有型の場合には，2つの金属イオンは歪んだ八面

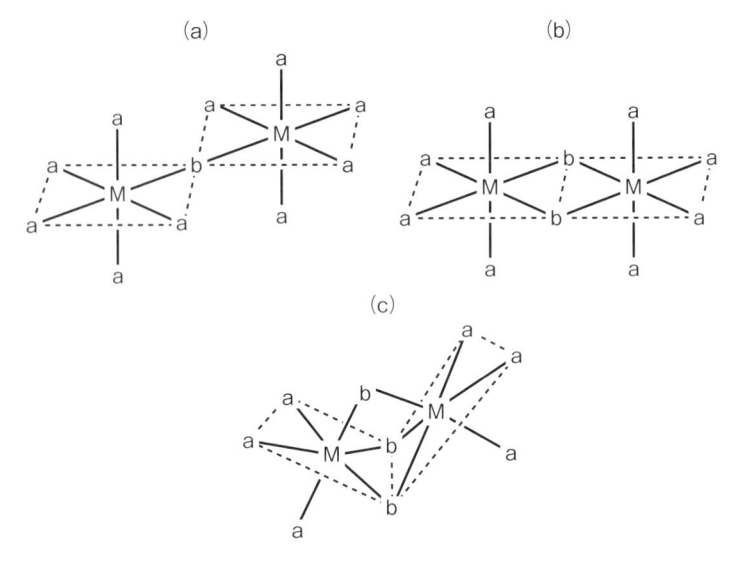

図 3.8 6 配位八面体型構造をもとにした，(a) 点共有型複核錯体，(b) 辺共有型複核錯体，(c) 面共有型複核錯体

体型構造を取る例が多い．以下には，代表的な架橋配位子を取り上げ，それによって生ずる複核や多核錯体の立体構造を考える．

(a) ヒドロキソ架橋錯体

H_2O の酸素は非共有電子対を 2 個持つので，稀に架橋配位子として作用することがあるが，+2 価以下の低い酸化数の金属イオンの場合に限られ，例は少ない．一方，H_2O から 1 個あるいは 2 個のプロトンが外れた水酸化物イオン（OH^-）や酸化物イオン（オキソイオン，O^{2-}）は，最も一般的な架橋配位子である．OH^- を架橋配位子とする複核および多核錯体は，+2 価や +3 価の金属イオンによく見られ，M–OH–M の角度も直線型（180°）から折れ曲がったものまで様々である．例は少ないが，OH^- が 3 個の金属イオンと結合した例（μ_3-型）も見られる．

興味深い例として，第 1 章で示したいわゆるヘキソール塩（図 1.4 参照）

をあげることができる．この錯体では，各コバルト(III)まわりの立体構造は八面体型であり，全体の構造はその集まりとして理解できる．この4核錯体は6個のOH⁻架橋を持つのでヘキソール錯体と呼ばれてきたが，この錯体では，まわりの各コバルト(III)イオンがそれぞれ2個のOH⁻で中央のコバルト(III)イオンの1つの辺を共有する橋架け構造となっている．中央のコバルト(III)には3個のコバルト(III)が連結しているが，そのまわりの立体構造は八面体型である．中央のコバルト(III)にキレート配位子が3個配位した構造と見なすことができるので，光学異性体，Δ体とΛ体，が存在することになる．この錯体は1914年に実際に光学分割がなされ，当時，有機化合物を一切含まない光学異性体として金属錯体の構造論の確立に貢献した．

(b) オキソ架橋錯体

酸化物イオン（オキソイオン，O^{2-}）は，その負電荷と多重結合性とにより高酸化数の金属イオンを安定化する重要な配位子であるが，最も単純な架橋配位子としても知られ，様々の変化に富んだ構造を与える．**図3.9**に，いくつかのオキソ架橋錯体の例を示す．

図に見るようにオキソイオンは複核だけでなく，三核，四核構造を与える場合も多く，時に6個の金属イオンと結合している（μ_6-型）錯体もある．四核までは酸素のs，p軌道が結合に関与することでその結合を説明できるが，六核の場合には，結合に静電的な寄与が大きいと考えられる．一般にオキソイオンは，高酸化数の金属イオンを安定化する傾向が強いが，架橋構造をとる場合には，負電荷を複数の金属イオンで共有するので，より低い酸化数の金属イオンの錯体も安定化することができ，+3価や+4価の金属イオンと複核錯体を形成する．また，結合する金属イオンの数が増加するほど低い酸化数の金属イオンと錯体を作り，三核（μ_3-O）錯体では+3価の金属イオン（図3.9 (b)）と，四核（μ_4-O）錯体では+2価の金属イオンと錯体を形成する例（図3.10 (d) 参照）がある．

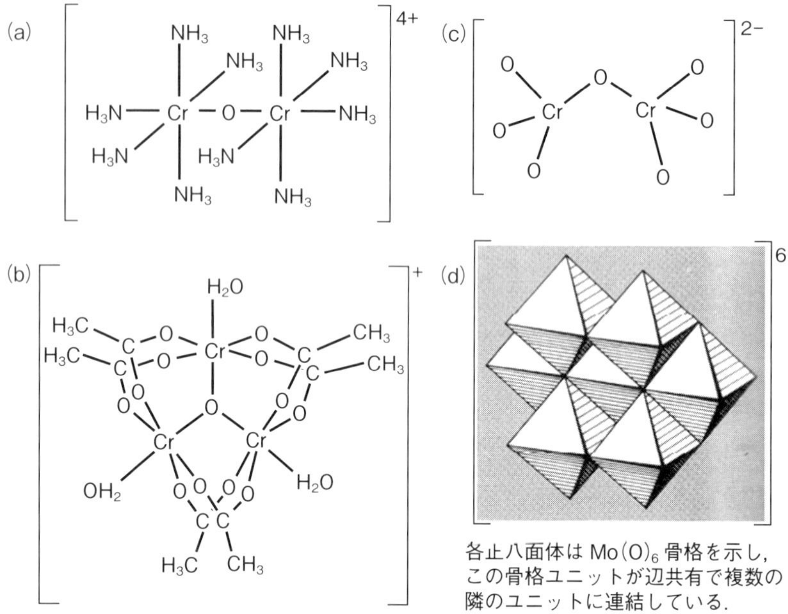

図 3.9 オキソ架橋多核錯体の構造
(a) $[Cr_2(\mu\text{-}O)(NH_3)_{10}]^{4+}$, (b) $[Cr_3(\mu_3\text{-}O)(\mu\text{-}CH_3COO)_6(H_2O)_3]^+$,
(c) $[Cr_2(\mu\text{-}O)(O)_6]^{2-}$, (d) $[Mo_7O_{24}]^{6-}$

各正八面体は $Mo(O)_6$ 骨格を示し, この骨格ユニットが辺共有で複数の隣のユニットに連結している.

単核オキソ錯体が縮合して得られるオキソ架橋錯体としては, クロム酸イオンが2量化した二クロム酸イオンが代表的な例である (図 3.9 (c)). バナジウム(V), モリブデン(VI), タングステン(VI) などの場合には, さらに縮合の進んだ形の化合物が知られている. これらの金属イオンでは, オキソ錯体が複数のオキソ架橋を通して多量体化する傾向が強く, 独特の構造の7量体, 8量体となる (図 3.9 (d) に例示). これらの化合物はポリオキソ酸と呼ばれ, それらの化合物の化学は, 構造の面からも機能の面からも, 重要な一分野を形成している.

(c) ハロゲン化物イオン架橋の錯体

ハロゲン化物イオンを架橋子とする複核および多核錯体は, 特に塩化物イ

オンの場合に多く知られている．オキソイオンに比べ，より低い酸化数で安定な多核錯体を形成する傾向があるので，+1価や+2価の金属イオンの錯体が多い．M−X−M角が180°の直線型は少なく，曲がった例が多い．ハロゲン化物イオンで二重に架橋された複核錯体は，銅(I)，金(I)などでよく知られている．さらに3個の金属イオンに架橋した構造のものも知られている．

(d) アセタト架橋錯体

酢酸イオンに代表されるカルボン酸イオンは，2個の酸素原子が2つの金属イオンに配位して橋架け構造を形成する傾向がある．1個の酸素だけで架橋する構造も知られているがその数は少ない．酢酸イオンが2つの酸素原子で架橋して得られる多核錯体を図3.10に例示する．市販の酢酸銅(II)は酢酸イオンで四重に架橋された複核錯体である．このような四重橋架け構造（図3.10(a)）は，他にもクロム(II)などの+2価金属イオンで知られているが，金属間に直接結合性の相互作用があるものにも多い(3.5.2項参照)．この構造では，金属イオンまわりの基本構造は4配位平面型である．銅(II)やクロム(II)は比較的平面型構造をとりやすい金属イオンであるため，この構造で安定化すると考えられる．

酢酸イオンはオキソイオンといっしょに多核構造を形成する例も多く，オキソ架橋に加えて，酢酸イオンが1個架橋した二重架橋錯体，酢酸イオンが2個架橋した三重架橋錯体（図3.10(b)）は+3価の金属イオンにかなり一般的に見られる．オキソイオンが3個の金属イオンに結合し，そのそれぞれの隣り合う金属イオン同士を2個の酢酸イオンが二重に架橋した三核錯体，すなわち$M_3(\mu_3\text{-O})(\mu\text{-CH}_3\text{COO})_6$型骨格を持つ構造は，+3価の金属イオンに幅広く知られている（図3.9(b)，図3.10(c)）．この構造では，各金属イオンは骨格の外側に向かう1個の配位子（図3.10(c)のL）を加えて，近似的に6配位八面体型構造をとっている．この形の三核錯体を生じやすい+3価の金属イオンは，いずれも6配位八面体型をとりやすいものである．

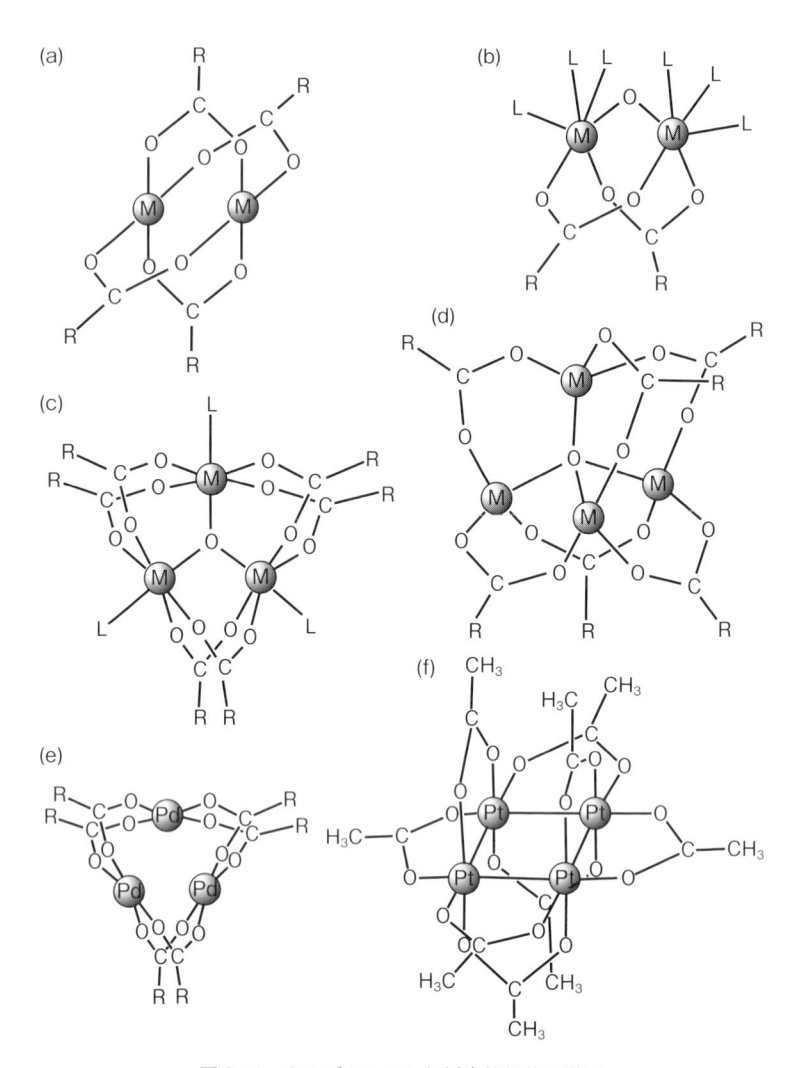

図 3.10 カルボキシラト架橋多核錯体の構造
(a) $M_2(\mu\text{-RCOO})_4$ 型, (b) $M_2(\mu_2\text{-O})(\mu\text{-RCOO})_2$ 型, (c) $M_3(\mu_3\text{-O})(\mu\text{-RCOO})_6$ 型, (d) $M_4(\mu_4\text{-O})(\mu\text{-RCOO})_6$ 型, (e) $Pd_3(\mu\text{-RCOO})_6$, (f) $Pt_4(\mu\text{-CH}_3\text{COO})_8$

ベリリウム(II)や亜鉛(II)の酢酸イオンの錯体は，$M_4(\mu_4\text{-}O)(\mu\text{-}CH_3COO)_6$ 型の四核構造をとる（図3.10 (d)）．四面体型構造の4個の金属イオンが正四面体型に配置し，各金属イオン間を酢酸イオンが橋架けして，中心にオキソイオンがあるという構造である．

カルボン酸イオンの橋架け構造はかなり一般的であり，パラジウム(II) の三核錯体 ($Pd_3(\mu\text{-}RCOO)_6$)（図3.10 (e)）では，各金属イオンの対を2個のカルボン酸イオンが橋掛けしているが，パラジウム(II)自体は平面構造を保っている．同じ8族の白金(II)では酢酸イオンが架橋した四核錯体 $Pt_4(\mu\text{-}CH_3COO)_8$（図3.10 (f)）が知られているが，この場合には各白金原子間に単結合があり，むしろ次の金属間結合を持つ錯体の分類に含まれるものである．白金(II)イオンまわりの構造は，この金属間結合を含めると6配位八面体型となる．

以上見てきたように，金属間に直接の結合を持たない多核錯体においては，それぞれの金属イオンのとりやすい配位構造を保持しつつ，架橋配位子の配位構造にマッチするような立体構造をとっていることがわかる．

(e) その他の架橋配位子

以上に述べた以外にも，様々な配位子が架橋として働き多核錯体を形成する．

単原子の架橋配位子としては，S^{2-}，SH^-，SR^- などの硫黄原子で架橋するものや，セレン原子で架橋する類似体が知られているほか，N^{3-}，NH^{2-}，NH_2^- などの窒素原子で架橋する例がよく見られる．S^{2-} はオキソイオンと同様に，2個の金属イオンを架橋するだけでなく，3個，4個の金属イオンを架橋する例が多く，その多様性はむしろオキソイオン O^{2-} を上回る．

2つの配位原子で架橋する型の架橋配位子にはカルボン酸イオン型の，ジチオカルボン酸イオン，リン酸イオン，硫酸イオンなどがある．ピラジンなども配位できる窒素原子を分子内に2個持つが，立体的に両配位原子が1個の金属イオンに配位することができない．このような配位子も，架橋配位子

として用いられる．さらに，その延長上に，ピリジル基を複数連結させた形の配位子がある．これらについては本章の最後でもう少し詳しく述べる．

3.5.2 金属間結合を持つ多核錯体

金属イオン間に直接の結合が存在する場合には，立体構造はより複雑になる．金属間結合は第一遷移系列元素の場合にはあまり見られないが，第二，第三遷移系列元素，特にそれらの周期前半の元素にはよく見られる．金属間結合を持つ錯体では，まず最初に，金属間結合により生ずるユニットの立体構造を考え，このユニットに配位子が結合して全体の錯体の構造ができ上がると考えるとわかりやすい．

図 3.11 に基本的な金属間結合ユニットの構造を，その骨格構造を持つ多核錯体の実例と共に示した．金属間結合は d 電子の共有によって生ずる結

d 電子数	基本骨格	錯体の構造	実例
d^1	M—M	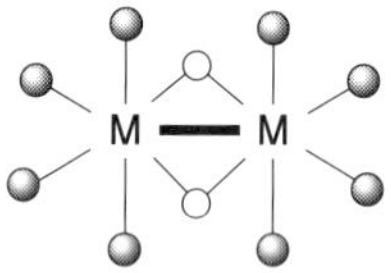	$[Mo^V_2(\mu_2\text{-}O)_2(H_2O)_6]^{2+}$
d^2	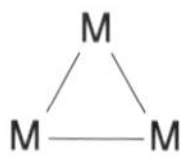 M△M M (三角形)	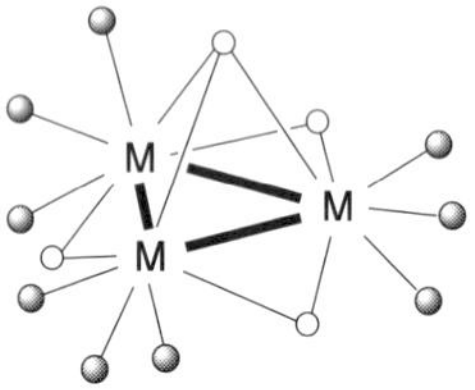	$[Mo^{IV}_2(\mu_3\text{-}O)(\mu_2\text{-}O)_3(H_2O)_9]^{2+}$
	M=M	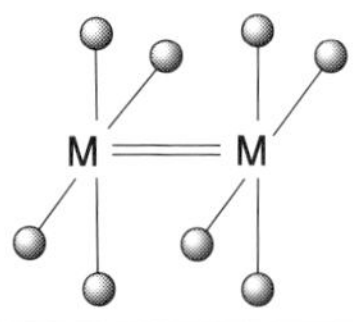	

図 3.11　金属間結合多核錯体の骨格 (1)

3.5 多核錯体の立体構造

d電子数	基本骨格	錯体の構造	実例
d^3	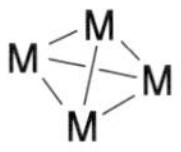 (四面体 M$_4$)	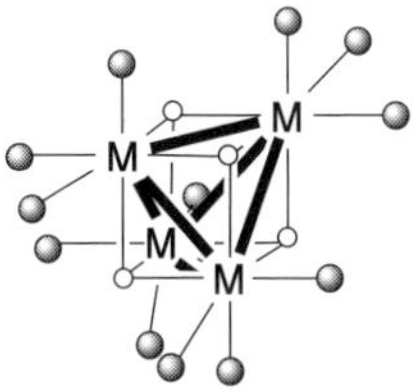	$[Re^{IV}{}_4(\mu_3\text{-}S)_4(H_2O)_{12}]^{2+}$
	M≡M	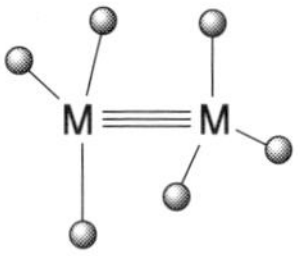	$[W^{III}{}_2(NR_2)_6]$
		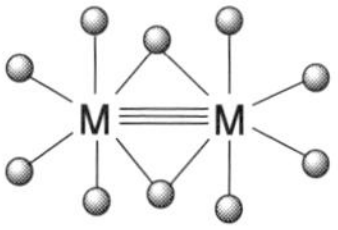	$[Re^{IV}{}_2(\mu\text{-}O)_2(tpa)_2]^{4+}$ (tpa：トリス(2-ピリジルメチル)アミン)
d^4	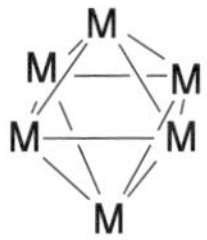 (八面体 M$_6$)	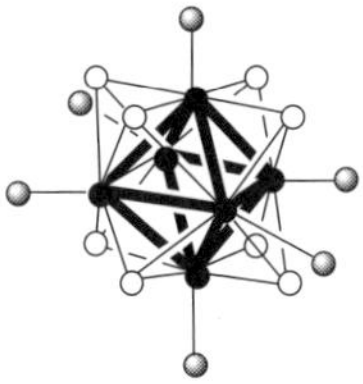	$[Mo^{II}(\mu_3\text{-}Cl)_8Cl_6]^{2-}$ $[Re^{III}{}_6(\mu_3\text{-}S)_8Cl_6]^{4-}$
	M≡M	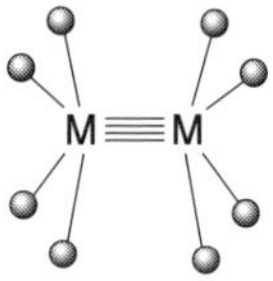	$[Mo^{II}{}_2Cl_8]^{4-}$ $[Re^{III}{}_2Cl_8]^{2-}$
	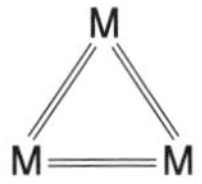 (三角形 M$_3$)	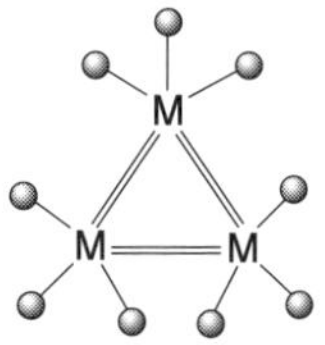	$[Re^{III}{}_3Cl_9]$

図 3.11 金属間結合多核錯体の骨格 (2)

合と考えてよいので，金属間結合を生ずる手の数は基本的にはd電子数により決まる．すなわち，d電子数が1個のときは，金属間結合を生ずる手の数は1本となり，必然的に複核構造のユニットのみが可能となる．d電子数が2個のときは，手の数は2個となり，1つの相手と2本の手を共有していわゆる二重結合を形成する場合と，2つの相手それぞれと単結合を形成する場合の2つの可能性がある．実際にどちらの構造も見られる．後者の場合の，最も金属イオンの核数が少ない構造は三角形型のユニットである．d電子数が3個のときには，四面体型のユニットが形成される．このとき，1つの金属原子は隣接する3個の金属原子とそれぞれ金属間単結合を形成する．一方，複核構造の場合には，金属間三重結合が形成される．4個のd電子を持つ場合には，複核錯体では金属間四重結合が形成される．一方，正八面体型六核骨格を生ずる場合もあるが，このとき各金属原子は隣接する4個の金属原子を持ち，それぞれと金属間単結合を形成する．二重結合を持つ三角形型の三核錯体も知られている．5個以上のd電子を持つ場合には，d電子が多すぎて一部の電子が対を作ってしまい，金属間結合に関与できなくなるので，手の数は減少することになる．ちょうど有機化合物で，炭素に比べ，窒素，酸素で手の数が減少することと似ている．

さて，実際に見られる多核錯体の構造は，以上のようにして得られる金属間結合ユニットにいろいろの配位子が結合した形である．金属間結合，特に多重結合は，先に述べたオキソバナジウム錯体に見られたのと同様に，強いトランス影響を及ぼすとともに，シス位の配位子をも外側に押しやることが多い．このため，金属間結合の向かい側はしばしば空位であり，構造もかなり歪んだものとなる．この歪んだ構造を模式的に図3.12に示す．この型の複核錯体では，架橋配位子としてカルボン酸イオンが含まれる場合も多い．

金属間結合を持つ多核錯体では，前の節で述べたような架橋配位子が骨格内の金属原子間を架橋している例も多い．その場合には，見かけ上金属間結合のない多核錯体とよく似た構造を示すことになる．

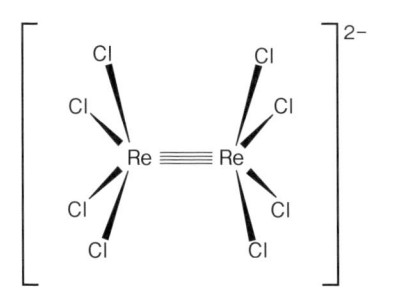

図 3.12 [Re_2Cl_8]$^{2-}$ の歪んだ構造

3.5.3 無限鎖状錯体から超分子錯体へ

本 3.5 節では，ここまで分子性の多核錯体について述べてきたが，架橋構造を繰り返すことによって，多核錯体のユニットがさらに連結された，多核錯体ユニットの多量体が合成される．それらは 1 次元，2 次元，3 次元方向に無限につながった構造の錯体（これを高分子錯体，配位高分子などと呼ぶことがある）へと広がっていく．酸化物，ハロゲン化物などのイオン結晶性の物質も，これらの陰イオンを架橋配位子と考えれば，そのような錯体高分子の一種と見なすこともできよう．しかし，最近は，通常の錯体ユニットを，4,4′-ビピリジンのような有機化合物を用いて連結することによって得られる型の錯体高分子に関する進歩が著しい．その例を図 3.13 に示す．このような型の錯体高分子では，架橋，非架橋の有機配位子の形を工夫したり，様々の機能性を持ち込むことも可能であることから，機能性物質などへの応用の展望も広がっており，現在活発に研究が展開されている．これらの分野については，8.4 節でもう少し述べることにする．

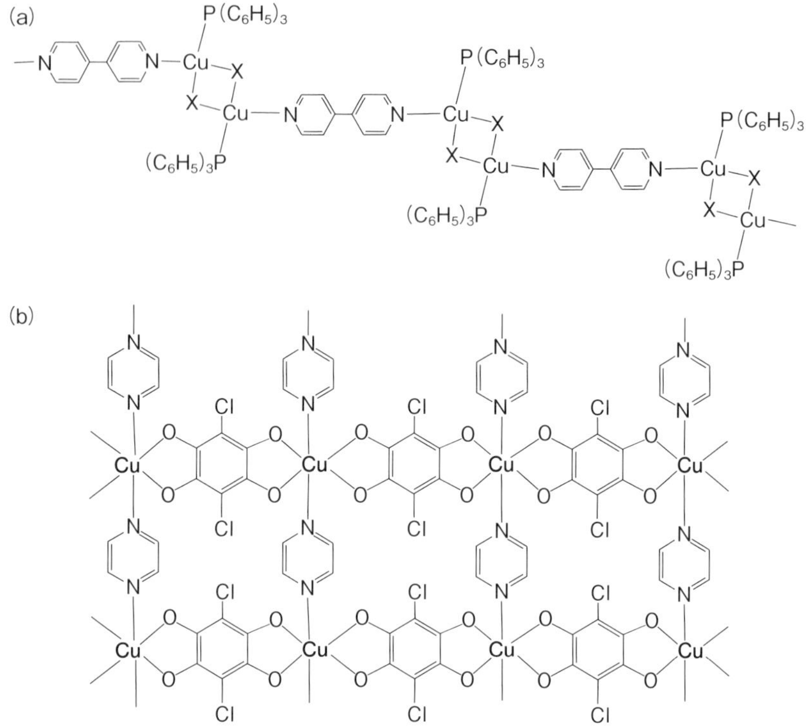

図 3.13 (a) 銅(I)複核ユニットが架橋配位子で連結した鎖状高分子（各 Cu まわりは四面体型），
(b) 銅(II)の鎖状ユニットがさらに架橋配位子で連結した2次元シート（各 Cu まわりは八面体型）

光学活性の定義と記憶法？

　本書で示したトリス(エチレンジアミン)コバルト(III)錯イオンの光学活性体は，ΔとΛで表される．しかし，どちらがどちらかを覚えるのは，よほど明快な記憶力がないと簡単ではない．これを覚える簡便な方法を1つ紹介しよう．ΔとΛは図に示すような光学活性体と対応している．これを風

車に見立てて，手前側から風を送ると，Δ体は時計と逆回りに，Λ体は時計回りに回る（この方向は一般的な光学活性体のねじれの定義の方向とは逆である）．ところで，Δという字の書き方は下図に示すように，上から左回りに書く．一方，Λは左下から右回り方向に書く．この字の書き方と，光学活性体の風車の回る方向とが同じであることを記憶しておけば，光学活性体と記号の対応が付くわけである．ただし，Δ，Λの書き方を正しく覚えていなければこの記憶法も役に立たない．

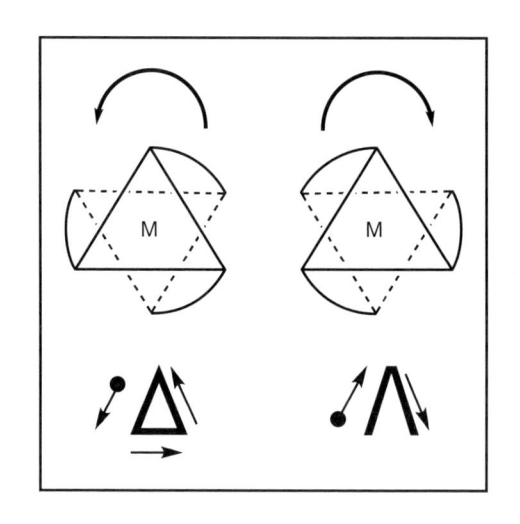

演習問題

[1] ハロゲン化物イオン (X^-) の錯体 $[MX_6]^{n-}$ の M−X の結合長 (Å) は，次の表の通りである．

	F	Cl	Br	I
$[Cr^{III}X_6]^{3-}$	1.91	2.36	2.52	—
$[Fe^{III}X_6]^{3-}$	1.92	2.39	—	—
$[Zr^{IV}X_6]^{2-}$	2.00	2.46	2.62	2.86
$[Rh^{III}X_6]^{3-}$	—	2.34	2.48	—
$[Pd^{IV}X_6]^{2-}$	—	2.31	2.47	—
$[Pt^{IV}X_6]^{2-}$	—	2.32	2.47	2.67

(1) これらの値をもとに，各 M ごとに横軸にハロゲン化物イオンの種類，縦

軸に対応する結合距離のグラフを作り，M が同じ場合には M−X 距離はハロゲン化物イオンが重くなる順にほぼ一定の大きさで大きくなることを確認せよ．

(2) M = Pd と M = Pt は，ほぼ同じ結合長となっている．これは，第二遷移系列と第三遷移系列でイオン半径が近いことに起因する（表 2.1 (3) 参照）．しかし，M = Fe と M = Rh を比べると M=Fe の方が結合が長い．この原因について考えよ．

[2] 5 配位構造としては，三方両錐型と四角錐型がその代表例となる．しかし，実際にはこの構造の中間的な構造をとる化合物も多い．

(1) 四角錐型構造の底面の 2 原子を四角錐の頂点と反対方向に 60° 動かすと，三方両錐型構造になることを確認せよ．

(2) このような構造変化があると，三方両錐型構造で頂点 (axial position) を占めていた配位子を，赤道面内の位置に変換できる．このような構造変化を図示せよ（これをベリーの擬回転 (Berry pseudo rotation) と呼ぶ）．

[3] 次の分子式で表される錯体で可能な異性体を図示せよ．

(1) $[CoCl_3(NH_3)_3]$

(2) $[CoCl(NH_3)(en)_2]^{2+}$

[4] モリブデンやタングステンの高酸化数のイオンはポリ酸を形成することが多い．図 3.9 (d) の図を参考に，$[Mo_7O_{24}]^{6-}$ の中の 24 個のオキソイオン (O^{2-}) を，結合しているモリブデンの数に注目して，分類せよ．

第 4 章　金属錯体の電子状態

　金属イオンの電子軌道は，錯体を形成すると配位子の影響を受けてエネルギーが変化する．特にその変化は遷移金属錯体で特徴的である．この章では，遷移金属錯体について，配位子との相互作用によって生ずる電子軌道のエネルギーの変化の様子，その軌道への不完全に満たされた d 電子の詰まり方などを，初期の結晶場理論からより厳密な配位子場理論までを取り上げ概説する．さらに，これらの理論に基づいて，遷移金属錯体特有の磁性や可視部の電子遷移などについて言及する．また，多核錯体における金属間の相互作用の考え方についても学ぶ．

4.1　金属錯体の電子状態に対する考え方

　第1章で簡単に述べたように，金属錯体における金属原子と配位子との結合は**配位結合**（coordination bond）と呼ばれる．金属原子と配位原子の間に電子対が共有されるという意味では，配位結合は共有結合の一種ということができるが，配位結合の場合には，配位子側から金属イオンへ電子対が一方的に供与され，電子分布は配位子側に偏っているのが普通である．このような意味で，配位結合は**ルイス酸**（Lewis acid）－**ルイス塩基**（Lewis base）の結合である．非金属元素の化合物におけるルイス酸－ルイス塩基の結合は，オクテット則や超原子価のような**原子価結合論**（valence bond theory）の言葉をもとにして説明されているが，金属錯体，ことに遷移金属錯体の場合には，そのような簡潔な説明は難しい．金属錯体の電子状態に関しては，初期には**結晶場理論**（crystal field theory）と呼ばれる静電的なモデルに基づいた

説明が成功を収めた．その後 共有結合性を取り入れた**配位子場理論**（ligand field theory）へと発展し，分子軌道の考え方が取り入れられて現在に至っている．

金属錯体の電子状態を考える場合，対象となる中心金属の**軌道**（orbital）は，配位子と相互作用する最外殻の軌道である．前の章で述べたように，金属錯体は，典型金属錯体，遷移金属錯体（以後，「遷移金属錯体」と表すときは，d 遷移金属錯体を意味する），ランタノイド金属錯体，アクチノイド金属錯体に大別される．

典型金属元素の最外殻電子軌道は s 軌道および p 軌道であるが，錯体を生成する際には s, p 軌道の電子を放出して陽イオンとなっている場合が多く，その場合には s, p 軌道は空位である．それより内側の軌道は，電子が完全に詰まった状態であり，配位による電子状態の複雑な変化はない．

一方，**遷移金属錯体**（transition metal complex）の場合には，金属原子の最外殻の軌道は，nd 軌道およびそのすぐ外側の $(n+1)$s, $(n+1)$p 軌道である．通常中心金属は陽イオンであるが，この状態では $(n+1)$s, $(n+1)$p 軌道は空位であり，d 軌道には電子が不完全に満たされている．したがって，重要な軌道は nd 軌道である．金属イオンが孤立しているときには，5 つの d 軌道はエネルギー的に縮退しているが，配位子が配位すると個々の d 軌道が異なる影響を受けるので，縮退が解け，d 軌道への電子の詰まり方が変化する．このことが，d 遷移金属錯体の色や磁性などの多彩な性質に結び付いている．

ランタノイド金属錯体も，不完全に満たされた 4f 軌道を持つが，その外側にある満たされた 6s 軌道が，配位子から 4f 軌道への影響をブロックしている．ランタノイド錯体には，不対電子が存在するために磁性に興味が持たれるものも多いが，その場合でも配位子が磁性に与える影響は小さい．アクチノイド金属錯体についても同様のことがいえる．

要するに，配位子が金属中心の電子状態に大きな影響を与えるのは，d 遷

移金属錯体のみということになり，金属錯体の電子状態の議論といえば，通常遷移金属錯体が取り上げられるのである．

以上に述べたことを背景として，第4章では，主に遷移金属錯体の電子状態を取り上げる．基本的な考え方を述べた後，遷移金属錯体を特徴付ける磁性や電子遷移（吸収スペクトル）について説明する．

4.2 電子状態の考え方の概略

遷移金属錯体は多原子分子で高次の構造を持つので，その電子状態を理論的に厳密に扱うことはできない．一般に，電子状態は**シュレーディンガー**（Schrödinger）**の波動方程式**（$H\Psi = E\Psi$）を解くことによって明らかにされ，それに基づいて化学的性質が理解される．しかし，実際には，波動方程式を厳密に解くのではなく適切な近似を用いることにより，波動方程式と化学的な性質を結び付ける方法が開発されてきた．例えば，炭素の化学におけるsp^n混成軌道の考え方は，分子全体で考えるべき電子状態を，いくつかの小さな部分の電子状態の組み合わせとして考える方法である．これは，波動方程式の解き方として原子価結合法を使うことに対応する．このような方法を用いることにより，波動方程式を直接解くことなく，分子の化学的性質をかなりの程度まで理解することが可能となる．

これらの近似法の基本は，"分子の電子状態を考えるには，（分子を作っていないときの）原子の波動関数を出発点とすればよい"というものである．この考え方は，遷移金属錯体の電子状態を考える場合にも用いられる．以下には，まず配位子の結合していない遷移金属原子の電子状態，次に配位原子Lの付いたML_n原子団の電子状態について考えていくことにする．

4.3 自由原子の電子状態

配位子のない1個の孤立した金属原子，金属イオンの電子状態をまず考える．これらの孤立した金属原子，金属イオンをそれぞれ自由原子，自由イオンという．遷移金属原子では，s軌道，p軌道に加え，d軌道が価電子帯として登場する．まず，自由原子の状態におけるd軌道について述べ，次に電子で不完全に満たされたd軌道を持つ自由原子の電子状態について考えていく．

4.3.1 自由原子における軌道関数

波動方程式を解くことにより，原子のまわりの電子の軌道を関数で表すことができる．この原子軌道関数 $\Psi(x)$ は，波動方程式から導かれる一定の規則で整理できる．それらの関数は，**主量子数** (principal quantum number) (n)，**方位量子数** (azimuthal quantum number) (l)，**磁気量子数** (magnetic quantum number) (m_l) で表される．ここで，方位量子数 l は主量子数 n のサブグループ，さらに磁気量子数 m_l は方位量子数 l のサブグループと見なすことができる．主量子数 n は，原子軌道関数の動径方向成分を特徴付ける量子数であり，$n = 1, 2, 3, \cdots$ のように正の整数値をとる．主量子数 n が大きくなるにつれ，軌道のエネルギーは大きくなる．つまり，$n = 1$ が最も低いエネルギーを持つ軌道となる．主量子数は，周期表上の「周期」に対応する．

方位量子数 l は 0 以上の整数値をとり，常に主量子数より小さい ($l < n$)．l は原子軌道関数の角度部分を特徴付ける量子数であり，いわゆる"軌道の形"に対応する量子数である．$l = 0, 1, 2, 3$ に対応する軌道が，それぞれ我々がよく用いる s 軌道，p 軌道，d 軌道，f 軌道である．$l < n$ の関係があるため，$n = 1$ では 1s 軌道 ($l = 0$) しかないが，$n = 2$ では 2s 軌道 ($l = 0$) と 2p 軌道 ($l = 1$)，$n = 3$ では 3s ($l = 0$)，3p 軌道 ($l = 1$) に加え，3d 軌道 (l

= 2) も追加される．同じ n に属する軌道の場合，エネルギーは $n\mathrm{s} < n\mathrm{p} < n\mathrm{d}$ となる．方位量子数が同じ軌道は角度部分が同じ関数となるため，主量子数が異なっても角度部分に関しては同じ形状の軌道となる．周期の異なる同族元素が類似した化学的挙動を示すのは，主量子数が異なっても同じ方位量子数を持つ軌道（例えば 2p 軌道と 3p 軌道）は空間的な電子分布が類似しているためである．

方位量子数 l と磁気量子数 m_l の間には，$m_l = -l, -(l-1), \cdots, 0, \cdots, (l-1), l$ のような関係がある．すなわち，方位量子数 l を持つ原子軌道関数には，磁気量子数の異なる $2l+1$ 種類の軌道があることになる．このような l, m_l に関する制限から，1つの主量子数 n に対応する軌道は n^2 個あることがわかる．$l = 0$ の s 軌道は，$m_l = 0$ の1種類の軌道しかないが，$l = 1$ の p 軌道では，$m_l = -1, 0, 1$ の3種類の軌道があり，$l = 2$ の d 軌道では $m_l = -2, -1, 0, 1, 2$ の5種類の軌道がある．これらの軌道は磁場のない条件ではエネルギー差のない**縮退** (degeneracy) した軌道である．p 軌道，d 軌道の波動関数の空間的な広がり方を模式的に図 4.1 に示す．

4.3.2 自由原子における電子配置と電子状態

前節で述べたように，原子は，3つの量子数で記述される多くの原子軌道を持つ．さらに，電子はスピンを持つため，1つの電子の状態を示す関数は，3つの量子数 n, l, m_l に加え，電子スピンに関する量子数 m_s を持つことになる．**スピン量子数** (spin quantum number) は $m_s = \pm 1/2$ の2つであるため，一組の n, l, m_l で指定される状態には，$(nlm_l + 1/2)$, $(nlm_l - 1/2)$ の2種類があることがわかる．スピン量子数も含め，個々の電子は同じ4つの量子数を持つことはできない（パウリの原理）．言い方をかえると，一組の n, l, m_l で指定される原子軌道には，スピン量子数の異なる2つの電子が入れることになる．この結果，1s ($n = 1$, $l = 0$, $m_l = 0$) 軌道には最大2つの電子，2p 軌道 ($n = 2$, $l = 2$, $m_l = -1, 0, 1$) には最大6個の電子が

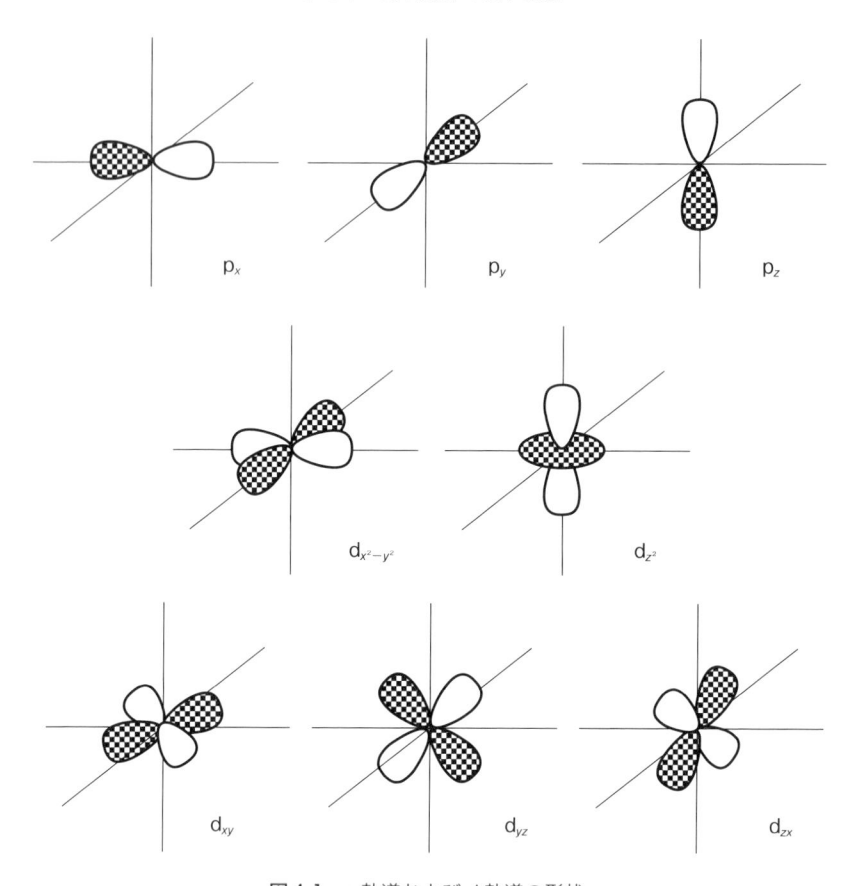

図4.1　p軌道およびd軌道の形状

p軌道は，節面を1枚持ち，節面に対して＋，－が反転する．例えばp_x軌道は，x軸に関して符号が反転し，y，z軸に関しては符号は反転しない．d軌道は，節面を2枚持つ．d_{xy}，d_{yz}，d_{zx}，$d_{x^2-y^2}$は2つの＋の領域と2つの－の領域を持つ．d_{z^2}も，節面を2枚持つが，x，y軸に関して符号は反転せず，z軸方向に＋，－，＋の符号を持つ．

入れることがわかる．多電子原子ではエネルギーの低い軌道から順に電子を入れることにより，電子配置が決定され，原子全体のエネルギーが決まる．

ここで，遷移金属原子の関わる軌道のエネルギーの順について述べておく．軌道のエネルギー順は，主量子数nが大きくなる順に大きくなる．同

じ主量子数では，ns $<$ np $<$ nd の順となるが，nd と $(n+1)$s $<$ $(n+1)$p 軌道のエネルギーは，しばしば nd の方が高くなる．しかし，これは中性の金属原子の場合であり，錯体化学でよく扱う陽イオンの場合には，nd 軌道がより安定となり，nd $<$ $(n+1)$s $<$ $(n+1)$p となるのが一般的である．より外側の f 軌道の場合には，1 つ主量子数の大きい s, p, d 軌道とのエネルギーの順序はさらに複雑となる．

さて，d 軌道は $l=2$ であるため，$m_l = -2, -1, 0, 1, 2$ の 5 つの磁気量子数の異なる軌道が存在する．このため d 軌道全体では，最大 10 個の電子を納めることができる．ここにいくつかの電子が入ると，全体のエネルギーはどのようになるであろうか？ もともと，5 つの d 軌道はエネルギー的に縮退しており，どの軌道に電子が入っても全体のエネルギーは同じように見えるが，軌道の形状が異なるため，電子の入る軌道の組み合わせにより電子間の反発が異なる．この電子間の相互作用まで考慮すると，複数の電子の入る軌道の組み合わせは，安定性の異なるいくつかのグループに分かれることになる．

具体的に 3 個の電子が d 軌道を占有する場合を例にとって考える．d 軌道は 5 個あるので，スピン量子数 m_s まで考えると，電子の入り得る軌道は 10 種類となる．このため $(n\text{d})^3$ の電子配置に対して，120 通り ($= {}_{10}C_3$) の状態があることになる．スピンを含めた 10 種類の d 軌道は，それぞれ方位量子数 l とスピン量子数 m_s に応じた軌道角運動量とスピン角運動量を持つ．複数の d 軌道に電子が入った全体の電子状態は，電子の入ったそれぞれの軌道の軌道角運動量，スピン角運動量の和で表される全軌道角運動量 L と全スピン運動量 S によって表される．それぞれの d 軌道のエネルギーが方位量子数 l で分類されるのと同様，これらの状態は全軌道角運動量 L と全スピン角運動量 S で分類することができる．この L と S で分類された状態を項 (term) (エネルギー項 (energy term)) と呼ぶ．

方位量子数 l に対応して個々の軌道を s, p, d 軌道と定義したように，L

$= 0, 1, 2, 3, 4, 5$ に対応する状態は，S, P, D, F, G, H という記号で表され $(2L+1)$ 重に縮退している．すなわち，S, P, D, F, G, H の各項はそれぞれ，1, 3, 5, 7, 9, 11 重に縮退している．また，各軌道が方位量子数 l の他にスピン量子数 m_s を持つように，S, P, D, …, で表される項のスピン状態は全スピン角運動量 S で決定され，スピン状態に関して $2S+1$ 重に縮退している．ここでは詳しく述べないが，$(n\mathrm{d})^3$ の 120 通りの電子配置は，全軌道角運動量と全スピン角運動量で分類すると次のグループ（項）に分類される．

$$(n\mathrm{d})^3 \implies {}^4P,\ {}^2P,\ 2\times{}^2D,\ {}^4F,\ {}^2F,\ {}^2G,\ {}^2H$$

各記号の左の上付き文字は**スピン多重度**（spin multipulicity）で，$2S+1$ に対応する．

この分類からわかるように，$(n\mathrm{d})^3$ の 120 通りの状態が，8 種類の異なるエネルギーの項に分かれる．分類された項の中で，例えば，${}^4P$ は，$L=1$, $S=3/2$ であるので，軌道角運動量で $3 (= 2\times 1+1)$ 重に縮退し，スピン部分で $4 (= 2\times 3/2+1)$ 重に縮退した計 12 通りの状態に対応している．同様に，他の多重項の縮退度を計算し，それらの数を足し合わせると 120 となる．

ここまでの説明は，軌道とスピンが独立であるという前提に立っているが，この前提が成り立つのは第一（3d）遷移系列金属元素までであり，第二（4d）遷移系列金属以降では，これらの相互作用を考慮する必要がある．4.6.4 項 (b) でもう少し詳しく述べるが，スピン-軌道相互作用も考慮すると，縮退している ${}^4P$, ${}^2P$ などの多重項が，さらにエネルギー的に分裂することになる．

$(n\mathrm{d})^3$ 以外の電子配置についても同様の考え方により，同じ d^n 電子配置が異なる電子状態を含むことが示される．

4.4 遷移金属錯体の電子状態

　金属錯体中の金属イオンは，配位子が結合しているため，自由イオンとは電子状態が変わってくる．第一遷移系列金属元素の錯体の場合には，中心金属の価電子軌道としては，金属イオンの持つ電子が入った3d軌道と，それにエネルギー的に近い4s，4p軌道を考えればよい．3d軌道の主量子数は4s軌道，4p軌道に比べ1つ小さいので，3d軌道の方が空間的に小さな軌道となる．その結果，金属-配位子間の結合には，主にs軌道やp軌道が関与し，d軌道は"大体"金属中心に局在していると考えてよい場合が多い．この状態のd軌道は結合に関与しないという点では，典型元素の非共有電子対に類似した軌道となる．さらに，配位子との重なりが小さい軌道であるため，軌道に収容される電子の数も配位子の制約をあまり受けず，奇数個の電子を格納した，いわば"ラジカル"のような状態も安定になる．このような状態のd軌道は，第一近似的には，自由金属イオンそのままの状態が，少し影響を受けて変化した状態という考え方で説明できる．

　これを簡便な方法で非常にうまく説明したのが，結晶場理論である．結晶場理論では，配位子はd軌道に静電的な影響のみを与え，結合には関与していないと考える．この考え方は，金属錯体の電子状態を簡潔に表すには便利であるが，当然ながら限界があり，次の段階としては，配位子とd軌道が結合に関与することを考慮した配位子場理論による，より詳しい説明が必要となる．

4.4.1　結晶場理論
(a) d軌道の分裂

　結晶場理論では，配位子の静電的な影響で5個のd軌道のエネルギーが変化すると考える．すなわち，自由イオンでは，縮退して同じエネルギーにあった5個のd軌道が，配位子との静電的な相互作用により，等しいエネ

ルギーではなくなってしまう．

　結晶場理論では，ルイス塩基である配位子を負の点電荷として単純化して考える．6配位八面体型錯体（ML_6）では，配位子のある方向に x, y, z 軸をとる．すなわち，負の点電荷（配位子）は x, y, z それぞれの軸上にあることになる（図 4.2）．分子全体として考えると，正電荷を帯びた金属陽イオンのまわりに負電荷が近づいて安定化した形であり，結晶場理論ではこれが錯体形成のエネルギーに相当する．陽イオンに負電荷が近づくことにより分子全体としては安定化されるが，各電子への影響は軌道の形により異なる．たとえば，$d_{x^2-y^2}$ 軌道に入った電子は，他の軌道に入った電子に比べ，負電荷に近付く確率が大きくなり，静電反発により不安定化する．また，同様に d_{z^2} 軌道に入った電子も負電荷に近付く確率が高く不安定となる．これに対して，d_{xy}, d_{yz}, d_{zx} 軌道は負電荷の間に分布を持つので，負電荷に近付く確率は小さくなり，相対的に安定な軌道となる．すなわち，x, y, z 軸上

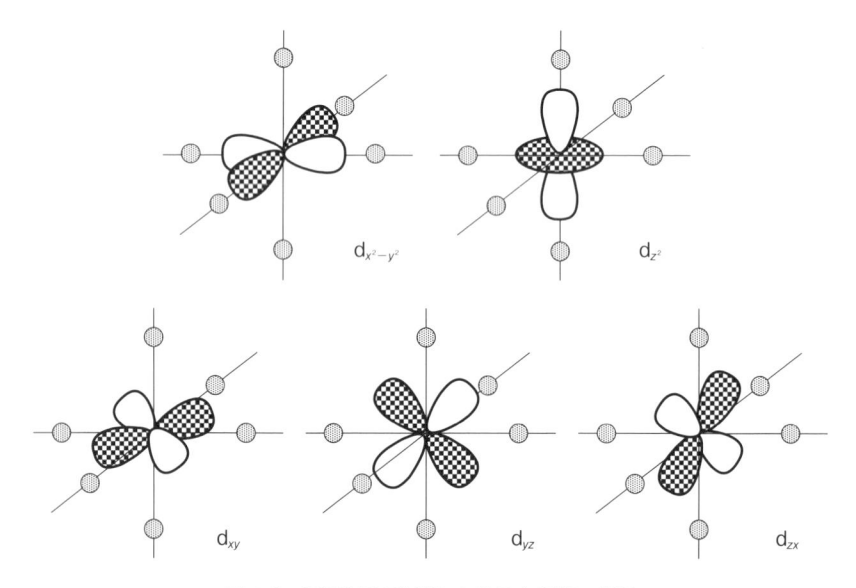

図 4.2　6 配位八面体型における点電荷の位置

に配置する 6 個の負電荷との相互作用により,同じエネルギーを持っていた 5 つの d 軌道が,低いエネルギーを持つ 3 つの軌道 (d_{xy}, d_{yz}, d_{zx}) と高いエネルギーを持つ 2 つの軌道 ($d_{x^2-y^2}$, d_{z^2}) の組に分かれることになる.これらの軌道の組を,その対称性から群論の記号を小文字で用いて t_{2g} 軌道および e_g 軌道と呼ぶ.この 2 つの軌道の分裂エネルギーは Δ_o で表され,**結晶場分裂エネルギー** (crystal field splitting parameter)(あるいはより一般的に配位子場分裂エネルギー)と呼ばれることが多い.ここで,添字の o は octahedral(八面体型)から取ったものである.

4 配位四面体型錯体の場合も,同様にどの軌道が不安定化されるかを考えることにより,d 軌道のエネルギーが非等価になることがわかる.4 配位四面体型錯体では,4 個の配位子(負電荷)を,原点(中心金属)を中心とする立方体の 8 つの頂点に 1 つおきに置く.こうすると,d_{xy}, d_{yz}, d_{zx} 軌道が負電荷に近付く確率が高く,$d_{x^2-y^2}$, d_{z^2} 軌道に比べ不安定化される.このときの分裂幅は Δ_t で表される.添字の t は tetrahedral(四面体)の意味である.4 配位四面体型錯体,6 配位八面体型錯体のいずれの場合にも,5 つの軌道は (d_{xy}, d_{yz}, d_{zx}) と ($d_{x^2-y^2}$, d_{z^2}) の 2 つの組に分裂するが,八面体型錯体では (d_{xy}, d_{yz}, d_{zx}) の組が安定であるのに対し,四面体型錯体では ($d_{x^2-y^2}$, d_{z^2}) の組が安定な軌道となる.

八面体型錯体 ML_6,四面体型錯体 ML_4 以外の型の錯体の場合も,同様な考察によって定性的な分裂のパターンを議論することができる.例えば,5 配位四角錐型錯体 ML_5 の場合には,第一近似としては,ML_6 から 1 つ配位子が取れた構造と考えることができる.最初に ML_6 型の分裂パターンを考え,これから,z 軸上の負電荷が 1 つ外れたとすると,e_g に属する 2 つの軌道のうち d_{z^2} 軌道の不安定化が小さくなる.また,t_{2g} に属する 3 つの軌道については,x–y 平面内には負電荷が 4 個あるのに対し,y–z,z–x 面内には負電荷が 3 個しかないので,d_{yz}, d_{zx} 軌道が相対的に安定化される.ただし,この場合には負電荷が d 軌道の方向にないので分裂の程度は小さい.この

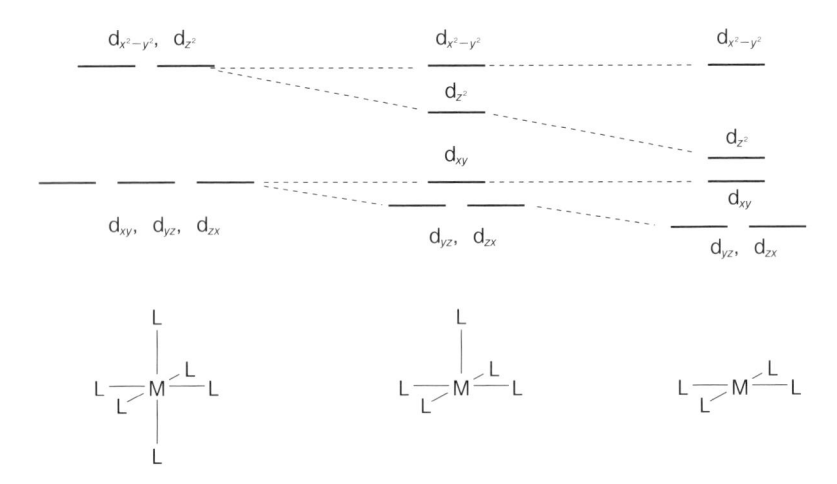

図4.3 6配位八面体型, 5配位四角錐型, 4配位平面型のエネルギー準位図

分裂の結果, 5配位四角錐型錯体では図4.3に示したようなエネルギー準位となる. さらにz軸上のもう1つのLが外れた平面型錯体ML_4の場合には, d_{z^2}およびd_{yz}, d_{zx}軌道がより安定化されることになる. 安定化の程度が大きい配位子の場合には, このd_{z^2}軌道とd_{xy}軌道の準位が入れ替わることもある.

(b) 結晶場分裂エネルギー Δ_o と電子配置

(a)では, 6配位八面体型錯体と4配位四面体型錯体についてd軌道のエネルギーがどのように分裂するかを定性的に説明したが, 次に問題になるのは, 分裂した軌道に, d電子が"どのように"入るかということである.

例えば, コバルト(II)の6配位八面体型錯体 $[Co(NH_3)_6]Cl_2$ を例として見てみよう. コバルト(II)は7個のd電子を持つ. これらが, 低エネルギーのt_{2g}軌道と高エネルギーのe_g軌道にどのように入るかを考えればよい. 最初の3個までは, 三重縮退している低エネルギーのt_{2g}軌道に, **フント(Hund)の規則**[†](次頁)に従って同じスピンの向きで入っていく. ところが, 4つ目の電子には, 1) スピンを反転させて低エネルギーのt_{2g}軌道に入るか, 2) 同

じスピンの向きで高エネルギーの e_g 軌道に入るか,の2つの可能性がある.このいずれの入り方を取るかは t_{2g} と e_g 軌道のエネルギーの差 Δ_o と,スピンが対になるときの不安定化エネルギー(電子対生成エネルギー P)の大小関係によって決まる.すなわち,$\Delta_o > P$ のときには対生成が有利になるため,下記の1)の詰まり方となり,$\Delta_o < P$ のときには対生成が不利になるため,2)の詰まり方となる.さらにこれに引き続き5番目6番目の電子が入っていくので,1)と2)の場合では最終的な電子配置も異なる.

1) $\Delta_o > P$ のとき:4, 5, 6番目の電子がスピンを反転させて t_{2g} 軌道へ入り,7番目の電子が高エネルギーの e_g 軌道へ入る.

2) $\Delta_o < P$ のとき:4番目,5番目の電子が e_g 軌道に入るが,ここで全てのd軌道が同じ向きのスピンを持つ電子で充填されるため,6番目と7番目の電子はスピンを反転させて t_{2g} 軌道へ入る.

1)の状態は2)の状態に比べ不対電子の数が少ないため**低スピン** (low spin) **状態**,逆に2)の状態は**高スピン** (high spin) **状態**と呼ばれる.図4.4に,いろいろのd電子数の場合についてとり得る電子配置をまとめて示した.

Δ_o の大きさは,配位子の種類,中心金属の種類により異なる.同族,同酸化数の金属イオンでは周期表で下へいくほど Δ_o は大きくなる.また,金属イオンの酸化数が小さいほど Δ_o が小さい.したがって,周期表で上の方にあり,かつ酸化数の小さい金属イオンにおいては,相対的に P の寄与がより重要となる.このため,3d金属,特に+2価のイオンでは高スピン状態の錯体がよく見られるが,4d,5d金属の多くは,+2価のような低い酸化状態でも $\Delta_o > P$ となり,低スピン状態の錯体を与えることが多くなる.

---

† フントの規則:一般には,"主量子数 n と方位量子数 l で定まる殻のエネルギーを最小にする電子配置は,パウリの原理が許す範囲で最大の全角スピン運動量 S を持ち,その中で最大の全角運動量 L を持つ",という規則である.電子スピンがすべて同じであれば,S は最大になるので,"パウリの原理が許す範囲で最大の S を持つ"という部分は,"電子スピンをなるべく同方向にした配置を好む"と読み替えることができる.このため,t_{2g} 軌道に電子を入れていくと,3つまでは,同じ向きにスピンをそろえることになる.

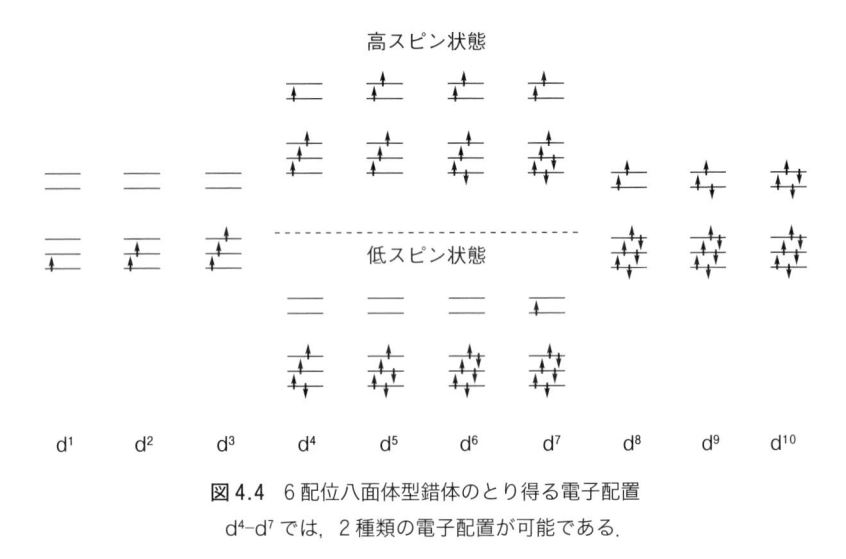

図 4.4　6 配位八面体型錯体のとり得る電子配置
d^4–d^7 では，2 種類の電子配置が可能である．

配位子と Δ_o の関係については，配位子を Δ_o の大きさの順に並べた系列が**分光化学系列**（spectrochemical series）として知られている．よく用いられる配位子では，以下の系列で表した関係がある．前のものほど Δ_o が大きい．

$$CO > CN^- > bpy > NH_3 > H_2O > NO_3^- > OH^- > F^- > SCN^-$$
$$> Cl^- > Br^- > I^-$$

この系列は金属イオンの種類にはあまり依存しないといわれている．

Δ_o に対する配位子の影響は大きく，同じ金属イオンでも，Δ_o と P の関係が逆転することがある．たとえば，コバルト(III) の錯体，$[Co(NH_3)_6]^{3+}$ と $[CoF_6]^{3-}$ はどちらも d^6 の錯体であるが，$[Co(NH_3)_6]^{3+}$ は低スピン型の反磁性錯体，$[CoF_6]^{3-}$ は高スピン型の常磁性錯体である．これは，F^- が配位した場合には，Δ_o が P に比べて十分に小さく，電子がスピン対を作って t_{2g} 軌道に入るより，スピン対を作らずに e_g 軌道に入る方がエネルギー的に有利になるのに対し，NH_3 が配位した錯体では，Δ_o が P に比べて大きく，スピン対を作ってでも，t_{2g} 軌道に入る方がエネルギー的に有利になるためであ

(c) 結晶場安定化エネルギー

八面体型錯体 ML_6 では，5つの d 軌道が三重縮退した t_{2g} 軌道と，二重縮退した e_g 軌道に分裂した．これらの分裂した軌道をエネルギーの平均場から見ると，t_{2g} 軌道の安定化分は $2/5\Delta_o$，e_g の軌道の不安定化分は $3/5\Delta_o$ となる（**図 4.5**）．これらの軌道に電子が入るごとにこの分の安定化，不安定化エネルギーが生ずると考えると，各電子配置での結晶場分裂による安定化エネルギーは**表 4.1** に示したようになる．この安定化エネルギーを**結晶場安定化エネルギー**（crystal field stabilization energy：CFSE）と呼ぶが，この

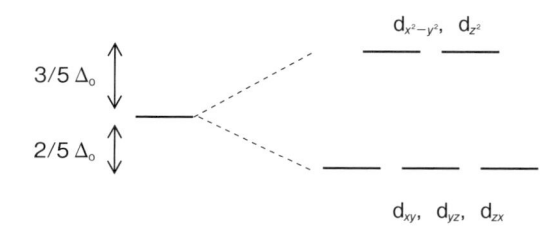

図 4.5 配位子場分裂による平均場からの安定化と不安定化エネルギー（Δ_o 単位）

表 4.1 電子配置と結晶場安定化エネルギー

d 電子数		低スピン型	高スピン型
d^1	$0.4\Delta_o$		
d^2	$0.8\Delta_o$		
d^3	$1.2\Delta_o$		
d^4		$1.6\Delta_o$	$0.6\Delta_o$
d^5		$2.0\Delta_o$	$0.0\Delta_o$
d^6		$2.4\Delta_o$	$0.4\Delta_o$
d^7		$1.8\Delta_o$	$0.8\Delta_o$
d^8	$1.2\Delta_o$		
d^9	$0.6\Delta_o$		
d^{10}	$0.0\Delta_o$		

値は低スピン型 d^6 配置で最大の $12/5\,\Delta_o$ となり，t_{2g} と e_g の軌道が均等に占有されている高スピン配置の d^5 および d^{10} では，安定化と不安定化が相殺して 0 となる．

6 配位八面体型錯体での d 軌道の分裂による安定化は，遷移金属イオンの水和エンタルピーの変化から読み取れる．水和エンタルピーは，近似的に水分子が配位したことによるエンタルピー変化と思ってよい．第一遷移系列金属の $[\mathrm{M(H_2O)_6}]^{2+}$ における水和エンタルピーを図 4.6 に示す．白丸の点が実測値であるが，全体としては，原子番号が増えるにつれ，水和エンタルピーが増加する．これは，3d 金属イオンでは原子番号が増えるにつれイオン半径が減少して配位子が中心金属に近接できるようになることに由来する．しかし，原子番号の増加に伴う滑らかな変化は見られず，Ca^{2+}，Mn^{2+}，Zn^{2+} で，"へこみ"が生じ，これらのイオンでは水和エンタルピーが小さいことが示されている．これらのイオンは，それぞれ d^0，d^5，d^{10} の電子配置であり，結晶場安定化エネルギーが得られない金属イオンである．黒丸は，実測の水和エンタルピーから結晶場安定化エネルギーを引いた値を示したも

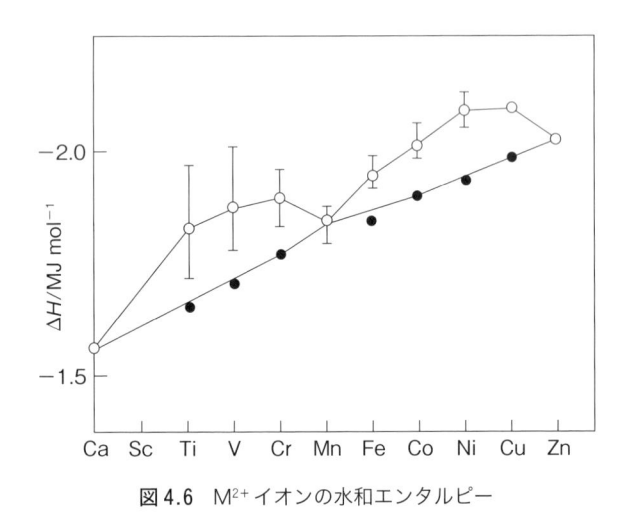

図 4.6　M^{2+} イオンの水和エンタルピー

のである．この値は連続的な変化を示し，Ca^{2+}，Mn^{2+}，Zn^{2+} 以外の金属イオンでは，水和により結晶場安定化エネルギー分の安定化が生じていることがわかる．

以上に述べてきた結晶場安定化エネルギーは，d 軌道が分裂することによる安定化として理解することができる．ただし，結晶場安定化エネルギーは，配位結合による錯体の全安定化エネルギーの 5 〜 10% 程度に過ぎず，結晶場安定化エネルギーだけで錯体の安定性を議論することはできない．

(d) ヤーン–テラー効果

ここまでの説明では，錯体の立体構造を 6 配位八面体型，4 配位四面体型などのように決めてから電子配置を考えたが，逆に立体構造自体も電子数によって影響を受ける．実際，ある d 電子数のときには，正八面体型の例が少ないことが認められる．たとえば，d^9 の銅(II)錯体は，4 配位または 5 配位を好み，正八面体型の構造をとることは稀である．また，d^8 の白金(II)錯体は通常，6 配位八面体型ではなく 4 配位平面型構造をとる．このような，d 電子数が立体構造に与える影響の具体例として，**ヤーン–テラー (Jahn-Teller) 効果**をあげることができる．この効果により，ある d 電子数をとったときに，正八面体型ではなく歪んだ構造をとった方がエネルギー的に有利であることが示される．

ヤーン (H. Jahn) とテラー (E. Teller) は「非直線構造の化合物は，対称性の高い構造で縮退した電子状態にあると，構造を歪ませることにより縮退を解き低エネルギーの構造をとることができる」ことを示した．この表現は難しいが，具体的な例として銅(II)錯体の場合を考えると理解しやすい．

まず，正八面体型の銅(II)錯体を考える．d 軌道は，t_{2g} と e_g の軌道に分裂し，$(t_{2g})^6(e_g)^3$ という電子配置になる．$(e_g)^3$ のように記述すると，縮退していることがわかりにくいが，2 つの d 軌道に分けて考えると，この状態は $(d_{x^2-y^2})^2(d_{z^2})^1$，または，$(d_{x^2-y^2})^1(d_{z^2})^2$ という同じエネルギーを持つ 2 つの状態に対応するので，縮退していることがわかるであろう．このとき，もし z

軸方向にある負電荷が少しだけ金属イオンから離れ，x 軸方向，y 軸方向の負電荷が少しだけ金属イオンに近づくと，電子軌道全体としてのエネルギーは変わらないまま，d_{z^2} 軌道は安定化し $d_{x^2-y^2}$ 軌道は不安定化する．このような歪んだ構造における $(d_{x^2-y^2})^1(d_{z^2})^2$ の配置では，安定化した d_{z^2} 軌道に2つの電子が入り，不安定化した $d_{x^2-y^2}$ 軌道に1つの電子しか入らないため，正八面体の場合より錯体全体として安定化したことになる（図4.7）．これが，この場合での「構造を歪ませることにより縮退を解き低エネルギーの構造をとる」ということの中身である．同じような効果が期待される電子配置として，高スピンの d^4 錯体，低スピンの d^7 錯体がある．

さて，同じような考え方で，d^8 の白金(II)錯体が平面型構造をとりやすい理由を説明することができる（ただし，この場合にはヤーン-テラー効果の

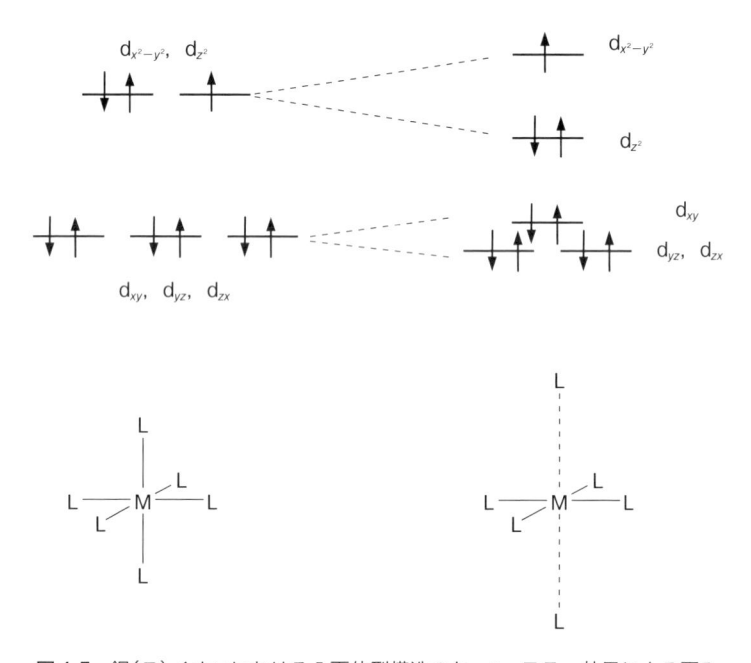

図4.7 銅(II)イオンにおける八面体型構造のヤーン-テラー効果による歪み

定義には合致しない). まず, 正八面体型構造で, d^8 の電子状態にあったとすると, $(e_g)^2$ の電子配置で, 2つの軌道に電子が1個ずつ入った $(d_{x^2-y^2})^1 (d_{z^2})^1$ の詰まり方となる. この状態から, z 軸上の配位子2個が除かれると, d_{z^2} が大幅に安定化し, この安定化した軌道に電子が対となって入る状態, すなわち $(d_{x^2-y^2})^0 (d_{z^2})^2$ の配置となり, もとの正八面体型に比べ大きな安定化エネルギーを得ることができる. このような大きな安定化が, d^8 錯体が平面型をとりやすい理由である.

4.4.2 配位子場理論

結晶場理論は配位子を点電荷で近似する方法であった. この方法は, わかりやすい半面, 配位子の軌道を考慮していないという点で, 厳密さに欠ける. 一方, これから述べる配位子場理論では, 配位子の効果を点電荷ではなく, 軌道として考慮する. 結晶場理論では, 配位子と中心金属の結合はイオン結合的なものと見なしていたのに対し, 配位子場理論では軌道の重なり合いを考えるため, 中心金属－配位子間の結合が共有結合的であるという側面を取り入れることが可能になる.

(a) 配位子と中心金属間の結合

配位子と金属原子との結合には, 配位子の軌道が直接金属原子方向に向かういわゆる σ 型だけでなく, π 型の軌道の重なりも見られる. π 型の結合は後に 4.4.3 項で扱うこととし, ここではまず, 配位子の軌道として, 金属中心へ向かう σ 型の軌道を考える. 中心金属の軌道としては, 価電子帯の軌道の $n\mathrm{d}$, $(n+1)\mathrm{s}$, $(n+1)\mathrm{p}$ の合計9個の原子軌道を取り上げ, これらと配位子の軌道との間の分子軌道を考える.

(b) 6配位八面体型錯体における配位子と中心金属の結合

ここでは, 6個の等価な配位子が正八面体型に配位した錯体を考える. この型の錯体では, 配位子からの6個の軌道と中心金属の持つ9個の軌道, 合わせて15個の**原子軌道** (atomic orbital: AO) の相互作用を扱うことになる.

第一近似として，これらの原子軌道の線形結合で**分子軌道**（molecular orbital：MO）が表されるとすると，最終的に得られる 15 個の分子軌道は，式 4.1 の形で表される．

$$\mathrm{MO}(i) = \Sigma\, a_{ij} \mathrm{AO}(j) \qquad (4.1)$$

それぞれの軌道の形・エネルギーがわかれば，これらの係数 a_{ij} を変分法を用いて決定することができる．しかし，その計算は煩雑であり，さらに各原子軌道関数が既知でないと実行することができない．そこで，ここでは群論を用いて，各軌道の対称性を考慮することにより，定性的に軌道間の相互作用を理解することにする．

(c) 中心金属の軌道の対称性と配位子の作る軌道の対称性

中心金属と配位子の軌道との間に分子軌道が形成されるには，軌道の対称性が合致していなければならない．そこで，まず中心金属，配位子のそれぞれの軌道の対称性を考えることにする．正八面体型錯体の持つ対称性は O_h であり，そこでは，中心金属の s, p, d 軌道はそれぞれの軌道の形から，以下の 4 つの既約表現[†]に分類される．

$\mathrm{s} \longrightarrow a_{1g}$

$\mathrm{p}_x,\ \mathrm{p}_y,\ \mathrm{p}_z \longrightarrow t_{1u}$

$\mathrm{d}_{x^2-y^2},\ \mathrm{d}_{z^2} \longrightarrow e_g$

$\mathrm{d}_{xy},\ \mathrm{d}_{yz},\ \mathrm{d}_{zx} \longrightarrow t_{2g}$

次に配位子の σ 軌道の対称性を考える．1 つの配位子の軌道だけでは，6 配位八面体型の対称性を満たせないので，6 つの軌道の組み合わせからなる

[†] 既約表現：対称性のある空間では，関数をその対称性によって分類することができる．例えば，対称心のある空間では，偶関数と奇関数は異なる既約表現に分類される．偶関数でも奇関数でもない関数も存在するが，そのような関数も，偶関数と奇関数の和で表すことが可能である．一方，異なる既約表現に属する関数は，互いに独立である（和で表すことができない）．異なる既約表現に分類される関数の持つもう 1 つの性質として，2 つの関数の積を全域で積分すると 0 になるという性質がある．詳しくは，点群に関する教科書を参照されたい．

4.4 遷移金属錯体の電子状態

配位子群軌道を考える(図 4.8). すなわち, 配位子の軌道の線形結合により, 点群 O_h の既約表現になる配位子群軌道を考える. 結論として, 6個の配位子の軌道は, a_{1g}, t_{1u} (三重縮退), e_g (二重縮退) の既約表現に属する次のような原子軌道の線形結合で表されることがわかる. (煩雑になるため, ここでは規格化をしていない形で示してある.)

a_{1g} : $\sigma_1 + \sigma_2 + \sigma_3 + \sigma_4 + \sigma_5 + \sigma_6$

t_{1u} : $\sigma_1 - \sigma_3$, $\sigma_2 - \sigma_4$, $\sigma_5 - \sigma_6$,

e_g : $\sigma_1 - \sigma_2 + \sigma_3 - \sigma_4$, $-(\sigma_1 + \sigma_2 + \sigma_3 + \sigma_4) + 2(\sigma_5 + \sigma_6)$

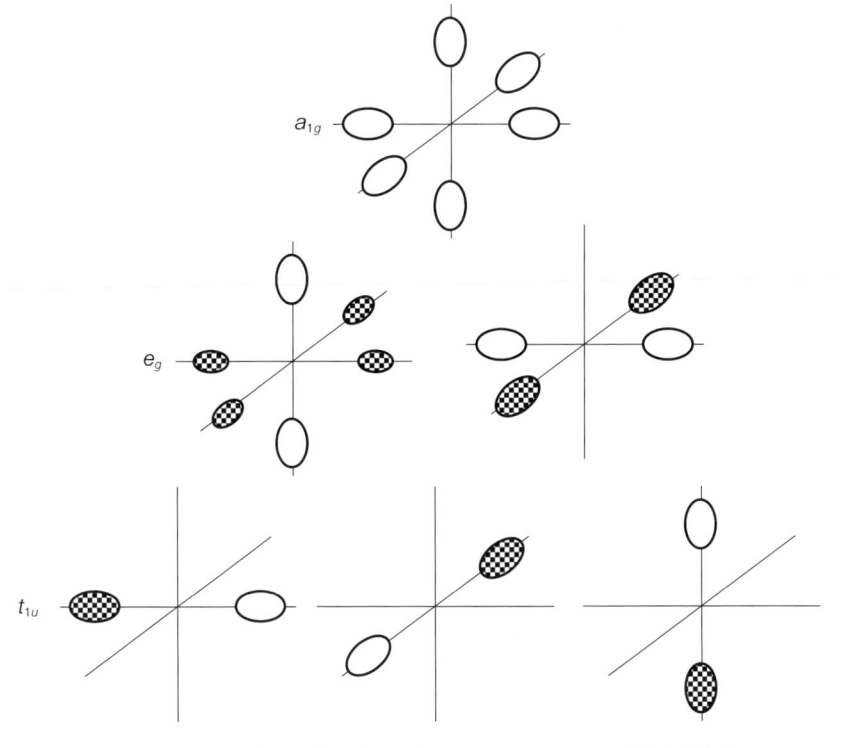

図 4.8 6つの配位子の非共有電子対から得られる6つの配位子群軌道

(d) 中心金属と配位子群軌道の相互作用

分子軌道関数は同じ既約表現に属する軌道の線形結合でできる．中心金属のs軌道は a_{1g} の既約表現に属するので，配位子群軌道の a_{1g} としか相互作用をしない．また，p軌道は t_{1u} の既約表現に属するので，t_{1u} の配位子群軌道とのみ相互作用する．5つのd軌道のうち，$d_{x^2-y^2}$, d_{z^2} は e_g の配位子群軌道と相互作用をするが，d_{xy}, d_{yz}, d_{zx} は，t_{2g} の配位子群軌道がないので，配位子との σ 結合には関与しない．同じ既約表現に属する軌道が相互作用することにより，それぞれの組み合わせについて結合性軌道と反結合性軌道とが生ずる．通常，配位子(群)の軌道の方がエネルギーが低いので，結合性軌道には配位子の寄与が大きく，また反結合性軌道には中心金属の軌道の寄与が大きい．t_{2g} の既約表現に属する d_{xy}, d_{yz}, d_{zx} 軌道は，非結合性の軌道となる．σ 性の相互作用でできる分子軌道のエネルギー準位を図 4.9 に示す．配位子場理論では，結合性の a_{1g}, t_{1u}, e_g 軌道が金属－配位子の結合を支えていると解釈される．

このようにして生じた分子軌道に，配位子の電子と中心金属の電子が収納されるが，配位子は通常非共有電子対として2つずつの電子を持つ．中心金属は酸化数に応じて n (0～10) 個の電子を持つ．つまり，全体としては $(12+n)$ 個の電子が，これらの15個の分子軌道に収納される．一般には，反結合性軌道に電子が入るとその分子は不安定化すると考えられるが，中心金属－配位子の場合には相互作用が弱いので不安定化の程度は小さく，しばしば反結合性の軌道にも電子が収容される．

(e) 結晶場理論との対比

配位子場理論では，σ 型相互作用に対して a_{1g}, t_{1u}, e_g, t_{2g}, $e_g{}^*$, $t_{1u}{}^*$, $a_{1g}{}^*$ の15種類の分子軌道を考える（図 4.9）．配位子と中心金属の結合を司る結合性の軌道 a_{1g}, t_{1u}, e_g は，主に配位子の軌道からなる軌道であり，配位子から供給される12個の電子で占有される．したがって，中心金属からくる n 個の電子は，その上の t_{2g} と $e_g{}^*$ 軌道を占有することになる．

4.4 遷移金属錯体の電子状態

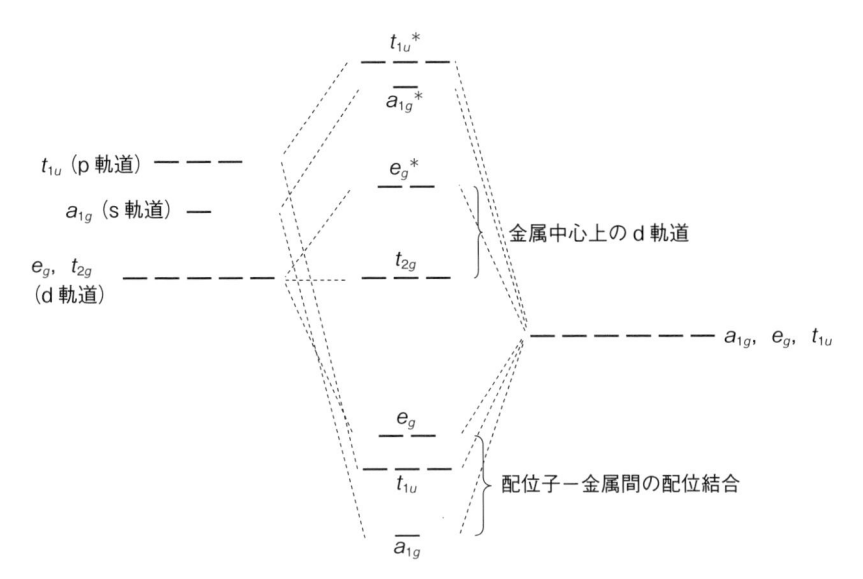

図4.9 6配位八面体型錯体の σ 型相互作用で得られる分子軌道とそのエネルギー準位図

a_{1g}, t_{1u}, e_g が金属と配位子の配位結合に相当し，t_{2g}, e_g^*（e_g^* は配位結合としては反結合性軌道）が金属の d 軌道に対応する．a_{1g}^*, t_{1u}^* は金属－配位子間の反結合性軌道．

さて，上で述べたように配位子場理論の e_g^* 軌道は，主に中心金属の $d_{x^2-y^2}$, d_{z^2} 軌道からなる軌道である．すなわち，配位子場理論の e_g^* 軌道を中心金属の d 軌道と近似すれば，結晶場理論は，配位子場理論の t_{2g} と e_g^* だけを抜き出したものと見ることができる．すなわち，結晶場理論は配位子場理論を単純化したものとして理解できる．

4.4.3 中心金属－配位子間の π 性相互作用

(a) π 供与性配位子

NH_3 などのように配位原子が1個の非共有電子対しか持たない場合には，中心金属へ向かう σ 型の相互作用しか生じないが，Cl^- 配位子などでは，こ

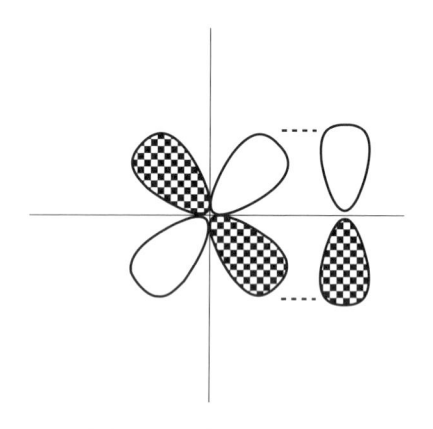

図 4.10　中心金属と配位子との π 結合の概念図
M−L 結合に垂直な配位子上の p 軌道は，d_{xy}，d_{yz}，d_{zx} と π 結合を作ることができる．

の他に非共有電子対が3個存在し，これらのうち2個までがπ結合に関与できる．すなわち，σ型の相互作用では非結合性軌道であった中心金属の t_{2g} 軌道（d_{xy}，d_{yz}，d_{zx}）と，σ結合と直交する方向からπ的な相互作用をする．図4.10にその概念図を示す．

　Cl^- のように，π相互作用できる2つの軌道を持つ場合には，6個の配位子全体では12個の軌道が中心金属とπ相互作用のできる軌道となる．これらの12個のπ性の軌道は，t_{1g}，t_{1u}，t_{2g}，t_{2u} の既約表現に属する4つの配位子群軌道にまとめられる．この中で t_{2g} の配位子群軌道は，中心金属の d_{xy}，d_{yz}，d_{zx} 軌道と対称性が一致し，π性の分子軌道形成に関与する．この時の相互作用の概念図を図4.11に示す．配位子の軌道は中心金属のd軌道より安定であることが多く，d_{xy}，d_{yz}，d_{zx} の軌道は，このπ的な相互作用により不安定化し，t_{2g} と e_g のエネルギー差は小さくなる（**図4.12 (a)**）．すなわち，配位子がσ供与に加え，さらにπ的な電子対も中心金属に供与する形と考えられる．このような相互作用を，π供与性の相互作用と呼び，このような性質を持つ配位子をπ供与性の配位子と呼ぶ．代表的なπ供与性の配

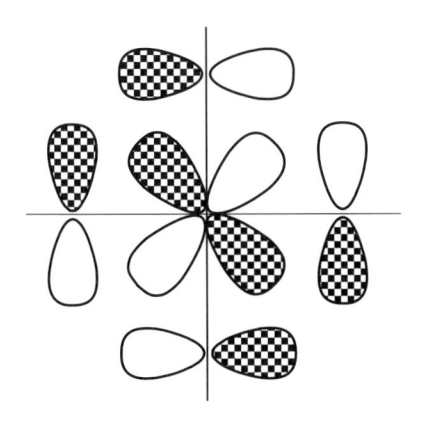

図 4.11 t_{2g} の対称性を持つ配位子群軌道と d 軌道の相互作用

位子としては,ハロゲン化物イオン X^- やヒドロキソイオン OH^- などがある.

中心金属の p 軌道も π 的な相互作用に関与する. p 軌道は, t_{1u} の既約表現に属するため t_{1u} の σ 性配位子群軌道と相互作用し, σ 結合に寄与した (4.4.2 項(d)). π 性の配位子群軌道にも t_{1u} の既約表現に属する軌道があるので,中心金属の p 軌道も上記の様な配位子との間の π 的な相互作用が可能である.しかし,実際には両者の軌道の重なりは小さいので, π 的な相互作用の程度は小さく,結合の強さにはほとんど影響しない.

配位子の π 性の軌道が作る 12 個の配位子群軌道のうち, t_{1g}, t_{2u} は中心金属に同じ既約表現に属する価電子軌道がないため,分子軌道を形成しない.

(b) π 受容性配位子

σ 的な相互作用およびすぐ上で見た π 相互作用は,すべて配位子から中心金属への電子供与が起こる場合である.ところが, π 性の相互作用では,中心金属から配位子へ電子対が供与される場合がある.

前節の例では, Cl^- 配位子の π 性の軌道は 2 電子占有された非共有電子対であったが,もし配位子が空の π 軌道を持った場合はどうなるであろうか?

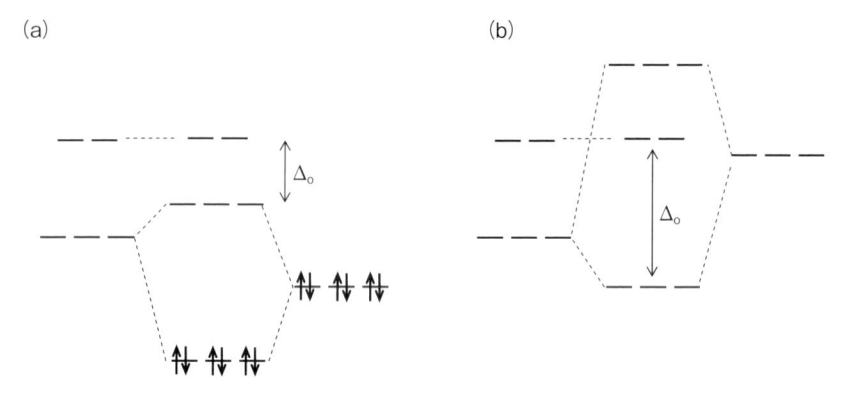

図 4.12 π 相互作用により生ずる分子軌道形成とそのエネルギー準位図
(a) π 供与性配位子，(b) π 受容性配位子の場合

　その場合でも，中心金属の d_{xy}, d_{yz}, d_{zx} 軌道は，配位子の空の π 性の軌道と相互作用し，安定化した分子軌道と不安定化した分子軌道を生成する．しかし，今度は配位子側が空軌道であるため，一般には中心金属の d 軌道よりエネルギーが高く，d 軌道を占有していた電子が安定化した分子軌道に入ることになる．この分子軌道は中心金属の寄与が大きいが，配位子の軌道の寄与も加わっているので，中心金属から配位子への部分的な電荷シフトが起こることを示している．つまり，π 性の空軌道を持つ配位子は，中心金属から電子供与を受けることになる．このため，中心金属と π 的な相互作用をする空軌道を持つ配位子は，π 受容性の配位子と呼ばれる．また，この相互作用により中心金属から配位子への電子対供与が起こることを強調して，このような電子対供与を**逆供与**（back-donation）と呼ぶ．一般に，この相互作用により t_{2g} の d 軌道は安定化され，t_{2g} と e_g の d 軌道の分裂は大きくなる．図 4.12(b) にその様子を示す．

　π 受容性の配位子の代表的なものとして，一酸化炭素（CO）配位子をあげることができる．CO 配位子は，図 4.13 に示すような，C−O 反結合性の

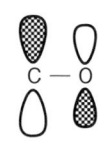

図 4.13 CO の反結合性の軌道
Cl$^-$ の p 軌道と同じく d 軌道と π 的な相互作用ができる.

軌道を空の π 軌道として持つ. CO が中心金属に配位すると, 中心金属の t_{2g} の d 軌道は, この軌道と混成し安定化される. CO の空軌道と t_{2g} の d 軌道のエネルギーが近いため, 混成の程度は大きい. その結果, 中心金属から配位子への電子対供与は大きくなり, d 軌道の安定化の度合いも大きくなる. CO は塩基としては非常に弱いので, σ 供与性配位子としては極めて弱い配位子である. しかし, 電子数の多い低原子価の中心金属イオンとは, π 性の空軌道を用いた結合的な相互作用により安定な錯体を作る. 例えば, よく知られたカルボニル錯体 Mo(CO)$_6$ は, 空気中でも安定な 0 価のモリブデン錯体である. 通常, 0 価の金属原子は酸化されやすく非常に不安定であるが, CO 配位子と結合することにより, 金属原子から配位子への電子対供与が起こり安定化される.

(c) π 性を考慮した配位子場分裂パラメータ Δ_o と分光化学系列

6 配位八面体型錯体では, 5 個の d 軌道が配位子と相互作用して, エネルギー差 Δ_o の t_{2g} と e_g 軌道群に分かれる. 配位子場理論では, 配位子との相互作用は電子軌道の重なりとして扱われ, σ 的な相互作用と π 的な相互作用とに分けて考えられることがわかった. σ 的な相互作用では, 配位子から中心金属への電子対供与を考えることになり, e_g の d 軌道が不安定化された. t_{2g} の d 軌道は σ 的な相互作用では変化せず, e_g の不安定化分が配位子場分裂パラメータ Δ_o となる. これに対して, π 的な相互作用を考えると, π 供与的な配位子の場合には, 配位子から中心金属への電子対供与が起こり, t_{2g}

のd軌道が不安定化してΔ_oは減少するが，π受容的な配位子では，中心金属から配位子への逆供与により，t_{2g}の軌道の安定化が起こりΔ_oは増加する．

このΔ_oは4.4.1項(b)で述べた配位子の分光化学系列と結び付けられる．σ供与性のみを考えると，Δ_oは配位子の塩基性にのみ関係付けられ，塩基性の強い配位子ほど大きくなると考えられる．ところが，実際には塩基性の非常に弱いCOが，塩基性の大きいH_2OやNH_3に比べてΔ_oを大きくすることが知られている．このことは，COのπ受容性によりt_{2g}軌道が大きく安定化することを考えると理解できる．また，ハロゲン化物イオンはπ供与的な配位子であるためt_{2g}軌道を不安定化し，同程度の塩基性の配位子よりΔ_oを小さくすることも理解できる．分光化学系列が示すように，実際の金属錯体中ではσ的な相互作用に加え，π的な相互作用も重要な働きをしている．

4.4.4 電子配置と磁性

これまでに述べてきたように，6配位八面体型錯体ML_6では，単純な結晶場理論でも，分子軌道的な扱いをした配位子場理論でも，d軌道がt_{2g}とe_gのエネルギー準位に分かれることがわかった．遷移金属錯体では，d軌道にある電子数が偶数であっても常磁性を示す化合物がある．また，d電子の数が同じであっても，異なる磁性を示す化合物が存在する．これらのd遷移金属錯体の磁性の問題は，d軌道の分裂の仕方と電子数を考えることにより，うまく説明できる．

分子の磁性は主に電子スピンと電子の全軌道角運動量によって決まる．全軌道角運動量は0であることが多いが，そのような場合は，全電子スピン量子数Sからその磁性が説明できる．Sのみからの予測値をスピンのみ（spin-only）の値と呼ぶが，特に第一遷移系列金属錯体ではこの値で磁性を説明できることが多い．第二，第三遷移系列金属錯体では，スピン軌道相互作用が大きくなってくるため，全電子スピン量子数からの予測と実験値とのずれが

大きくなるが，それでも定性的には全電子スピン量子数からの予測が役に立つ．

全電子スピン量子数がSである錯体の磁気モーメントμは式4.2で表される．

$$\mu = 2\{S(S+1)\}^{1/2}\mu_B \tag{4.2}$$

ここでμ_Bはボーア磁子の磁気モーメントであり，$\mu_B = e(h/2\pi)/2m_e = 9.274 \times 10^{-24}$ J T^{-1}の値を持つ（hはプランク定数）．このμ_Bの値を単位として実測値と計算値を比較することが多い．

全電子スピン量子数は電子スピン量子数の和で表されるので，各配置における不対電子数をNとすると$S = 1/2 \times N$で表される．例えば，6配位八面体型のd^1錯体では，電子配置は$(t_{2g})^1$となり，全電子スピン量子数$S = 1/2 \times 1 = 1/2$となる．八面体型錯体で$d^1 \sim d^3$，$d^7 \sim d^9$のd電子数を持つときは，不対電子の数Nは一義的に決まり，$S = N \times 1/2$となる．実際，3価のクロム錯体$[Cr(NH_3)_6]Br_3$はd^3であるので，$\mu = 2\{(3/2)((3/2)+1)\}^{1/2}\mu_B = 3.87\mu_B$と予測される．測定結果は$\mu = 3.77\mu_B$であり，よい一致が見られる．

これに対して，$d^4 \sim d^7$の電子配置では高スピン状態と低スピン状態が存在し，Nの値は一義的には決まらない．例えばd^4の電子配置では，$(t_{2g})^3(e_g)^1$と$(t_{2g})^4$の2つの電子配置が可能となる．$(t_{2g})^3(e_g)^1$の配置は高スピン状態であり，$N = 4$となるので，$S = 4 \times 1/2 = 2$となる．これに対して$(t_{2g})^4$の配置は低スピン状態であり，$N = 2$となるので，$S = 2 \times 1/2 = 1$となり，両配置で磁性が大きく異なる．$d^4 \sim d^7$錯体に関しては，磁気モーメントを測定することにより，高スピンの電子配置をとっているか低スピンの配置をとっているかを決定することができる．例えば，d^6のコバルト(III)錯体$[Co(NH_3)_6]Cl_3$が高スピン型の$(t_{2g})^4(e_g)^2(S = 4 \times 1/2 = 2)$と低スピン型の$(t_{2g})^6(e_g)^0(S = 0)$のいずれの電子配置をとっているかは，磁気モーメントの測定から容易にわかる．実際，この化合物は$\mu = 0$の値をとり，低スピ

ン型である．同じ d^6 でも鉄(II)錯体 $[Fe(NH_3)_6]Cl_2$ は $\mu = 5.5\,\mu_B$ の磁気モーメントを持ち，この値は $S = 2$ から予想される値 $4.90\,\mu_B$ に近いため，高スピン型の電子配置をとっていることがわかる．

全電子スピンからの予測値は，低スピン型 d^5 錯体，高スピン型 d^6, d^7 錯体では実測値とのずれが大きくなる．これらの電子配置では基底電子状態が縮退した状態であることから，軌道角運動量 L が値を持ち，電子スピンからくる磁気モーメントに加え，軌道運動由来の磁気モーメントも考慮しなくてはならないためである．

4.4.5 配位子場理論のさらに進んだ取扱い

これまでに述べてきた取扱いをさらに進めて，どのような錯体がエネルギー的に安定かを定量的に考えるアプローチについてその概略を述べる．

錯体の電子状態を半定量的に扱う方法の1つとして，角重なりモデルがある．この方法では，中心金属，配位子とも波動関数を s, p, d 軌道の原子軌道関数とし，金属－配位子間の相互作用のエネルギーが，波動関数の重なり積分に比例するという近似を用いる．2つの軌道間の重なり積分は，軌道の種類と向きが決まれば決まった値をとるので，配位子の数と配置から金属－配位子間の相互作用を計算することができる．錯体全体のエネルギーは，占有軌道のエネルギーの和として表されるので，これに基づいて分子軌道の安定化・不安定化を計算する．この近似を用いると，複数の配位子の寄与を考える場合でも，軌道と向きが同じであれば，相互作用は重なり積分の定数倍として取り扱うことができるので，混合配位子系でも d 軌道の分裂を重なり積分を単位として計算することが可能となる．

この重なり積分は，八面体から歪んだ配置でも容易に求めることができるので，正八面体型以外の構造を持つ錯体のエネルギーを半定量的に考える際に有効な方法となる．また，逆供与結合の影響も取り入れることができる．

現在では，単純な錯体であればパラメータを仮定しない分子軌道計算も高

い精度で行うことができるようになったので，測定結果の解釈に非経験的な方法を取り入れることも実用的な段階となってきている．

4.5 金属－金属間結合

1つの錯体ユニット内に金属原子が2個以上存在する多核錯体においては，金属原子間に直接の結合性相互作用を持つものがある．そのような結合は，金属間結合あるいは金属－金属間結合と呼ばれる．多核金属錯体では，含まれる複数の金属原子間の相互作用だけではなく，当然ながら金属－配位子間の相互作用があり，これらが互いに影響を及ぼしあっているので，全体の電子状態の取扱いは複雑である．これを単純化して考えるには，一般的には金属と配位子を構成ユニットに分けた上で，定性的な解釈がなされる．

4.5.1 金属－配位子フラグメント

多核金属錯体の電子状態を理解する1つのアプローチは，まず金属原子と配位子からなる単核金属フラグメントを考え，このフラグメントが互いに相互作用し合った状態を考えることである．この方法は，エタンの C−C 単結合を理解するとき，2つの CH_3 単位の軌道を考えた後にその単位間の結合ととらえるのと同じ方法である．

例として，マンガンの複核錯体 $Mn_2(CO)_{10}$ を取り上げてみよう．この化合物の構造を図4.14に示す．2つの {$Mn(CO)_5$} 単位が Mn−Mn 結合でつながった構造である．{$Mn(CO)_5$} 単位は，6配位八面体型の構造から1つだけ配位子が除かれたものと見ることができる．配位子の1つ欠けた軸を z 軸とすれば，もとの e_g の2つの軌道のうち d_{z^2} は，反結合性の軌道から非結合性の軌道へと安定化される．{$Mn(CO)_5$} は7個のd電子を持っているので，そのうち6個はもとの八面体型の t_{2g} に相当する3個の軌道に格納され，7個目の電子が安定化された d_{z^2} の軌道を占有すると見ることができる．すな

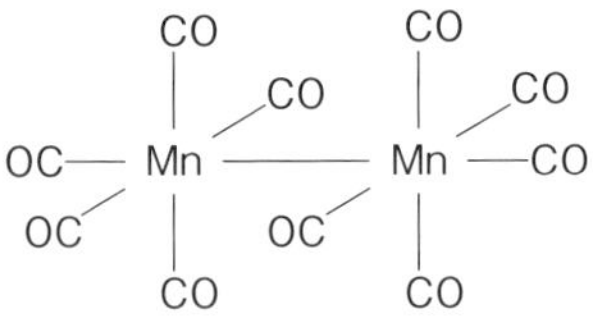

```
        CO            CO
        |      CO     |    CO
        |     /       |   /
   OC — Mn —————————— Mn — CO
       /|            /|
      OC|           OC|
        CO            CO
```

図 4.14 Mn(0)の複核カルボニル錯体，$Mn_2(CO)_{10}$ の構造

わち，{$Mn(CO)_5$} 単位は非結合性の軌道に電子が1つ入ったラジカル的な分子単位と考えられる．このユニット2つが互いに近づくと，2つの d_{z^2} が σ 的な相互作用をして結合性および反結合性の軌道を作る．その結果，結合性の軌道に各々の単位から1個ずつ，計2個の電子が納められることになり，σ 型の単結合が生成する．この方法で，マンガン複核錯体の安定な Mn－Mn 結合が理解できる．

4.5.2 金属－金属間多重結合

多重結合性の金属間結合を持つ化合物も多い．その代表的な例として，金属－金属間四重結合を持つ化合物として有名なレニウム(III)複核錯体，$[Re_2Cl_8]^{2-}$（**図 4.15**）を取り上げる．この化合物の電子状態を考えるにあたっては，この錯体を $[ReCl_4]^-$ 平面ユニットが2枚連結したものと見るのがよい．金属間結合方向を z 軸にとると，d_{xy}，d_{yz}，d_{zx} 軌道に加え，d_{z^2} の軌道が配位子との結合に関与しない非結合性軌道となる．レニウム(III)の持つ4個のd電子は，この4個の軌道に1個ずつ入ると考えることができる．

この平面型ユニットが2つ近寄ると，まず，軸方向に d_{z^2} 軌道が重なり合い，σ 性の結合性および反結合性の軌道ができる．さらに，d_{xz}，d_{yz} ももう1つの原子上の d_{zx}，d_{yz} と相互作用して，二組の π 結合性・反結合性の軌道ができる．さらに，d_{xy} 同士も相互作用をして，結合性および反結合性の軌道を作る．この d_{xy} からなる軌道は結合軸に関して節面が2つあるので，δ

4.5 金属−金属間結合

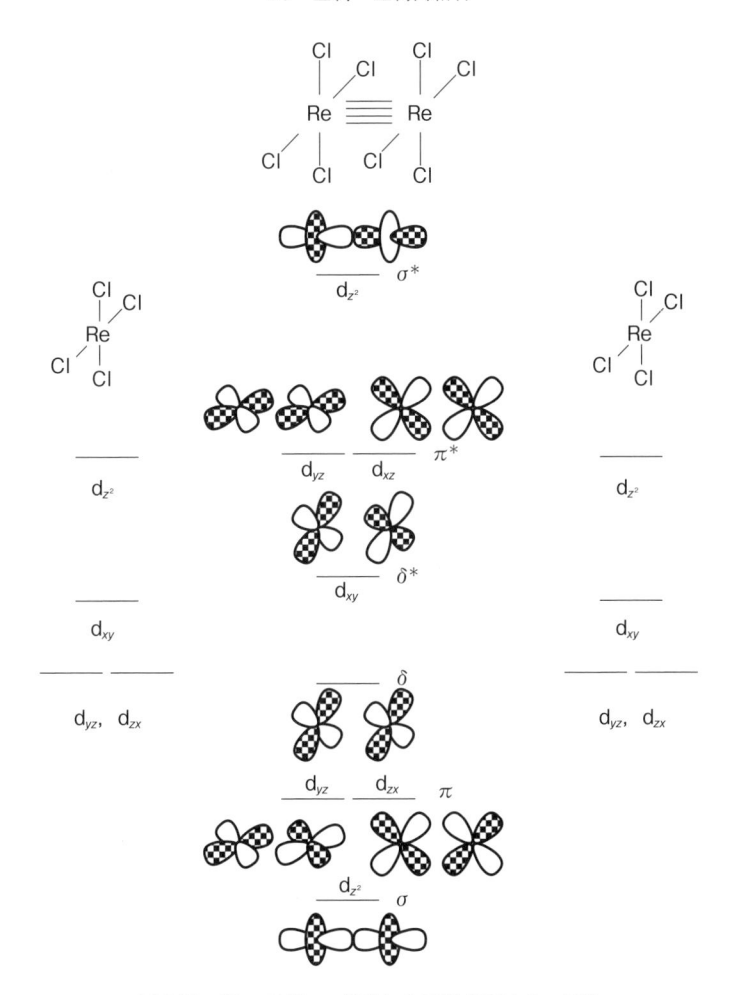

図4.15 [Re$_2$Cl$_8$]$^{2-}$ の構造と金属間多重結合の軌道

型の結合・反結合軌道と呼ばれる．この様子を図4.15に示した．これらの軌道に入るd電子は複核錯体全体で8個であるから，ちょうど4組（σ, π_x, π_y, δ）の結合性の軌道が充填されることになり，結合次数4の結合，つまり四重結合が生成する．これは，s, pの軌道だけでは決して得られない多

重結合であり，d軌道の関与した特徴的な結合である．

以上に述べてきた金属イオンのd軌道の重なりによる結合性，反結合性軌道の形成は，金属イオンが近接すれば一般的に起こるが，実際の金属間結合の次数は，金属イオンの持つd電子数に応じて変わる．金属イオン1個あたりのd電子数が2個ならば二重結合，3個ならば三重結合が生ずることになる．今述べたのと同じような形状の錯体の場合，金属イオン1個あたり5個以上のd電子を持つ場合には，金属間結合の反結合性軌道に電子が入ることになるため，結合次数は4からその分だけ減少する．

4.5.3 金属配位子フラグメントに分けられない場合

多核錯体の中には単核のフラグメントに分けることが難しいものも多い．そのような例として，タングステン(III)の複核錯体 $[W_2Cl_9]^{3-}$ を取り上げる．この錯体の構造を図4.16に示すが，W−W距離は短く，2つのタングステンの間に結合性の相互作用があることがわかっている．

この錯体のように架橋配位子を持つ場合には，2つの単核ユニットに分けて考えることは難しい．そこで，架橋配位子を含めた各金属イオンまわりの配位構造を最初に考える．この錯体の場合には，各金属イオンまわりの配位

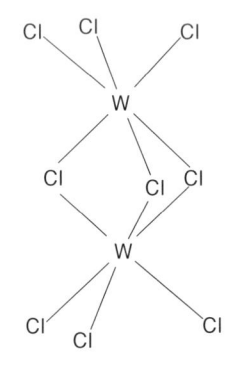

図4.16　$[W_2Cl_9]^{3-}$ の構造

子の配置は，6配位八面体型に近似できる．したがって，各タングステンのd軌道は近似的には非結合性のt_{2g}と反結合性のe_gに分裂すると見ることができる．次に，配位子の結合に直接用いられなかったt_{2g}の非結合性軌道について，隣の金属原子の軌道との相互作用を考えると，3組の結合性と反結合性の軌道を生じることがわかるであろう．タングステン(III)はd電子を3個持つ．2つのタングステンで計6個の電子が3つの結合性の軌道を充填することになるので，この錯体のW−W結合は三重結合であると結論される．

このような考え方は他の多核錯体に対しても適用可能であり，有効な考え方である．しかし，実際に結合性の相互作用が生じているかどうかは，軌道がどの程度重なっているかで決まるので，金属間距離の情報をX線構造解析などで調べることが重要である．電子が結合性軌道に対になって入っているかどうかは，磁性の測定結果などでも判断できる．たとえば，$[W_2Cl_9]^{3-}$と同様の構造の複核錯体としてクロム(III)錯体$[Cr_2Cl_9]^{3-}$が知られているが，この錯体は常磁性である．このことから，$[Cr_2Cl_9]^{3-}$では電子が対となって収容されるような状態にないことがわかる．すなわち，結合性相互作用が生じていないことを示している．ここで述べた2つの同族元素の錯体に見られる金属間相互作用の違いは，d軌道の大きさの違いで説明される．3d軌道は，4d，5d軌道に比べて小さく軌道同士の重なりが弱いので，結合性の安定化が得られにくいのである．

4.6 電子状態と電子スペクトル

多様な色を持つことは遷移金属錯体の大きな特徴である．色は，その化合物がどのようなエネルギーの光を吸収するかにより決まる．化合物の可視部，紫外部の光吸収は電子遷移に基づくので，錯体の電子状態と直接関わっている．ここでは，今までに議論した分子軌道図をもとに，金属錯体におけ

る電子遷移を考えよう．

4.6.1 多電子配置とエネルギー状態

6配位八面体型の遷移金属錯体では，三重縮退した t_{2g} の軌道と，二重縮退した e_g の軌道に最大10個までのd電子が入る．自由原子で考えた場合と同様に，同じ電子配置でも，電子の入る軌道の組み合わせで電子間の反発のエネルギーが異なるので，全体のエネルギーも異なってくる．例えば $(t_{2g})^2$ の電子配置を考えてみると，2個の軌道に電子が同じ向きで1個ずつ入った場合と，1つの軌道に電子が対で入る場合とでは，エネルギーが異なることはすぐ理解できるであろう．ここではまず，それぞれの電子配置から導かれる電子の詰まり方とエネルギー状態について考える．エネルギー状態は，群論の記号を用いて，縮退のない場合に A, B, 二重縮退の場合に E, 三重縮退の場合に T で表される．これらは，**エネルギー項**（energy term）（単に，項（term）とも表現される）と呼ばれる．例えば，$^3T_{1g}$ は三重縮退の状態で，左上の数字はその状態のスピン多重度を示している．軌道とスピンの両方の縮退度を考慮すると $^3T_{1g}$ は九重に縮退した状態であることがわかる．また，右下の1および g はその状態の対称性に関連した区別を表している．

まず d^1 電子配置について考える．安定な状態は $(t_{2g})^1$ の電子配置になるが，このとき三重縮退した d_{xy}, d_{yz}, d_{zx} 軌道のうち，どの軌道に電子が入っても等価なので，三重に縮退した項 T に対応する．さらにその軌道に上向き，下向きのいずれのスピンで電子が入っても等価なので，スピン多重度は2であり，^2T で表される．すなわち，可能な6個の状態（$d_{xy}(\uparrow)$, $d_{yz}(\uparrow)$, $d_{zx}(\uparrow)$, $d_{xy}(\downarrow)$, $d_{yz}(\downarrow)$, $d_{zx}(\downarrow)$）は，全て同じエネルギーになるため六重に縮退しており，対称性を考慮すれば $^2T_{2g}$ と呼ばれる状態となる．これよりエネルギーの高い状態（励起状態）である $(e_g)^1$ の電子配置では，二重縮退した d_{z^2}, $d_{x^2-y^2}$ 軌道に電子が1つ入るため，可能な状態は4つで対応するエネルギー項は ^2E_g となる．

2個以上のd電子を持つ錯体の場合には，さらに複雑な取扱いが必要となる．d^2電子配置の基底状態は$(t_{2g})^2$であり，t_{2g}のd軌道に電子が2個入る．スピンまで考慮したt_{2g}のd軌道は，$d_{xy}(\uparrow)$, $d_{yz}(\uparrow)$, $d_{zx}(\uparrow)$, $d_{xy}(\downarrow)$, $d_{yz}(\downarrow)$, $d_{zx}(\downarrow)$の6個になるが，この6個の軌道に電子を2個入れる組み合わせは${}_6C_2$で15通りあるので，d^2電子配置には15個の状態が生じることになる．これらの状態は2電子波動関数（例えば$d_{xy}(\uparrow) \times d_{yz}(\uparrow)$など）で表されるが，電子の入る軌道の組み合わせにより，空間的にある決まった分布と，電子スピン多重度を持つ．それぞれの状態について，対称性と全スピン角運動量を考察すると，どの状態が同じエネルギーを持つかがわかる．これを整理すると，15個の状態は，九重に縮退した${}^3T_{1g}$，三重に縮退した${}^1T_{2g}$，二重縮退の${}^1E_g$，縮退していない${}^1A_{1g}$の4つの状態に分類される．また，d^2電子配置には，$(t_{2g})^2$の他にエネルギー的には不安定なe_g軌道に電子が入った$(t_{2g})^1(e_g)^1$および$(e_g)^2$の電子配置があり，これらはそれぞれ，24個と6個の電子状態を持つ．そして，これらの電子状態は2電子波動関数の対称性とスピン多重度を考慮することにより，${}^1T_{1g}$, ${}^1T_{2g}$, ${}^3T_{1g}$, ${}^3T_{2g}$の組と${}^3A_{2g}$, ${}^1E_g$, ${}^1A_{1g}$の組に分けられる．

他のd電子数のときにも同様の考え方により，可能な電子状態が明らかにされる．各電子数から得られる可能なエネルギー項を**表4.2**にまとめて示した．このように，電子同士の相互作用を考えないときには縮退している電子配置が，電子間相互作用を考えることにより，エネルギー的に異なる準位に分かれる．我々の見る光吸収は，光のエネルギーによりこれらの状態間を電子が遷移することに相当する．

4.6.2　電子遷移の選択則

各d電子数に応じて複数の電子状態（エネルギー項）が生ずるが，この状態間を光エネルギーの吸収により電子が遷移する．遷移においては，終状態と始状態の間でいくつかの量子数が保持されないといけないという規則（選

表 4.2　6 配位八面体型錯体における電子配置とエネルギー項

d 電子数	電子配置	エネルギー項
1	$(t_{2g})^1$	$^2T_{1g}$
	$(e_g)^1$	^2E_g
2	$(t_{2g})^2$	$^3T_{1g},\ ^1A_{1g},\ ^1E_g,\ ^1T_{2g}$
	$(t_{2g})^1(e_g)^1$	$^3T_{1g},\ ^3T_{2g},\ ^1T_{1g},\ ^1T_{2g}$
	$(e_g)^2$	$^3A_{2g},\ ^1A_{1g},\ ^1E_g$
3	$(t_{2g})^3$	$^4T_{1g},\ ^2E_g,\ ^2T_{1g},\ ^2T_{2g}$
	$(t_{2g})^2(e_g)^1$	$^4T_{1g},\ ^4T_{2g},\ ^2A_{1g},\ ^2A_{2g},\ 2\times{}^2E_g,\ 2\times{}^2T_{1g},\ 2\times{}^2T_{2g}$
	$(t_{2g})^1(e_g)^2$	$^4T_{1g},\ 2\times{}^2T_{1g},\ 2\times{}^2T_{2g}$
	$(e_g)^3$	^2E_g
4	$(t_{2g})^4$	$^3T_{1g},\ ^1A_{1g},\ ^1E_g,\ ^1T_{2g}$
	$(t_{2g})^3(e_g)^1$	$^5E_g,\ ^3A_{1g},\ ^3A_{2g},\ 2\times{}^3E_g,\ 2\times{}^3T_{1g},\ 2\times{}^3T_{2g},\ ^1A_{1g},\ ^1A_{2g},\ ^1E_g,\ 2\times{}^1T_{1g},\ 2\times{}^1T_{2g}$
	$(t_{2g})^2(e_g)^2$	$^5T_{2g},\ ^3A_{2g},\ ^3E_g,\ 3\times{}^3T_{1g},\ ^3T_{2g},\ ^1A_{1g},\ 2\times{}^1A_{1g},\ ^1A_{2g},\ 3\times{}^1E_g,\ ^1T_{1g},\ ^1T_{2g}$
	$(t_{2g})^1(e_g)^3$	$^3T_{1g},\ ^3T_{2g},\ ^1T_{1g},\ ^1T_{2g}$
	$(e_g)^4$	$^1A_{1g}$
5	$(t_{2g})^5$	$^2T_{1g}$
	$(t_{2g})^4(e_g)^1$	$^4T_{1g},\ ^4T_{2g},\ ^2A_{1g},\ ^2A_{2g},\ 2\times{}^2E_g,\ 2\times{}^2T_{1g},\ 2\times{}^2T_{2g}$
	$(t_{2g})^3(e_g)^2$	$^6A_{1g},\ ^4A_{1g},\ ^4A_{2g},\ 2\times{}^4E_g,\ ^4T_{1g},\ ^4T_{2g},\ 2\times{}^2A_{1g},\ ^2A_{2g},\ 3\times{}^2E_g,\ 4\times{}^2T_{1g},\ 4\times{}^2T_{2g}$
	$(t_{2g})^2(e_g)^3$	$^4T_{1g},\ ^4T_{2g},\ ^2A_{1g},\ ^2A_{2g},\ 2\times{}^2E_g,\ 2\times{}^2T_{1g},\ 2\times{}^2T_{2g}$
	$(t_{2g})^1(e_g)^4$	$^2T_{1g}$
6	$(t_{2g})^6$	$^1A_{1g}$
	$(t_{2g})^5(e_g)^1$	$^3T_{1g},\ ^3T_{2g},\ ^1T_{1g},\ ^1T_{2g}$
	$(t_{2g})^4(e_g)^2$	$^5T_{2g},\ ^3A_{2g},\ ^3E_g,\ 3\times{}^3T_{1g},\ ^3T_{2g},\ ^1A_{1g},\ 2\times{}^1A_{1g},\ ^1A_{2g},\ 3\times{}^1E_g,\ ^1T_{1g},\ ^1T_{2g}$
	$(t_{2g})^3(e_g)^3$	$^5E_g,\ ^3A_{1g},\ ^3A_{2g},\ 2\times{}^3E_g,\ 2\times{}^3T_{1g},\ 2\times{}^3T_{2g},\ ^1A_{1g},\ ^1A_{2g},\ ^1E_g,\ 2\times{}^1T_{1g},\ 2\times{}^1T_{2g}$
	$(t_{2g})^2(e_g)^4$	$^3T_{1g},\ ^1A_{1g},\ ^1E_g,\ ^1T_{2g}$
7	$(t_{2g})^6(e_g)^1$	^2E_g
	$(t_{2g})^5(e_g)^2$	$^4T_{1g},\ 2\times{}^2T_{1g},\ 2\times{}^2T_{2g}$
	$(t_{2g})^4(e_g)^3$	$^4T_{1g},\ ^4T_{2g},\ ^2A_{1g},\ ^2A_{2g},\ 2\times{}^2E_g,\ 2\times{}^2T_{1g},\ 2\times{}^2T_{2g}$
	$(t_{2g})^3(e_g)^4$	$^4A_{1g},\ ^2E_g,\ ^2T_{1g},\ ^2T_{2g}$
8	$(t_{2g})^6(e_g)^2$	$^3A_{2g},\ ^1A_{1g},\ ^1E_g$
	$(t_{2g})^5(e_g)^3$	$^3T_{1g},\ ^3T_{2g},\ ^1T_{1g},\ ^1T_{2g}$
	$(t_{2g})^4(e_g)^4$	$^3T_{1g},\ ^1A_{1g},\ ^1E_g,\ ^1T_{2g}$
9	$(t_{2g})^6(e_g)^3$	^2E_g
	$(t_{2g})^5(e_g)^4$	$^2T_{1g}$
10	$(t_{2g})^6(e_g)^3$	$^1A_{1g}$

択則) がある．まず，ラポルテ (Laporte) 則があげられる．これは，始状態と終状態でパリティー (偶奇性) の変化を伴う遷移のみが許容というものである．つまり，$g \to u$ または $u \to g$ の遷移は許容であるが，$g \to g$，$u \to u$ の遷移は禁制である．この規則により，d–p 軌道間の遷移は許容であるが，d 軌道間の遷移 (d → d 遷移) は禁制であることがわかる．この規則は厳密には中心対称を持つ金属錯体にのみ適用され，対称性が下がると禁制が崩れる．八面体型は基本的には対称な構造なので，対称心を持つ d 軌道間の遷移は第一近似的には禁制遷移である．

選択則の 2 つ目はスピン角運動量の保存であり，許容な遷移は $\Delta S = 0$ であるものに限られる．すなわち，スピン一重項間 (または三重項間) の遷移は許容であるが，一重項から三重項への遷移は禁制である．したがって，例えば $^1A_{1g}$ から $^3T_{2g}$ への遷移は禁制遷移である．

"第一近似的には" という言葉は，選択則を考える上で非常に重要である．禁制遷移が全く起こらないのであれば，d 遷移金属錯体は d–d 遷移に基づく吸収を示さないはずであるが，実際には d–d 遷移に相当する吸収が弱く観測され，これが金属錯体の特徴的な色の原因となっている．これは，対称心を持つ錯体でも，分子振動により一時的に対称性の低下を生ずることや，配位子の組み合わせにより錯体の構造が正八面体からずれること，などの理由で選択則が緩和されてしまうからである．スピンに関する選択則も同様であり，一重項から三重項への遷移も全く起こらないわけではない．ただし，このような選択則で禁制とされている遷移は，選択則で許容とされている遷移に比べ 1/1000 程度の強度でしか起こらない．後に述べる電荷移動吸収などは許容な遷移であり，これに比べると遷移金属錯体の d–d 遷移に基づく吸収の色は極めて薄い．

4.6.3　d–d 遷移と田辺–菅野図

ある錯体の吸収スペクトルを見たとき，それに現れる d–d 遷移の吸収帯

がどのような電子遷移によるものかを明らかにすることは簡単ではない．各d電子数に対応する電子状態は多数存在するので，それらの間の遷移を予測するには，可能な遷移を理解する手続きが欠かせない．このためによく利用されるのが，田辺–菅野図である（図 4.17）．この図は，八面体対称場における d^n 電子配置に関するエネルギー項を視覚的にわかりやすく示したものである．縦軸には各準位のエネルギーを，横軸には配位子場分裂の大きさを示してある．実際には，それぞれ電子間反発のパラメータである B という量で割った値を示してある．この図の特徴は，縦軸のエネルギーとして最低エネルギー項との差を示している（すなわち基底状態を 0 とした）点である．実際に観測される電子遷移は，基底状態からのものがほとんどであるから，このように表すことにより，吸収スペクトルとの対応がとらえやすくなっている．

図の横軸，すなわち配位子場分裂の大きさが 0 のところは，配位子場分裂がない状態に対応するので，中心金属が自由原子・自由イオンである状態に相当する．したがって，縦軸上には自由イオンのエネルギー項を示す S, P, D, F などが示されている．これらの各状態が配位子場により分裂し，A, B, E, T で示される項となる．d^4, d^5, d^6, d^7 の電子配置では，図の途中で線が不連続に折れ曲がっている．これらのd電子数のときは，高スピン状態と低スピン状態をとるが，配位子場の変化に伴い，この不連続点でスピン状態が変化し最低エネルギー項が入れ替わるためである．

例としてクロム (III) 錯体などの d^3 錯体を取り上げ，実際に観測される吸収帯との対応を考えてみる．図からわかるように d^3 の電子配置では基底状態は $^4A_{2g}$ であり，スピン四重項状態である．図の上方にスピン四重項状態を見ていくと，$^4T_{1g}$, $^4T_{2g}$ の 2 つの項が見つかり，これらがスピン許容遷移の対象であることがわかる．実際，d^3 の錯体では 2 つの d–d 吸収帯が観測される．$^4A_{2g}$ は $(t_{2g})^3$ から導かれる状態の 1 つであり，$^4T_{1g}$, $^4T_{2g}$ は $(t_{2g})^2(e_g)^1$ の状態から導かれる状態である．したがって，これらの遷移は，(t_{2g}) から

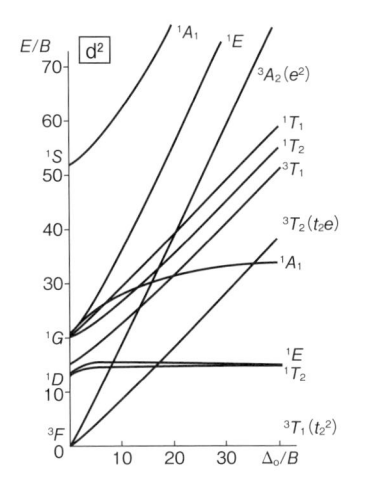

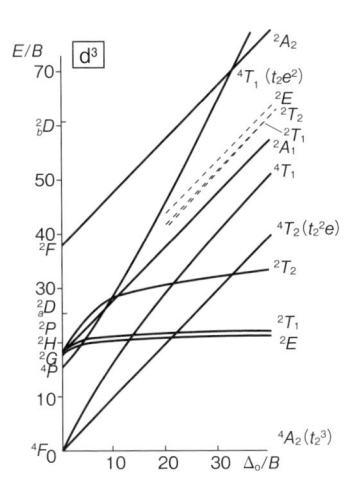

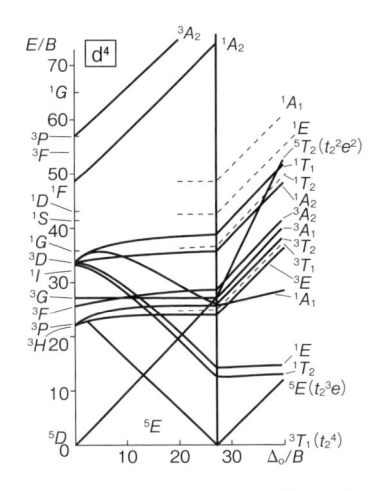

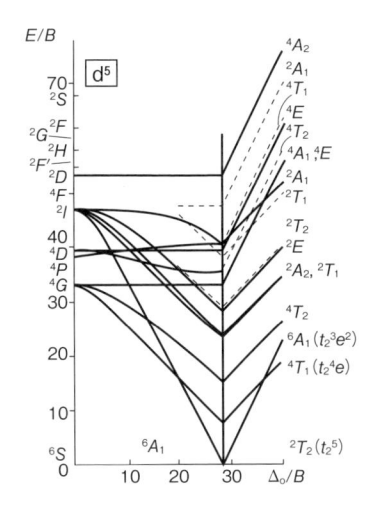

図4.17 各電子数における田辺－菅野図 (1)

ここで扱う軌道はすべて対称的なもので，各項の右下の g は省略してある．
(上村 洸・菅野 暁・田辺行人：『配位子場理論とその応用』物理科学選書4，裳華房 (1969) より)

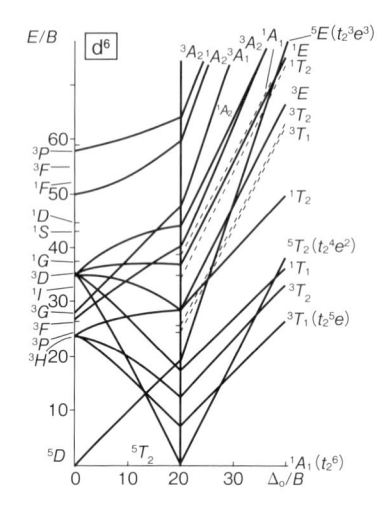

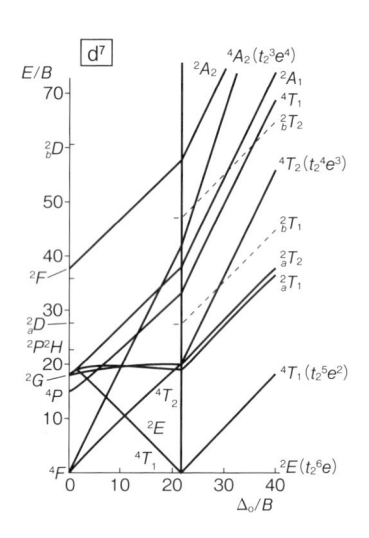

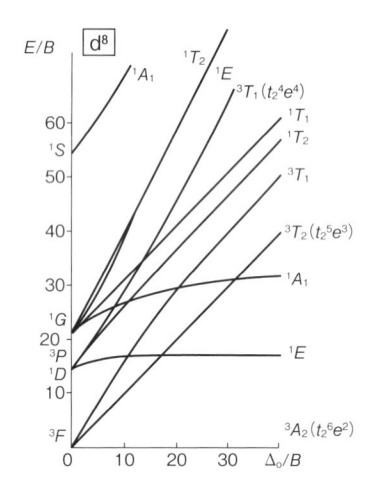

図 4.17 各電子数における田辺－菅野図 (2)
ここで扱う軌道はすべて対称的なもので，各項の右下の g は省略してある．

1電子がスピン状態を変えないまま，(e_g) 軌道へ励起する過程に対応していることがわかる．

4.6.4 d–d 遷移のさらに詳しい取扱い
(a) 電子間反発パラメータと多重項のエネルギー

d–d 遷移の吸収波長，すなわち遷移エネルギーを定量的に扱う詳しい解析も行われてきた．理論的な取扱いでは，縮退した状態を扱う必要があるため，1電子近似では不十分である．このため，多電子波動関数（多電子配置）を考え，そこにおける電子間反発を組み込んで得られる $^2T_{2g}$, ^2E_g などの多重項を定量的に扱うことになる．具体的な波動関数を用い電子間反発 e^2/r_{ij} を計算することにより，これらのエネルギーを見積もることができる．錯体中の波動関数が純粋な d 軌道に基づくと仮定すると，各多重項のエネルギーは配位子場分裂のパラメータ Δ_o と数個の電子間反発のパラメータで表せる．実際の取扱いでは，Δ_o に加え，電子間反発のパラメータとしてのラカー (Racah) のパラメータ A, B, C（田辺–菅野図の縦軸および横軸の単位に現れる B はこの値である）を用いて各項のエネルギーを表し，各パラメータの具体的な値を実測のスペクトルと対応させながら決めていくことになる．

4.6.3項で例として調べたクロム(III)錯体について，さらに詳しく取り上げる．基底状態は t_{2g} に3個の電子が入った電子配置であり，基底状態は $^4A_{2g}$ である．図4.17の d^3 のダイヤグラムより，横軸が30のときには，次にエネルギーの高い状態は ^2E_g であることがわかる．さらに高エネルギー側に，$^2T_{1g}$, $^4T_{2g}$, $^2T_{2g}$, $^4T_{1g}$ などの状態がある．基底状態の $^4A_{2g}$ から，光吸収によりこれらの高エネルギーの状態への遷移が起こる．スピン許容の遷移では，$^4T_{2g}$ への遷移が最もエネルギーの低い遷移となる．次に低エネルギーのスピン許容の遷移は $^4T_{1g}$ への遷移であり，これら2つの状態への遷移がクロム(III)錯体の可視領域での主要な遷移となる．$^4T_{1g}$ と $^4T_{2g}$ はどちらも $(t_{2g})^2(e_g)^1$ の電子配置に対応する状態であるが，電子間反発が異なるので，エネルギー

が異なる状態になっているのである．これらの状態のエネルギー差は，詳しい計算により配位子場分裂 Δ_o とラカーのパラメータを用いて表すことができる．具体的には，$^4T_{2g} \leftarrow {}^4A_{2g}$ の遷移エネルギーは Δ_o に相当し，$^4T_{1g} \leftarrow {}^4A_{2g}$ は $\Delta_o + 12B$ に相当する．$\Delta_o + 12B$ のような形で遷移エネルギーに B が取り込まれていることは，金属錯体の吸収スペクトルには電子反発が重要な寄与をすることを示している．

ここで，水の配位した錯体 $[Cr(H_2O)_6]^{3+}$ について定量的に調べてみよう．吸収スペクトルの測定から，低エネルギー側の吸収帯が $17.4 \times 10^3 \, cm^{-1}$ に，もう1つの吸収帯のエネルギーが $24.6 \times 10^3 \, cm^{-1}$ にあることがわかる．これらの実測値を用いると，$\Delta_o = 17.4 \times 10^3 \, cm^{-1}$，$B = 6.0 \times 10^2 \, cm^{-1}$ と値が決められる．Δ_o は金属錯体の吸収が可視部に現れることからわかるように，多くの金属錯体でおよそ $0.5 \times 10^4 \sim 0.5 \times 10^5 \, cm^{-1}$ の値をとる．また，電子間反発の値は，多くの金属でおおよそ $1 \times 10^3 \, cm^{-1}$ 程度である．

このように，実測のスペクトルと理論を組み合わせることにより，実験的に電子間反発の大きさを決定することができる．Δ_o, B, C の値を色々な錯体について求めることにより，配位子による配位子場分裂の大きさがどれくらいになるか，また，配位子により，中心金属の電子間反発がどれくらい変わるかを定量的に知ることができる．

(b) 弱い結晶場の近似およびスピン-軌道相互作用

今までの扱いでは，主に配位子場の強さが電子間反発に比べ大きい場合について，電子スピンと軌道とが独立であるという前提で考えてきた．しかし，これらの前提が必ずしも十分でなくなる場合があり，そのときは別の扱いが有効となる．

これまでは，自由原子のd軌道が6配位八面体型に置かれた配位子によって t_{2g} と e_g に分裂し，この分裂した軌道に入る電子の間の反発でエネルギー状態が多重項に分裂すると考えてきた．これは，配位子場の効果が電子間反発に比べ大きい場合に有効で，強い結晶場の近似と呼ばれる方法である．一

方，d 軌道のエネルギーの分裂に及ぼす配位子の効果と，電子間反発の効果が同じくらいである場合には，自由原子の状態で電子間反発の効果を考慮し，その後で配位子からの影響を考慮する方法も有効である．この方法は弱い結晶場の近似と呼ばれる．弱い結晶場の近似は，分光化学系列で小さい Δ_o を与える配位子の場合に有効である．

一方，これまでの扱いでは，電子の軌道とスピンとは独立であるという前提に立っていた．しかし，原子が重くなるとこの前提は成り立たなくなってくる．原子番号が 30 以上の元素の原子では，軌道とスピンの相互作用が無視できなくなる．スピン-軌道相互作用は，電子の磁気モーメントが，軌道角運動量の持つ磁気モーメントと相互作用することによる安定化・不安定化に相当し，その大きさは原子番号の 4 乗に比例して大きくなる．この相互作用を考慮すると，例えば $^2T_{2g}$ で六重に縮退していた多重項が四重と二重の項に分裂するなど，電子間相互作用を取り込んで分裂した多重項がさらに分裂する．

スピン-軌道相互作用は重原子で大きくなるため，その場合にはスピン-軌道相互作用を最初に考慮し，その後で電子間反発を考慮することが多い．そのような扱いでは，軌道角運動量とスピン量子数の和 $L+S$ で分類される全角運動量 J でまず状態を分類し，その後に，電子間反発を考慮してさらに細かく状態を指定する（j–j 結合法）．この方法は重原子であるランタノイドなどでは重要となる．

4.6.5 電荷移動吸収

遷移金属錯体の色は，4.6.4 項で述べた d-d 遷移による場合が多いが，それ以外の遷移が可視部に現れ，色を支配する場合もある．そのような遷移には，配位子の中で起こる配位子内遷移，複数の配位子の間で起こる配位子間遷移，中心金属と配位子の間で起こる金属配位子間遷移などがある．

d-d 遷移は，始状態も終状態も金属原子の d 軌道が主の軌道であるためこ

のように呼ばれる．これ以外の始状態と終状態の組み合わせとして，例えば，始状態が主に金属性の軌道，終状態が主に配位子の軌道であるような遷移がある．このとき電子は，中心金属に属していた状態（金属性の軌道）から，配位子に属している軌道（配位子性の軌道）へ移るため，形式的には負電荷が中心金属から配位子へ移動し，中心金属が酸化され，配位子が還元された分子内酸化還元反応が起こったことになる．この遷移は**電荷移動**（charge transfer）**遷移**と呼ばれる．

電荷移動遷移は，配位子が電子を受け取りやすい空軌道を持つときによく見られる．例えば，2,2′-ビピリジンなどは比較的低エネルギーの π^* 軌道を持つため，中心金属から配位子への電荷移動遷移が見られる．

また，これとは逆の配位子から中心金属への電荷移動遷移も，高酸化数の遷移金属錯体ではしばしば見られる．たとえば，過マンガン酸イオン，MnO_4^- の濃い紫色はそのような遷移によるものである．このイオン中ではマンガンは d^0 の +7 価であるため，d-d 遷移は起こり得ない．一方，酸素は形式的には二価陰イオン O^{2-} として存在しているが，その非共有電子対は高いエネルギー準位にあり，空軌道である d 軌道のエネルギーに近接してくる．そして，O^{2-} からマンガンの d 軌道への電荷移動遷移のエネルギーが可視部に相当する領域に現れるようになる．この遷移が濃い紫色の原因である．

このような，金属−配位子間遷移は d-d 遷移と異なり，スピン許容，ラポルテ許容（4.6.2 項参照）である場合が多く，d-d 遷移に比べ非常に強い吸収帯となる．そのため，このような遷移が可視部に見られる化合物は非常に濃い色を持つ．

モリブデンと生命の起源

モリブデンは，第一遷移金属元素以外で唯一の生体必須金属元素である（最近はタングステンも加わったが）．第6族のCr, Mo, Wの中では，地球上での存在量が最も少ないのがMoである．にもかかわらず，生体がMoを必須元素として用いた理由はしばらく謎であった．かつてノーベル医学・生理学賞を受賞し，DNA二重らせん構造を解明したことで知られるクリックは，生体の起源がMoの豊富な地球外の星である証拠とした．後に，海水中ではMoがCrよりも多く存在することから，生命体が海から誕生したとすれば，生体がMoを用いたのはむしろ当然であるという見方が定着し，地球外生命の起源というロマンは消えた．Moに限らず，海水中の元素の分布と生体内の元素の分布には多くの共通点がある．生命は，必要な機能の発現に理想的な元素を選んだわけではなく，手に入る元素の性質を目一杯活用して，複雑な機能に結び付けていったのである．化学者は，生物体が容易に手に入れられなかった元素も手に入れることができる．しかし，それでも生体の機能を実現することは難しい．生体がいかに巧妙に機能を組み上げてきたかがわかる．

演習問題

[1] この章では，色々な化合物の安定度の差を定量的に扱った．安定度の差はエネルギーで表される．SI単位系では，エネルギーの単位はJ（ジュール）であるが，化学では，対象とする系に応じてエネルギーの単位を使い分ける．実際には，1 mol当たりのエネルギーを比較することが多いため，$J\,mol^{-1}$が頻繁に使われる単位となる．

(1) 電子の電荷は一定であるため電位（V）が静電エネルギーに比例する．このため，電子の電荷を単位とした電子ボルト（eV）という単位も頻繁に使われる．1 eVは1つの電子を1 Vで加速したときに得られるエネルギーである．1 molの電子を加速した際のエネルギーをJ単位で求めよ．

第4章 金属錯体の電子状態

(2) 物質の光吸収に関連して，光子のエネルギーを単位とすることもある．1 eV のエネルギーを持つ光子の波長を求めよ．波長の逆数は単位長さ当たりの波の数なので，これを波数と呼ぶ．1 eV のエネルギーを持つ光子の波数を cm^{-1} 単位で求めよ．

(3) 分子運動を考える場合には，温度 T で1つの自由度に分配されるエネルギー kT（1 mol 当たりでは RT）をエネルギーの単位として考える場合がある．300 K における RT の値を J 単位で求めよ．

(4) C−H 単結合のエネルギーは，およそ 420 kJ mol^{-1} である．このエネルギーを上で考えた単位 eV，cm^{-1}，T で表すとどのようになるか？

(5) 1 mol の物質が，500 nm の光を吸収した場合のエネルギーを J, eV, T で表せ．

(6) 1.5 V の乾電池のエネルギーを，eV, J, cm^{-1}, T で表せ．また，このエネルギーで 60 kg の物体を加速すると，どのくらいの速度になるか．

[2] 結晶場理論では，電子間反発について考える．次の場合の電子の静電エネルギーを eV 単位で求めよ．

(1) 2つの電子が，それぞれ 1 Å, 2 Å, 3 Å 離れて存在する場合．

(2) 電子が，陽子から 1 Å, 電子から 2 Å の距離にある場合．

[3] 図 4.5 の実測値と計算値のずれから，水和による全安定化エネルギーと，結晶場安定化エネルギーの比を計算せよ．

[4] ニッケル(II)錯体は主に6配位八面体型構造と4配位平面構造をとる．

(1) 6配位八面体型構造をとった際の電子配置を書き，予想される有効磁気モーメントを書け．

(2) 平面4配位構造の際の電子配置を書き，予想される有効磁気モーメントを書け．

(3) ニッケル(II)のアンミン錯体およびシアノ錯体は，室温では，それぞれ 3.32 μ_B と 0 μ_B の有効磁気モーメントを示した．それぞれの化合物の期待される組成式と構造を書け．

[5] $[Re_2Cl_8]^{2-}$ は金属−金属間四重結合の存在を実証した化合物として有名である．この化合物では，立体的には極めて不利になるにもかかわらず，2つの $\{ReCl_4\}^-$ ユニットが，重なり型で連結されている．2つの $\{ReCl_4\}^-$ ユニット

が，ねじれ型で重なった際の分子軌道図を書き，ねじれ型では四重結合が形成できないことを示せ．

[6] 田辺-菅野図は電子間反発のパラメータ B を単位にして書いてある．B の値は 4.6.4 項で述べたようにおよそ $1 \times 10^3 \mathrm{cm}^{-1}$ 程度である．d^6 錯体の田辺-菅野図について次の問いに答えよ．

(1) Δ_o/B が 20 付近で，縦に線が入っている．これは，この値を境に基底状態が変化する点である．これより Δ_o/B が小さい側と大きい側での基底状態の項を読み取り，それぞれ対応する電子配置を書け．

(2) $\Delta_o/B = 30$ では，エネルギーの低い順から，$^1A_{1g}$（基底状態），$^3T_{1g}$, $^5T_{2g}$, $^3T_{2g}$, $^1T_{1g}$, $^1T_{2g}$ となる．田辺-菅野図から，$^1A_{1g}$ とその他の状態のエネルギー差を読み，B を $1 \times 10^3 \mathrm{cm}^{-1}$ として，それぞれの遷移に対応する光の波数および波長を求めよ．また，スピン禁制・スピン許容を考え，どの遷移が相対的に強度の強い遷移になるか．

(3) (2)で考えた 5 つの状態のうち，グラフ上で $^5T_{2g}$ の傾きが他の状態の傾きのおよそ 2 倍になっている．電子配置を考え，この理由を考察せよ．

[7] 金属錯体の光吸収としては，田辺-菅野図で示される d-d 遷移の他に，電荷移動遷移があげられる．例えば $[\mathrm{Ru}^{II}(\mathrm{bpy})_3]^{2+}$ では，450 nm ($\varepsilon = 13000 \mathrm{M}^{-1}\mathrm{cm}^{-1}$) に吸収極大を持つ非常に強い吸収帯が現れる．

(1) $[\mathrm{Ru}^{II}(\mathrm{bpy})_3]^{2+}$ は，1.2 V と -1.3 V にそれぞれ $\mathrm{Ru}^{II/III}$ ($\mathrm{Ru}^{II} \rightleftarrows \mathrm{Ru}^{III} + \mathrm{e}^-$) に帰属される酸化過程と，$\mathrm{bpy}^{-/0}$ ($\mathrm{bpy} + \mathrm{e}^- \rightleftarrows \mathrm{bpy}^-$) に帰属される還元過程を示す．光によって $[\mathrm{Ru}^{II}(\mathrm{bpy})_3]^{2+}$ が $[\mathrm{Ru}^{III}(\mathrm{bpy}^-)(\mathrm{bpy})_2]^{2+}$ に励起されるとき，酸化還元電位から励起状態のエネルギーを eV および，波長で表せ．

(2) $[\mathrm{Ru}^{II}\mathrm{Cl}_2(\mathrm{bpy})_2]$ は 0.3 V と -1.6 V にそれぞれ $\mathrm{Ru}^{II/III}$ に帰属される酸化過程と，$\mathrm{bpy}^{-/0}$ に帰属される還元過程を示す．この酸化還元電位から，電荷移動遷移のエネルギーを見積もり，$[\mathrm{Ru}^{II}(\mathrm{bpy})_3]^{2+}$ に比べ，吸収帯が長波長側に現れるか，短波長側に現れるか考えよ．

第5章　金属錯体の安定性

本章では，安定性という言葉からすぐ思い浮かぶ点，すなわち錯体が固体状態や溶液中でどれだけ分解せずに構造を保持するかということについて簡単にふれた後，溶液中での金属錯体の熱力学的な安定度を表す平衡定数（錯形成定数，安定度定数）についてやや詳しく学ぶ．錯形成定数が，金属イオンのサイズや電荷，最外殻軌道の電子数などにより，どう影響されるかについて考えた後，金属イオンと配位子の安定な組み合わせに関わる「硬さ-軟らかさの概念」についても言及する．

5.1　金属錯体の固体と溶液内での安定性に対する考え方

固体状態の錯体は，中性錯体の場合はそのまま，イオン性錯体の場合には対イオンとの塩の形で得られる．一般に錯体は固体状態では安定性が高く，室温では数ヶ月放置しても分解しないものが多い．温度を上げた場合，一部の中性の錯体を除いて，錯体のまま融解，蒸発して，液体，気体となるものは少ない．多くは，酸化物やその成分元素などに分解するが，これを熱分解（thermal decomposition）反応という．このことについては5.2節で簡単に取り上げる．

固体状態で安定な錯体を，水などの溶媒に溶かした場合，そのまま安定に構造が保たれるものもあれば，瞬時に分解してしまうものもある．分解は多くの場合，錯体が溶媒分子の攻撃を受けて，配位子が外れてしまう反応である．このような場合，もし溶液中に配位子が共存すれば，分解反応はある程度抑えられる．分解反応の起こる程度は，金属イオンと配位子との結合と，

金属イオンと溶媒分子との結合との強さの差を反映しており，熱力学的な平衡に達する過程と見ることができる．本章で主に取り上げる溶液内での安定性は，そのような熱力学的な安定性である．溶液内化学種やpHなどの影響で，他の配位子との置換反応，酸化還元反応，多量体形成反応などが起こる場合もあるが，それらの反応の主なものについては第6章でふれる．

　反応速度が極めて遅い場合には，たとえ平衡論的には溶媒などにより置換反応を受けて分解が起こる錯体でも，事実上，溶液内で安定な錯体として取り扱うことができる．このような安定性は速度論的な安定性である．コバルト(III)，クロム(III)，ロジウム(III)などの錯体が，速度論的に安定な錯体の代表例である．このような速度論的に安定な錯体を置換不活性型錯体と呼ぶが，その詳しい説明は第6章に譲り，この章では平衡論的な安定性について述べる．

5.2　錯体の固体状態での安定性

　5.1節で述べたように，固体状態の錯体は一般に安定性が高い．固体状態では，錯体はしばしば水などの溶媒を結晶溶媒として取り込んで結晶を形成する．結晶水は，加熱により100℃前後で失われることが多い．結晶溶媒が失われても，錯体自体の分解が起こるわけではないが，結晶中の規則的な配列は損なわれ，結晶がくずれる．錯体によっては，室温でも徐々に結晶水を失い結晶がくずれることがある．これを風解と呼ぶ．さらに温度を上げていくと，錯体自体の熱分解が起こる．配位子の中に揮発性の分子が含まれていると，しばしばそれが失われ，対陰イオンが配位圏に取り込まれることがある．例えば，$[Co(NH_3)_6]Cl_3$は200℃以上でNH_3を失い，$[CoCl(NH_3)_5]Cl_2$となる．さらに温度を上げると残りのNH_3も失われ，最終的に塩化コバルト(II)となる．配位子に酸素原子が含まれる場合には配位子が分解し，最終的に酸化コバルト(II)が生ずる場合もある．分解を起こさずに液体や気体

になる錯体は稀であるが,中性の錯体の中にそのような例が知られている.例えばアセチルアセトナトイオン($acac^-$)の錯体 $[Cr(acac)_3]$ の融点,沸点はそれぞれ 213 ℃,340 ℃ である.

5.3 錯体の溶液中での安定性

金属錯体は,一般には溶液中に金属イオンと配位子とを溶かすことによって生成する.これを**錯形成**(complex formation)反応という.

水溶液中での錯形成平衡反応(式 5.1)を考えてみよう.

$$[M(H_2O)_m]^{n+} + L \rightleftarrows [M(L)(H_2O)_{m-1}]^{n+} + H_2O \quad (5.1)$$

右辺の錯体は,金属イオンにもともと配位していた H_2O のうちの 1 つが単座配位子 L によって置換されて生ずる.ここでは,L が,電荷が中性の単座配位子の場合についての式を示している.L が Cl^- のように電荷を持つ場合は,$[MCl(H_2O)_{m-1}]^{(n-1)+}$ のようなもとの錯体とは異なる電荷を持つ錯体が得られることになる.この式 5.1 の平衡が大きく右にずれるとき,錯体 $[M(L)(H_2O)_{m-1}]^{n+}$ は $[M(H_2O)_m]^{n+}$ にくらべて熱力学的に安定であるという.溶液中には多量の溶媒(この場合には H_2O)が存在するので,通常 L の濃度は水に比べれば桁違いに小さい.したがって,式 5.1 の右辺の L 配位錯体が水溶液中で安定に存在するときには,左辺の水の配位した錯体に比べ,その安定度が桁違いに大きい.

$[M(L)(H_2O)_{m-1}]^{n+}$ の塩の固体を水に溶かしたとき,式 5.1 の平衡が大きく右に偏っていると,$[M(L)(H_2O)_{m-1}]^{n+}$ は水溶液中で安定に存在する.しかしこの場合でも,L を系から除く力が働くと,錯体 $[M(L)(H_2O)_{m-1}]^{n+}$ は分解してしまう(ルシャトリエの法則).このときの分解の速度は,L が溶媒により置換される反応の速度に依存する.L を取り除かない場合でも,溶媒による置換反応は同様に起こるが,$[M(L)(H_2O)_{m-1}]^{n+}$ の安定度が大きい錯体では,L が再配位する反応も同時に起こるので,$[M(L)(H_2O)_{m-1}]^{n+}$ は

見かけ上，分解しないように見える．

5.4 安定度定数

5.4.1 安定度定数の定義

錯体の溶液内での熱力学的な安定性は，**安定度定数**（stability constant）（錯形成定数）と呼ばれる量（平衡定数）で評価される．安定度定数は，多くの場合水溶液中での測定により求められる．水溶液中での安定度定数は，水溶液中でのその配位子の錯形成の程度を表す量であり，式 5.1 の右辺の錯体の安定度定数 K は，式 5.2 で与えられる．

$$K = \frac{[\{M(L)(H_2O)_{m-1}\}^{n+}]}{[\{M(H_2O)_m\}^{n+}][L]} \tag{5.2}$$

式 5.2 は L が中性で単座配位子の場合について示しているが，配位子が電荷を持つ場合には，分子の化学種の電荷を対応させて変えれば式 5.2 が同様に成り立つ．また L が二座配位子の場合には生成物は $[M(L)(H_2O)_{m-2}]^{n+}$，三座配位子の場合には $[M(L)(H_2O)_{m-3}]^{n+}$ となるので，式 5.2 の分子の化学種をそれぞれに対応させて変えればよい．

安定度定数は金属イオンの種類によって異なるのはもちろんであるが，配位子の種類によっても大きく変化する．厳密には，式 5.1 の平衡には溶媒である水の濃度が含まれることになるので，平衡の式としては，分子に $[H_2O]$ $(= 55.5\,\mathrm{M})$ が含まれることになるが，実際には，K は水濃度を含まないかたちで定義される．溶媒の水は大過剰に存在するので，錯形成の前後で水の濃度を一定と見なすことができるからである．安定度定数 K は，値の幅が大きい量なので，対数値 $\log K$ で表されることが多い．$[Cu(NH_3)(H_2O)_3]^{2+}$ の安定度定数は，$\log K = 4.1$ であるが，これは $[NH_3] = 10^{-4.1}\,\mathrm{M}$ のとき，銅(II)の濃度がアンモニアの濃度より十分小さければ，ちょうど錯形成が半分起こることを示す．

一般的な傾向を見ると，金属イオンの種類にかかわらず，ハロゲン化物イオン，硫酸イオンや硝酸イオンなどの酸素配位の配位子，アンモニアなどの窒素配位の配位子の順に，安定度定数が大きくなる傾向が見られる．例えば，銅(II)イオンとの安定度定数は，$\log K$ の値で，臭化物イオンとは -0.55 であるのに対し，硫酸イオンとは 2.36，アンモニアとは 4.32 である．配位結合はルイス塩基である配位子の電子対供与によって生ずることから，配位子の塩基性が大きいと安定度定数が大きくなると思われるかもしれないが，実際の安定度定数はもっと複雑な傾向を示す．同じハロゲン化物イオンで比較すると，塩基性が大きくなるほど，すなわち，Br^- < Cl^- < F^- の順に安定度定数が大きくなる傾向は，サイズが小さく比較的電荷の大きな金属イオンの場合にだけ明瞭に見られる．安定度定数は，配位子の塩基性で決まるものではなく，金属イオンと配位子の組み合わせにより複雑に変化する．詳しくは 5.5 節を参照されたい．

5.4.2 逐次安定度定数

単座配位子は，複数個金属イオンに配位することができる．2 番目，3 番目の配位子の配位を式 5.3，5.4 のように示すとき，これらの各段階についても安定度定数を定義できる．

$$[M(L)(H_2O)_{m-1}]^{n+} + L \rightleftarrows [M(L)_2(H_2O)_{m-2}]^{n+} \tag{5.3}$$

$$[M(L)_2(H_2O)_{m-2}]^{n+} + L \rightleftarrows [M(L)_3(H_2O)_{m-3}]^{n+} \tag{5.4}$$

式 5.2 の第一番目の L の配位に対する安定度定数を K_1 とすれば，以下 2 番目，3 番目の配位子の配位については，式 5.5，5.6 のように安定度定数を K_2，K_3 と示すことができる．

$$K_2 = \frac{[\{M(L)_2(H_2O)_{m-2}\}^{n+}]}{[\{M(L)(H_2O)_{m-1}\}^{n+}][L]} \tag{5.5}$$

$$K_3 = \frac{[\{M(L)_3(H_2O)_{m-3}\}^{n+}]}{[\{M(L)_2(H_2O)_{m-2}\}^{n+}][L]} \tag{5.6}$$

以下,さらに多くの数の配位子 L が配位する過程についても,同様に K_4, K_5, K_6 を定義することができる.これらをまとめて**逐次安定度定数**(stepwise stability constant)と呼ぶ.また,**全安定度定数**(overall stability constant)β_n を用いることもあるが,これは以下のように定義される.

$$\beta_2 = K_1 K_2 = \frac{[\{M(L)_2(H_2O)_{m-2}\}^{n+}]}{[\{M(H_2O)_m\}^{n+}][L]^2} \tag{5.7}$$

$$\beta_n = K_1 K_2 \cdots\cdots K_n = \frac{[\{M(L)_n(H_2O)_{m-n}\}^{n+}]}{[\{M(H_2O)_m\}^{n+}][L]^n} \tag{5.8}$$

以上の場合でも配位子が電荷を持つときは,錯体の電荷を適宜対応するように変えればよい.表 5.1 に,コバルト(II)とニッケル(II)イオンのアンモニア錯体の逐次安定度定数をまとめた.また,図 5.1 には,銅(II)のアン

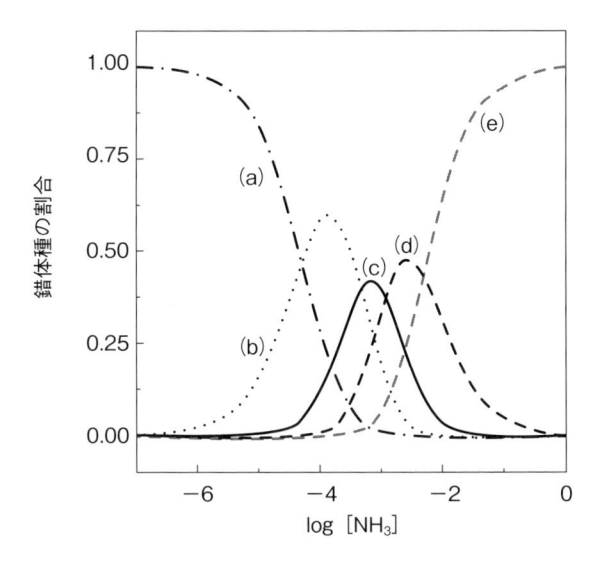

図 5.1 アンモニア濃度に対する銅(II)錯体の分布
左方から順に,$[Cu(H_2O)_4]^{2+}$(a),$[Cu(NH_3)(H_2O)_3]^{2+}$(b),$[Cu(NH_3)_2(H_2O)_2]^{2+}$(c),$[Cu(NH_3)_3(H_2O)]^{2+}$(d),$[Cu(NH_3)_4]^{2+}$(e)

表 5.1 コバルト(II)およびニッケル(II)イオンと NH_3 との間の逐次安定度定数

金属イオン	$\log K_1$	$\log K_2$	$\log K_3$	$\log K_4$	$\log K_5$	$\log K_6$
Co(II)	2.1	1.6	1.1	0.76	0.18	0.62
Ni(II)	2.8	2.1	1.7	1.3	1.2	

(木村 優:『溶液内の錯体化学入門』共立出版 (1991) より)

モニア錯体について,アンモニアの濃度と溶液内に存在する錯体種の割合とを示した.予想されるように,配位する NH_3 の数が多い化学種ほど,NH_3 の濃度が高くないと存在できないことがわかる.一般に逐次安定度定数は,$K_1 > K_2 > K_3$ のように,配位数が増えるほど小さくなる傾向がある.すなわち,配位子の数が増えるに従い,次の配位子の配位は不利になる.

5.4.3 キレート効果

エチレンジアミン $NH_2CH_2CH_2NH_2$(en と略す)などのキレート配位子は,単座配位子に比べ大きな安定度定数の値を示す.**表 5.2** には,一連の直鎖状ポリアミンと銅(II)および亜鉛(II)イオンとの安定度定数を示す.いずれの金属イオンにおいても N 原子が 2 個キレート配位したエチレンジアミン錯体の安定度定数が,同じく N 原子が 2 個配位したアンモニア 2 個の錯体の全安定度定数よりもかなり大きい.また,ビス(エチレンジアミン)((en)$_2$)錯体の全安定度定数もテトラアンミン((NH_3)$_4$)錯体のものよりかなり大きい.また,四座配位子トリエチレンテトラミン (trien) の錯体の安定度定数はこれらの値よりもさらに大きい.これら,(NH_3)$_4$,(en)$_2$,trien 錯体のキレート数はそれぞれ,0,2,3 である.このようなキレート環形成による安定化効果を**キレート効果**(chelate effect)という.

キレート効果は,多座配位子の場合には,1 つの配位原子が外れても,他の配位原子との結合により配位子自体は金属イオンの配位圏に留まり,次の配位原子が外れる前に最初に外れた配位原子の再結合が可能であることによ

5.4 安定度定数

表5.2 銅(II)および亜鉛(II)イオンとアンモニアおよび直鎖状ポリアミンとの全安定度定数 β_n の対数値（配位子1個のときは K_1）

配位子	配位Nの数	キレート数	Cu(II)	Zn(II)
NH_3	1	0	4.1	2.2
$(NH_3)_2$	2	0	7.3	4.5
$(NH_3)_3$	3	0	10.5	6.8
$(NH_3)_4$	4	0	12.6	8.8
en	2	1	10.7	5.9
$(en)_2$	4	2	20.0	10.7
dien	3	2	16.0	8.9
$(dien)_2$	6	4	21.0	14.4
trien	4	3	20.5	11.8
tetraen	5	4	22.8	

en：エチレンジアミン，dien：ジエチレントリアミン，trien：トリエチレンテトラミン，tetraen：テトラエチレンペンタミン
（大瀧仁志・前田益仲（1981）
山崎一雄・山寺秀雄 編：『錯体 下』無機化学全書 別巻，丸善．Cu(II)-tetraen のデータは，J. R. Gispert：『Coordination Chemistry』Wiley-VCH Verlag GmbH & Co. GGaA (2008) より）

り説明される．この様子を図5.2に示した．キレート環のサイズの効果も調べられており，少なくとも第一遷移系列元素の +2 価，+3 価イオンに対しては，5 員環を形成する配位子が最も安定で，6 員環を形成する配位子がこれに次ぐといわれている．このようなキレート効果を利用すると極めて安定な金属錯体が得られる．5, 6 員環を多数形成する配位子は金属イオンを安定に取り込むことができるので，この性質が金属イオンの分析などによく利用されている．代表的な配位子として，5 員環 5 個を形成する六座配位子，EDTA がある．

128 第5章 金属錯体の安定性

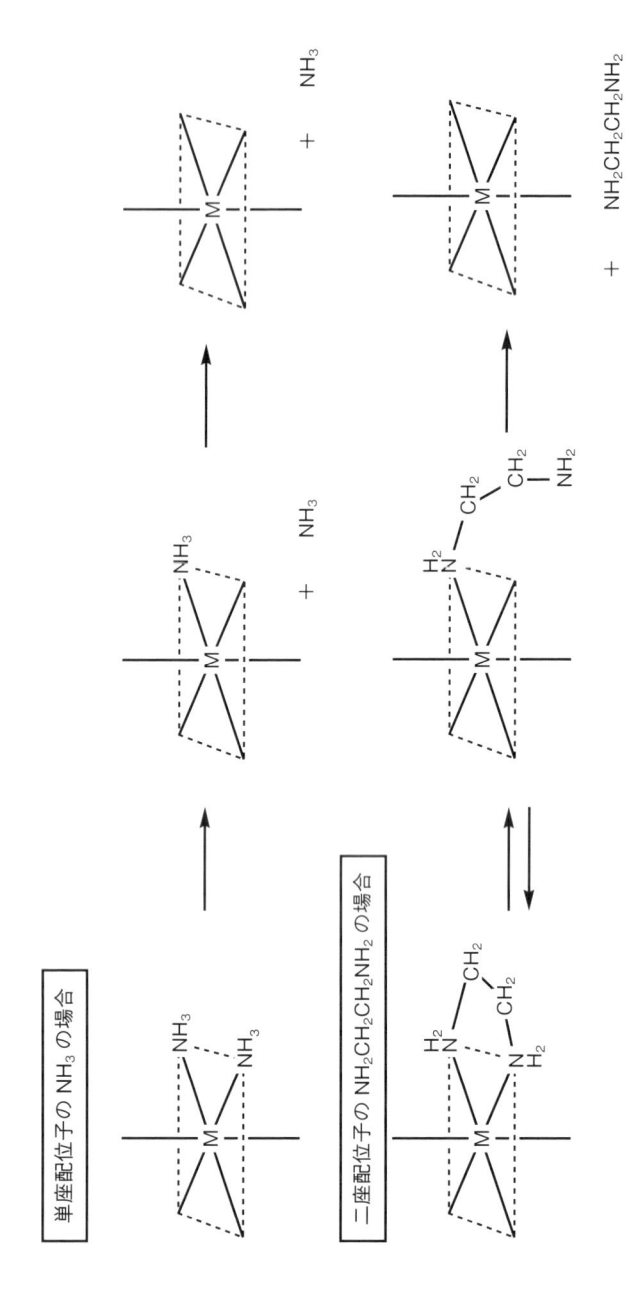

単座配位子のNH₃の場合

二座配位子のNH₂CH₂CH₂NH₂の場合

図5.2 キレート配位子の安定度定数が大きい理由（単座からもとに戻る過程が存在する）

5.4.4 安定度定数と水溶液の pH の関係

式 5.2, 5.5～5.8 で示した安定度定数は H_2O が配位した錯イオンについて定義されており，データ集などで参照することができるが，実際にそれらの値を用いるにあたっては，水溶液の pH を考慮しなければならない．金属イオンに配位した H_2O は，通常我々が用いる水溶液の pH の範囲内でプロトンを解離し，$[M(OH)(H_2O)_{m-1}]^{(n-1)+}$ を生ずる．この OH^- の配位した錯イオンは，OH^- の強い塩基性により，他の配位子 L との錯形成能が低下する．したがって，pH が高い水溶液中では，例えば式 5.2 で示される安定度定数 K から期待されるよりも L との錯形成の程度が低くなる．酸化数の高い金属イオンの場合，例えば +3 価の金属イオンでは配位水の pK_a が 3 程度に達し，プロトン解離の錯形成に及ぼす影響は顕著となる．

一方，pH が低い領域では，配位子 L にプロトンが付加する場合もある．このプロトンの付加は，錯形成に利用される配位原子に対して起こるので，錯形成は不利となる．さらに，プロトン付加により配位子の塩基性も低下するので，錯形成の程度が低下する．このようなプロトン脱着による影響の複雑さを避けるため，pH などの条件を規定した安定度定数 K_app (見かけの錯形成定数，あるいは条件付き錯形成定数) が用いられることがある．

$$K_\mathrm{app} = \frac{K}{(\alpha_H \beta_{OH})} = \frac{[\{M(L)(H_2O)_{m-1}\}^{n+}]}{(\beta_{OH}[\{M(H_2O)_m\}^{n+}] \cdot \alpha_H [L])} \qquad (5.9)$$

ここで，α_H は配位子のプロトン付加，β_{OH} は配位した H_2O のプロトン解離に対する補正項である．この式により，配位子のプロトン付加，H_2O のプロトン解離に対する pK_a 値と，設定された溶液の pH とから，K_app が算出できる．

5.4.5 非水溶媒中での錯形成

安定度定数は主に水溶液中で調べられているが，非水溶媒中での錯形成反応についてもその概要を理解しておく必要がある．錯形成反応に影響を及ぼ

す溶媒の性質として，2つの重要な因子をあげることができる．その第一は誘電率である．一般に誘電率が大きい溶媒ほど，電荷が分離する方向に平衡を移動させる．水は通常の溶媒の中では最も誘電率が大きいので，イオン性の配位子の配位は不利である．逆に，非水溶媒中では，ハロゲン化物イオンなどの陰イオン性の配位子の錯形成は水溶液中に比べ有利となる．一方，中性の配位子との錯形成は，溶媒の誘電率によって大きな影響を受けることはない．

塩化コバルト(II)は水溶液中でピンク色を呈するが，水溶液にアルコールを加えると次第に青色に変化する．水溶液中では，コバルト(II)イオンは$[Co(H_2O)_6]^{2+}$として存在するが，アルコールの量が増加すると，塩化物イオンの配位が有利となり，それに伴い，配位子間の立体反発で，幾何構造が八面体型から四面体型に変化する．この幾何構造の変化が青色を呈する要因である．

錯形成は基本的にはルイス酸とルイス塩基との反応である．このことに関連して，溶媒の配位結合に対する影響を支配するもう1つの重要な因子である溶媒の電子対供与能（ルイス塩基性），および電子対受容能（ルイス酸性）をあげることができる．溶媒のルイス塩基性，ルイス酸性に対応する性質を表す因子として最もよく用いられるものは，それぞれ溶媒の**ドナー数**（donor number：DN），および**アクセプター数**（acceptor number：AN）である．

表5.3に主な溶媒の誘電率 ε，DN，AN を示す．DN および AN は，値が大きいほどそれぞれ塩基性，酸性の程度が大きいと考えればよい．一般には DN が大きいほどその溶媒は配位しやすい．また，AN が大きいほど配位子が溶媒に引き寄せられる．したがって，DN，AN いずれの場合も，値が大きな溶媒では錯形成が阻害される傾向がある．水は，酸素上に電子対を持つが，電子対を持つ窒素や酸素が含まれる他のいろいろの溶媒に比べ，DN はむしろ小さい．一方，水素の電子対受容能が大きいので（水素結合を作りやすい），AN は他の多くの溶媒より大きい．

表5.3 溶媒の誘電率（ε），ドナー数（DN），およびアクセプター数（AN）

溶媒	ε	DN	AN
水	78.5	18.0	54.8
メタノール	32.66	19	41.3
エタノール	24.55	20	37.1
アセトン	20.56	17.0	12.5
酢酸	6.17	—	52.9
アセトニトリル	35.94	14.1	19.3
ジクロロメタン	8.93	—	20.4
クロロホルム	4.806	—	23.1
DMF	36.71	26.6	16.0
DMSO	46.45	29.8	19.3
ベンゼン	2.274	0.1	8.2
ピリジン	12.91	33.1	14.2

（日本化学会 編：『化学便覧 基礎編 改訂5版』丸善（2004）より）

5.5 硬さ-軟らかさの概念と安定度定数

5.4.1項で，安定度定数は，金属イオンと配位子の組み合わせにより複雑に変化すると述べた．最も単純なモデルとして，ハロゲン化水素の酸解離定数の傾向を考えてみよう．ハロゲン化水素HXの酸解離定数pK_aは，$X^- = F^- > Cl^- > Br^- > I^-$のように変化し，周期表で下にいくほど強酸となる．これは下にいくほどハロゲン化物イオンのサイズが大きくなり，したがって電荷密度が小さくなるので，静電的にプロトンを引き付けにくくなるためと説明される．

ハロゲン化物イオンとの錯形成反応の安定度定数を，いくつかの金属イオンについて表5.4に示した．もし，錯形成定数が主として静電的な要因で決まるとすれば，一連のハロゲン化物イオンの錯体の安定度定数は，$F^- > Cl^- > Br^- > I^-$の順序となるはずである．実際，Fe^{3+}，Cu^{2+}，Zn^{2+}などの

表5.4 いくつかの金属イオンとハロゲン化物イオンとの安定度定数の対数値

	F^-	Cl^-	Br^-	I^-
Cu^{2+}	0.84	0.07	-0.55	
Zn^{2+}	0.51	0.11	-0.60	
Fe^{3+}	5.30	0.71	-0.21	
Ag^+	-0.52	3.23	4.15	13.85(β_3)
Cd^{2+}	0.46	1.58	1.76	2.08
Hg^{2+}	1.03	6.74	8.94	12.87

(日本化学会 編：『化学便覧 基礎編 改訂5版』丸善（2004）より）

錯体はそのような傾向を示すが，Cd^{2+}，Hg^{2+} の錯体の安定度定数の大きさはこれとは逆の順序となる．後者のような順序を示す金属錯体では，静電的な因子ではなく，電子の軌道同士が重なり合って生ずる相互作用，言い換えれば共有結合的な相互作用が錯体の安定化を決める重要な因子となっている．すなわち，サイズが大きいと静電的な相互作用には不利であるが，軌道の重なり合いには逆に有利になるのである．

このように，安定度定数は逆方向に働く2つの因子の寄与の大きさの兼ね合いで決まってくる．$F^- > Cl^- > Br^- > I^-$ のような順序となる金属イオンを硬い金属イオン，逆に $F^- < Cl^- < Br^- < I^-$ となる金属イオンを軟らかい金属イオンと呼ぶ．この考え方は，**硬さ−軟らかさ（hard-soft）の概念**と呼ばれる．軌道の重なりが起こりにくく静電的な要因が前面に出る場合を硬いととらえ，軌道の重なりがフレキシブルに起こるような場合を軟らかいという見方をするのである．ルイス酸と同様にルイス塩基についても，硬い塩基，軟らかい塩基を定義することができる．この概念は，単に金属錯体の安定度に関わる問題だけでなく，広くルイス酸，ルイス塩基の相互作用の大きさを考える際に適用されている重要な考え方である．

表5.5 には，代表的な硬いルイス酸・塩基，および軟らかいルイス酸・

5.5 硬さ−軟らかさの概念と安定度定数

表 5.5 よく見られる金属イオンおよび配位子の硬い酸塩基と軟らかい酸塩基への分類

硬い金属イオン	軟らかい金属イオン	硬い配位子	軟らかい配位子
アルカリ金属イオン(+1) アルカリ土類金属イオン(+2) Cr^{3+}, Co^{3+}などの+3価金属イオン，ランタノイド(III)イオン，Ce^{4+}, Mn^{2+}	Pd^{2+}, Pt^{2+}, Ru^{2+}, Cd^{2+}, Hg^{2+}, Cu^+, Ag^+, Au^+, Hg^+, Tl^+	H_2O, OH^-, O^{2-}, NH_3, アミン類, CH_3COO^-, CO_3^{2-}, F^-, NO_3^-, SO_4^{2-}, PO_4^{3-}	I^-, CN^-, CO, RS^-, RCN, PR_3(Rはアルキル基，アリル基)
第一遷移系列金属(II)イオンや，重遷移金属(III)イオン，配位子ではCl^-, Br^-などは硬軟の中間に分類される．			

この分類のうち，金属イオンの分類は目安と見るべきものであり，配位子の種類によって変わる．

塩基をまとめた．金属イオンについて眺めてみると，一般に周期表の上の方の金属イオンや，+3価などの酸化数の高い金属イオンは硬いルイス酸に分類され，周期表の下の方の金属イオン（重金属イオン）や，酸化数の低い金属イオンは軟らかいルイス酸に分類される．

硬さ，軟らかさはある金属元素に固有な性質ではなく，同じ金属元素でも酸化数により異なる．典型的な例としてルテニウム(II)と(III)の場合をあげる．2つの配位可能な原子，NとSを持つ配位子であるNCS^-は，硬いルイス酸には，より硬い配位原子であるNで，軟らかいルイス酸には軟らかい配位原子であるSで結合する傾向がある．ルテニウム(III)の場合にはNCS^-はより硬いN側で配位するが，これをルテニウム(II)に還元すると，N配位からS配位への反転が起こる．これは，ルテニウム(III)が硬いルイス酸として働き，ルテニウム(II)は軟らかいルイス酸として作用することを示している．

5.6 金属イオンによる安定度定数の変化

安定度定数に大きな影響を与える金属イオン側の要因としては，金属イオンの電荷，イオン半径，さらに最外殻電子の数があげられる．このうち，最外殻電子数については，典型金属イオンの場合は通常，最外核電子がすべて取り除かれた状態となっているので考慮する必要がなく，遷移金属イオンの場合にのみ考慮すべき性質となる．ランタノイド金属イオンの場合には，4f軌道が最外殻の6sや5d軌道の内側にあるので，4f電子の個数は安定度定数に対してほとんど影響を及ぼさない．

以下に示す安定度定数に対する金属イオンの影響は，いずれも水溶液中でのデータをもとにしている．すなわち，配位した水がより塩基性が大きい配位子によって置換されるときの傾向であって，絶対的な錯形成の強さを反映しているものではないことに注意しておく必要がある．

5.6.1 典型金属イオン

ここでは +1価，+2価，+3価の典型金属イオンを対象として，電荷とサイズの影響を見ることにする．+4価以上の高い酸化数を持つ金属イオンは，オキソイオンなどの配位によって構造も変化するのでここでの議論の対象としては適切ではない．**表 5.6** には，いくつかの典型金属イオンと EDTA との安定度定数を示した．一般には，金属イオンの電荷が大きいほど安定度定数が大きくなる傾向が認められる．しかし，電荷が大きくなるとサイズも大幅に小さくなるので，この傾向を単純に電荷の影響と結論するのは難しい．そこで，ほぼ同じサイズで電荷が異なる金属イオン，Na^+，Ca^{2+}，La^{3+}，Th^{4+} について比較すると，

$$Na^+ < Ca^{2+} < La^{3+} < Th^{4+}$$

となり，電荷が大きいほど安定度定数が大きくなる傾向が見てとれる．

次に，サイズの影響を考える．キレート配位子ではキレート環サイズの影

表5.6 いくつかの典型金属イオンとEDTA（エチレンジアミン四酢酸イオン）との安定度定数の対数値

金属イオン	イオン半径（Å）	$\log K$
Na^+	1.13	1.66
Mg^{2+}	0.86	8.83
Ca^{2+}	1.14	10.69
Sr^{2+}	1.32	8.68
Ba^{2+}	1.49	7.80
Al^{3+}	0.68	16.1
Ga^{3+}	0.76	20.3
Y^{3+}	1.04	18.09
La^{3+}	1.17	15.46
Th^{4+}	1.08	23.2

イオン半径は6配位に対する値

響も無視できないので，ここでは，単座配位子について比較する．2価の第2族金属イオンと単座のカルボン酸イオンとの安定度定数を比較すると，

$$Mg^{2+} > Ca^{2+} > Sr^{2+} > Ba^{2+} > Ra^{2+}$$

のような順序となり，イオン半径が小さいほど安定度定数が大きい傾向がある．これは，イオン半径が小さいほどイオンの電荷密度が大きくなり，静電的な引力が強くなることを反映している．これらの傾向は，比較の対象となる金属イオンが事実上「硬い」金属イオンに属するものであり，その意味では当然の結果であるともいえる．

5.6.2 遷移金属イオン

第一遷移系列の金属イオンの安定度定数については，主に+2価の酸化状態のMn^{2+}以降のイオンについて多くの例がある．これは，Mn^{2+}以降の+2価の金属イオンが安定で，概ね配位子置換反応が速く，容易に平衡に達するため，安定度定数を調べやすいからである．すでに，安定度定数は配位子の種類により大きく変化し，特にキレート配位子の場合にはその影響が大

きいことを述べた．しかし，金属イオンによる安定度定数の序列を作ってみると，第一遷移系列金属(II)イオンの場合には，キレート配位子の場合を含め，配位子の種類によらず一定の傾向が見られる．すなわち，周期表後半の2価第一遷移系列金属イオンの安定度定数の序列には一般性があり，以下のような順序となる．

$$Mn(II) < Fe(II) < Co(II) < Ni(II) < Cu(II) > Zn(II)$$

この序列を特に**アーヴィング-ウィリアムス（Irving-Williams）の系列**と呼ぶ．図 5.3 にはその例として，マンガン(II) 以降の +2 価イオンと，エチレンジアミンやその他の配位子との安定度定数の傾向を示す．この傾向はイ

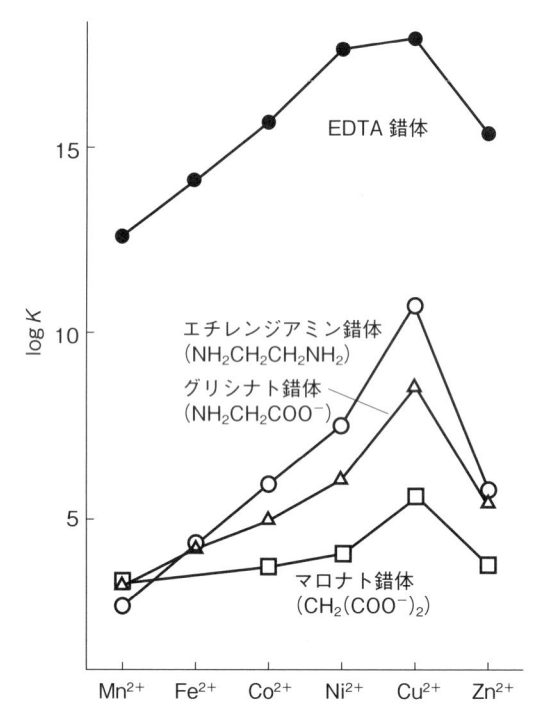

図 5.3　第一遷移金属(II)イオンといろいろの配位子との安定度定数の傾向

オン半径の変化だけでは説明できない．第一遷移系列金属(II)のイオンはほとんどすべて高スピン型になることを念頭においてこの傾向を眺めてみると，結晶場安定化エネルギーが大きいほど，安定度定数も大きくなる傾向が認められる．しかし，銅(II)(d^9)の場合には，この傾向から外れ，例外的に大きな安定度定数をもつ．すなわち，ニッケル(II)(d^8) < 銅(II)(d^9) > 亜鉛(II)(d^{10}) のような順序となっている．ニッケル(II)と銅(II)の安定度定数の順序は，結晶場安定化エネルギーからの予想と逆である．ここで，銅(II)がヤーン-テラー歪みを起こすd電子数を持っていることを思い起こす(4.4.1項(d)参照)と，金属イオン全体の安定化を示す結晶場安定化エネルギーではなく，歪みにより部分的に安定化したd軌道のところで特に安定な錯形成が起こっていることがわかる．

5.6.3 ランタノイド金属イオン

ランタノイド元素はほとんどの場合，+3価の酸化数をとり，周期表で後にいくほど，イオンサイズが小さくなる傾向がある（ランタノイド収縮；2.3節参照）．一連のランタノイド(III)イオンと，カルボン酸イオンやキレート配位子との安定度定数が調べられている．単座配位子では金属イオンによる安定度定数の差があまり大きくないので，明瞭な傾向が見られない場合もあるが，大ざっぱには，周期表で後にいくほど大きくなる傾向がある．その傾向を示す典型的な例として，表5.7に，六座配位子EDTAとの安定度定数を金属イオンのイオン半径とともに示した．サイズが小さくなるほど安定度定数が大きくなることがわかる．d遷移金属イオンにおけるd軌道の場合と異なり，ランタノイド(III)イオンのf電子は内側の軌道にあって安定度定数に及ぼす影響は小さい．このため，イオン半径による影響が前面に出ているのである．

表 5.7 ランタノイド金属(Ⅲ)イオンと EDTA（エチレンジアミン四酢酸イオン）との安定度定数の対数

ランタノイド金属イオン	イオン半径[†]	安定度定数
La	1.17	15.08
Ce	1.15	15.61
Pr	1.13	16.14
Nd	1.12	16.31
Sm	1.10	16.76
Eu	1.09	16.93
Gd	1.08	16.95
Tb	1.06	17.54
Dy	1.05	17.82
Ho	1.04	18.09
Er	1.03	18.34
Tm	1.02	18.99
Yb	1.01	19.19
Lu	1.00	19.52
Y	1.04	17.78

[†] イオン半径は表 2.2 参照
（安定度定数は 鈴木ら（1980）より）

酸化と還元 —電子の立場から—

　酸化還元電位から酸化還元反応の進行方向を決めるのは，ちょっと不慣れな場合，よく間違える問題の1つである．酸化還元は，金属中心で考えると，酸化数の変化になるが，電子の立場で考えると，居場所が変わるだけのことである．

　例えば，本文で扱った鉄(Ⅲ)とクロム(Ⅱ)の酸化還元反応では，クロム(Ⅱ)上にいた電子が鉄(Ⅲ)上へ移動する．この反応が自発的に進行するということは，クロム(Ⅱ)にいるより鉄(Ⅲ)の方が電子にとって居心地がよい，ということに過ぎない．電子にとって，どちらの方が居心地がよいかを表すのが電位であり，実は酸化還元電位という言葉自体，酸化還元反応における電子の居心地のよさ（悪さ？）を示している．電子は負電荷であるため，

5.6 金属イオンによる安定度定数の変化

酸化還元電位が正であれば正であるほど，電子の居心地のよさは増す．

標準酸化還元電位を表す式

$$[Cr^{III}(H_2O)_6]^{3+} + e^- \rightleftarrows [Cr^{II}(H_2O)_6]^{2+} \; (-0.424\,\text{V})$$

を見たとき，化学を習った人ならこの式の前半，すなわち $[Cr^{III}(H_2O)_6]^{3+}$ に1つ電子が加わると $[Cr^{II}(H_2O)_6]^{2+}$ になる，ということは容易にわかるのであるが，$-0.424\,\text{V}$ が意味することがわかりにくい．この式は電子の立場から考えると，$[Cr^{III}(H_2O)_6]^{3+}$ に自分が加わって $[Cr^{II}(H_2O)_6]^{2+}$ になった場合，基準電極に比べ，$0.424\,\text{V}$ だけ不安定な状態にいることを意味しているものである．言い換えると，この式は，$[Cr^{II}(H_2O)_6]^{2+}$ の最外殻電子の電気化学的な安定度を示しているものである．

Fe に関する式

$$[Fe^{III}(H_2O)_6]^{3+} + e^- \rightleftarrows [Fe^{II}(H_2O)_6]^{2+} \; (0.771\,\text{V})$$

も，同様に理解することができて，$[Fe^{III}(H_2O)_6]^{3+}$ に電子が加わった際，その電子は $0.771\,\text{V}$ だけ安定化される，または，$[Fe^{II}(H_2O)_6]^{2+}$ の最外殻電子は基準電極に比べ $0.771\,\text{V}$ の安定度を持っているということがこの式から理解できる．

2つの酸化還元電位の式の意味するところは，電子にとっては，クロム(II) 上で $-0.424\,\text{V}$ の安定度でいるより，鉄(II) の電子となって $0.771\,\text{V}$ に安定化された方が居心地がよいということである．すなわち，クロム(II) から鉄(III) へ電子移動が起こり，クロム(III) と鉄(II) が生成する反応が自発的に進行し，その逆は進行しないことが，電子の居心地という見方をすると理解できると思う．

ちなみに，よく間違うパターンとして，上の式を見たときに，クロム(III) と鉄(III) の反応を書いてしまう人が見られる．これは，酸化剤間の反応であり，出せる電子を持っていないため酸化還元反応は起こらない．酸化還元電位の式から考えるべきものは，酸化剤と還元剤（鉄(III) とクロム(II) または鉄(II) とクロム(III)）を組み合わせた際の反応である．

演習問題

[1] 化学便覧を見ると，$Cr^{3+}, Fe^{3+}, Fe^{2+}, Zn^{2+}$ のそれぞれのイオンと OH^- との錯形成定数 ($\log \beta_1 = \log([M(OH^-)^{(n-1)+}]/[M^{n+}][OH^-])$ として，10.05, 11.17, 4.50, 5.04 の値が示されている．この値から各金属イオン ($[M(H_2O)_6]^{n+}$) の配位水の酸解離定数 pK_a を求めよ．

[2] 2価遷移金属イオンのヘキサアンミン錯体，$[M(NH_3)_6]Cl_2$ の固体を加熱していくと，NH_3 の脱離反応が起こるが，その反応の開始温度は M の種類により大きく異なり，M = Mn, Fe, Co, Ni, Cu, Zn について，それぞれ，45, 71, 90, 125, 66, 20 ℃ と報告されている．ここで，Mn, Fe, Co 錯体はいずれも高スピン型である．NH_3 脱離開始温度と配位子場安定化エネルギーとの関連を考えてみよ．その考察から，銅(II)錯体が全体の傾向からややずれていることがわかる．その原因を考えてみよ．

[3] $[Ni(NH_3)_6]^{2+}$ および $[Ni(en)_3]^{2+}$ (en，エチレンジアミン) の全安定度定数はそれぞれ，298 K で $\log \beta = 8.61$ および 18.28 である．
 (1) このような大きな違いを生ずる理由を述べよ．
 (2) $[Ni(NH_3)_6]^{2+} + 3\,en \rightarrow [Ni(en)_3]^{2+} + 6\,NH_3$ の反応の 298 K での平衡定数 (K) を求めよ．また，この反応の自由エネルギー変化 (ΔG^0) を求めよ．ただし，$\Delta G^0 = -RT \log K$ である．

[4] 同じ金属イオンでも，配位子の種類によっては，硬さ-軟らかさに関わる性質が変化する．2種の Co(III) 錯体，$[Co(NH_3)_5(NCS)]^{2+}$ と $[Co(CN)_5(NCS)]^{2+}$ とでは，NCS^- 配位子は，前者では N で，後者では S で Co(III) に配位している．
 (1) この現象を説明せよ．
 (2) $[Co(NH_3)_5X]^{2+}$ と $[Co(CN)_5X]^{2+}$ とでは，それぞれ $X^- = F^-, I^-$ のどちらと安定な錯体を作るか，予想せよ．

第6章　金属錯体の反応

　金属錯体の示す反応には様々な種類がある．本章では，その中でも基礎的に重要な2つの反応，配位子置換反応と酸化還元反応を取り上げる．配位子置換反応については，酸化数，サイズ，最外殻軌道の電子数など，第5章でも取り上げた要因が反応速度や機構にどのような影響を及ぼすかを考える．電子移動反応は，複数の酸化数をとりやすい遷移金属錯体の特徴を強く反映している．その基礎的な考え方を学ぶ．

6.1　金属錯体の多彩な反応性

　金属錯体，特に遷移金属錯体の示す反応には，構造や酸化数の多様性などを反映して，様々なタイプのものがある．金属錯体のほとんどの反応は溶液中で起こる．固体や気体状態で起こる反応も知られているが，専門的なレベルのものや特殊なものが多いのでここでは立ち入らない．

　金属錯体の反応を，中心金属の酸化数の変化を伴うものとそうでないものとに分けて考えると，酸化数が変わらないもので最も重要なものは**配位子置換反応**（ligand substitution reaction）である．さらに，幾何異性体間や連結異性体間の異性化反応，光学活性錯体間のラセミ化反応などもよく見られる反応であるが，これらの反応にも，反応の途中で配位子置換反応が深く関わっている場合が多い．また，異性化を伴うような配位子置換反応もある．前章で述べた安定度定数は，配位子置換反応を平衡論的な立場から見たものである．

　酸化数の変化を伴うものは，基本的には酸化還元反応である．遷移金属元

素の特徴の1つは，複数の酸化数をとることであるが，**酸化還元反応**（oxidation-reduction reaction；redox reaction）はこの特徴を生かした反応として極めて重要である．酸化還元反応を速度論的に調べるためには，通常酸化剤または還元剤を用いる．一方，電気化学的に酸化還元を誘起させる場合もあるが，その場合には平衡論的な立場から酸化還元過程を見ることが多い．

　以上は，金属イオンが反応の中心になるものであるが，配位子側で反応が起こる場合もある．金属イオンに配位することにより，配位子が活性化され，反応の効率が上がったり，単独では起こらないような反応性を示すことも多い．そのような反応は，しばしば有機化学的な立場からも重要である．触媒反応は，錯体の反応として重要なものの1つであるが，配位子の反応は触媒過程でしばしば重要な役割を演ずる．金属錯体の触媒反応については第8章でふれる．

　反応を引き起こすエネルギーには，主として熱と光がある．このうち，光化学反応については，錯体の光励起状態についての化学と共に第8章でふれることにする．酸化還元反応の場合には，放射線により反応活性なラジカルを発生させ，反応を誘起させる場合もある．この方法はパルスラジオリシス法と呼ばれる．

　本章では，このような様々な反応の中で，特に重要な配位子置換反応と酸化還元反応を取り上げることにする．

6.2 配位子置換反応

これから述べる錯体の配位子置換反応に関連して，指摘しておきたい点は，錯体の合成の過程が実質的には配位子置換反応であるということである．錯体の合成は，ほとんどの場合，溶液中で行われる．すなわち，金属イオンに目的の配位子を結合させるには，両者を溶液中で共存させる必要があ

6.2 配位子置換反応

る．このとき，金属イオンは溶液中で裸の状態で存在しているのではなく，すでにまわりには溶媒分子や対陰イオンが配位している．錯体の合成過程では，目的の配位子が，これらの溶媒分子や配位陰イオンなどを追い出して代わりに配位する．このように，基本的には配位子置換反応を経て錯体が合成される．

さらに，配位子置換反応は，溶液内での金属錯体の安定性にも深く関わっている．金属錯体の溶液内での分解は，配位子が溶媒分子の攻撃による置換反応で追い出されることによって起こる場合が多いからである．以下には，配位子置換反応の概要を，反応速度，反応機構を中心として述べる．

6.2.1 置換活性と置換不活性

金属イオンの溶液に配位子を加えた場合，室温ですぐに錯形成が起こる場合もあれば，加熱して初めて徐々に反応が進行する場合もある．1950年頃までに，配位子置換反応の速さは金属イオンの種類によって大きく異なることがわかっていた．このことをふまえて，1952年にアメリカの化学者タウビー (Taube) は，金属イオンを**置換活性** (substitution labile)，**置換不活性** (substitution inert) という用語で分類した．この分類では，室温下，1 mol dm^{-3} の溶液で1分以内に反応が終わるか否かが判断の基準とされた．表6.1には，よく見られる金属イオンを，この基準に基づいて分類して示した．この分類は，主に，錯体の配位水が他の配位子によって置換される反応，あるいは溶媒の水と配位水交換する反応などの比較的単純な反応のデータに基づいている．第一遷移系列の+2価および+3価の金属イオンは置換活性であるものが多く，置換不活性に分類されるイオンは，クロム(III)，コバルト(III)（低スピン）くらいである．

配位子置換反応の速度は，置換反応に関わる配位子の種類によって大きな影響を受ける．したがって，置換に関わる配位子の種類によっては，置換活性，置換不活性の境界を越えて，配位子置換反応速度が変わってしまうこと

表6.1 よく見られる金属イオンの錯体の置換活性と置換不活性への分類[†]

置換活性型金属イオン	置換不活性型金属イオン	
Ti(III)(d^1), V(III)(d^2), Cr(II)(d^4(高スピン)), Mn(II), Fe(III)(d^5(高スピン)), Fe(II)(d^6(高スピン)), Co(II)(d^7(高スピン)), Ni(II)(d^8), Cu(II)(d^9), Zn(II)(d^{10})	Cr(III), Mo(III)	d^3
	Pt(II)	d^8(平面型)
	Ru(III), Os(III)	d^5(低スピン)
	Co(III), Rh(III), Ir(III), Pt(IV), Ru(II)	d^6(低スピン)

[†] 主に,アクア錯体 [M(H$_2$O)$_n$]$^{m+}$ の配位水交換反応のデータに基づいてまとめたものである.ただし,コバルト(III)錯体の場合には,[Co(NH$_3$)$_5$(H$_2$O)]$^{3+}$ などのデータを用いている.

もある.また,金属イオンにはいくつかの種類の配位子が配位していることが多いが,そのうち直接配位子置換反応に関わらない配位子も置換反応速度に大きな影響を及ぼす.表の分類は,配位子が水の場合の反応について成り立つものと考えればよく,置換活性に分類された金属イオンの起こす配位子置換反応のすべてが,室温下,1 mol dm^{-3} の溶液で 1 分以内に終わるということではない.しかし,置換活性,置換不活性という分類は,金属イオンの置換反応速度の一般的な傾向を示すものとして重要であり,金属イオンの相対的な反応速度の違いを見る上で便利な尺度として,現在でも広く通用する概念である.

配位子置換反応の中で最も基本的な反応として,下の式6.1で示される配位水の交換反応を取り上げてみる.

$$[M(H_2O)_m]^{n+} + H_2O^* \rightarrow [M(H_2O^*)(H_2O)_{m-1}]^{n+} + H_2O \quad (6.1)$$

ここで,H$_2$O* は必ずしも同位体標識した H$_2$O を示すものではなく,式の上で区別するために用いている.いろいろの金属イオンに関する配位水交換反応の速度定数を図6.1に示す.ここで,反応速度定数 k([H$_2$O]は大過剰で変化しないので,反応速度定数は錯体濃度のみに依存する一次反応速度定数(s^{-1})で表す)は,反応がちょうど半分進む時間 $t_{1/2}$ と式6.1のような関係にあり,速度定数が大きいほど反応は速い.

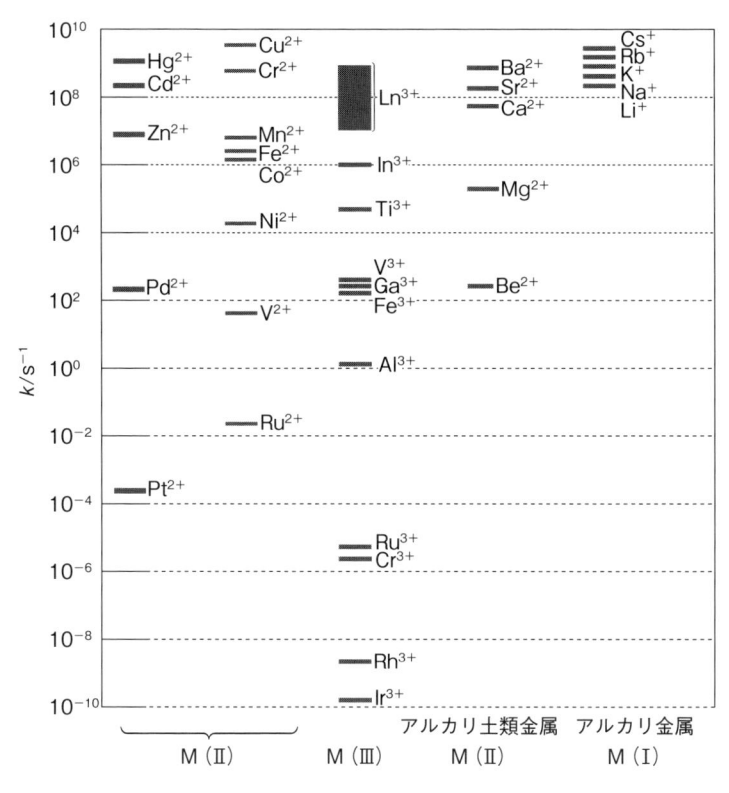

図 6.1 配位水の交換速度 (25 ℃)

$$k = \frac{0.693}{t_{1/2}} \tag{6.2}$$

表 6.1 に示した置換活性な金属イオンは，大雑把にはこの図で $1\,\mathrm{s}^{-1}$ より大きな速度定数を持つ金属イオンであると思えばよい．この図からまずわかることは，速度定数が極めて広範囲にわたって分布していることである．最も速度定数の大きいものと最も小さいものとでは桁数で 20 もの差がある．すなわち，反応速度が 10^{20} 倍も異なる．同じ元素でも酸化数が異なれば，反応速度定数は大きく異なるのが普通である．極めて大きな違いを示す例とし

てクロムの場合があげられる．すなわち，クロム(III)の速度定数は室温で $10^{-6}\,\mathrm{s^{-1}}$ のオーダーであるのに対し，クロム(II)の場合は $10^9\,\mathrm{s^{-1}}$ のオーダーとなり，その違いは15桁にも及ぶ．このことは，反応速度に関する限り，同じ元素でも酸化数が異なれば全く別のものとして理解すべきであることを示している．金属イオンを指定するときは，元素名と同時に酸化数も指定することがいかに重要であるかがこのことからよくわかるであろう．

桁違い

6.2.1項で述べたように，クロム(II)とクロム(III)の置換反応速度の差は，10^{15} に及ぶ．一口に 10^{15} といっても実感が湧きにくいが，これは極めて大きな差である．

日常会話でも，全く違う大きさ・量を示すのに"桁違い"という言葉を使うが，この言葉を使う際にも15桁も違うものを想像することは困難である．例えば，いわゆる普通の人と金持ちの人がいたとして，その小遣いが，一万円と一億円であっても，その違いはたかだか4桁に過ぎない．スポーツで桁違いの強さといっても，6桁（100万倍）も勝ち数が多いことはあり得ない（もちろん0勝は何万倍しても1勝にはならないので，難しいところではあるが）．中国と日本の人口の違いも桁でいったら1桁程度であり，そもそも15桁の個数の"何か"を想像することは極めて困難である．

自然科学では，このような"桁違い"の例が速度定数に限らず多く見られる．第5章で扱った平衡定数などもその例で，大きな平衡定数を持つものでは 10^{20} を超すような平衡定数の反応が現れる．これは，実に大きな数で，1 mol で反応をさせたときに，10^{24} 個の分子のうち1万個を残して，すべてが反応してしまうという量である．「99.99 % そんなことは起こらない」といわれたら，まあ安心してよいと思うのが普通であるが，平衡定数で考えると，たかだか 10^4 ということになる．

先のクロムの反応速度を考える際に，クロム(II)の反応が1秒で終わった

とする．同じような反応をクロム(III)を用いて行うと，およそ 10^{15} 秒はかかることになる．1 時間がおよそ 4×10^3 秒，1 日がおよそ 9×10^4 秒，1 年がおよそ 3×10^7 秒，と考えていくと，クロム(III)の反応は 10^8 年，実に一億年近くかかるということがわかる．10^{15} 遅いということは，"事実上起こらない"ということなのである．コバルトイオンの場合でも 2 価と 3 価で，反応速度はおよそ 12 桁異なる．コバルト(III)の錯体を合成するのにコバルト(II)を用いることが多いが，合成反応を効率的に起こさせるためには，これも当然のことである．

6.2.2 配位子置換反応の速度を決める要因

次に，反応速度にこのような大きな違いが生じる要因を考えよう．反応速度に大きな影響を持つのは，典型金属イオンの場合には酸化数およびイオン半径であるが，遷移金属イオンの場合には d 電子数がこれらを凌ぐ効果を与える．

酸化数の影響を見るには，図 6.1 で，第 1，第 2 および第 13 族の，それぞれ +1 価，+2 価，+3 価の典型金属イオンの反応速度を比較するのがよい．図 6.1 から明らかなように，反応速度定数は概ね $M^+ > M^{2+} > M^{3+}$ の順序となる．すなわち，酸化数が大きいほど反応速度定数が小さくなる．さらに同族で同じ酸化数の金属イオンを比べると，周期表で下にいくほど速度定数が大きくなる傾向がある．以上のことは，反応速度の支配要因として，静電的効果が重要であることを示している．すなわち，電荷が大きく，電荷密度が大きいほど，金属イオンと配位子の間の静電的引力が大きくなり，両者の間の結合が強くなるので配位子置換反応速度が小さくなることがわかる．

次に d 電子数の影響を見てみよう．**図 6.2** は，第一遷移系列の金属イオンについて，縦軸に配位水の交換反応速度の対数値を，横軸にその金属イオンの持つ d 電子数をプロットしたものである．酸化数 2+ の場合と 3+ の場合を別々に線で結んである．測定点の数が十分とはいえないが，2 つの線は

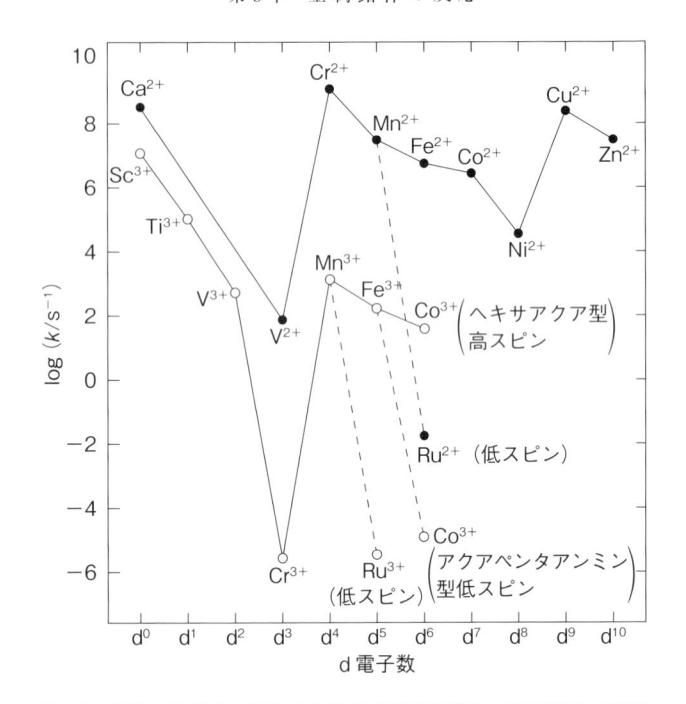

図 6.2 遷移金属錯体の配位水交換反応速度定数と d 電子数との関連

似た傾向を示している．そして，+3 価の金属イオンに対する線の方が，速度定数にして数桁小さい方向にシフトしている．すなわち，金属イオンの d 電子数が同じならば，酸化数が大きい方が，反応速度が小さいことを示しており，典型金属イオンの場合に示した酸化数の効果がここでも現れていることがわかる．図 6.2 の 2 つのプロットの間隔をさらに詳しく見ると，+2 価と +3 価の金属イオンでは，同じ d 電子数のとき，後者が $10^2 \sim 10^8$ ほど反応速度定数が小さいことがわかる．しかし，d 電子数の効果は，+2 価遷移金属イオンで見ると，10^8 以上の広がりをもち，酸化数の影響を上回ることがわかる．

　図 6.2 のプロットの形をよく見ると，4.4.1 項 (c) で述べた結晶場安定化エネルギーの傾向と似ていることがわかる．すなわち，結晶場安定化エネル

ギーの大きい d^3 のクロム(III)や d^6 低スピンのコバルト(III)の場合に，反応速度定数が小さい．さらに第二遷移系列の金属元素に対象を広げても，d^6 低スピンのルテニウム(II)，ロジウム(III)，イリジウム(III)錯体などが，反応速度定数が小さい（図6.1参照）．

このように反応速度定数は結晶場安定化エネルギーと似た傾向を示すが，これを理論的に裏付けるには，結晶場活性化エネルギーを考えなければいけない．配位子置換反応の過程では，1つ配位数の多い中間体あるいは1つ配位数の少ない中間体を考える（後述）が，これらの中間体についても結晶場安定化エネルギーを計算することができる．そして，もとの6配位八面体型とこの中間体のエネルギー差（**結晶場活性化エネルギー（crystal field activation energy)**）が大きいほど反応が起こるために必要なエネルギーが大きく，反応速度は小さいと考える．このようにして求めた結晶場活性化エネルギーは，いずれの中間体を考えても，6配位八面体型の結晶場安定化エネルギーとある程度対応する関係にある．このため，見かけ上 結晶場安定化エネルギーが関係しているように見えるわけである

本節の最初に，酸化数が大きくなるほど配位子置換反応速度が小さくなることを述べた．これらの事実は，典型金属の +1価，+2価，+3価イオンの錯体，遷移金属で同じd電子数の +2価，+3価イオンの錯体について見られたものであり，金属イオンの電荷密度が大きいほど反応速度は小さくなると説明された．この考えを延長すれば，+4価，+5価の金属イオンは，順次ますます配位子置換反応速度が小さくなると予想される．しかし，実際に観測された配位子置換反応速度はそのような傾向を示さず，+4価，+5価の金属イオンでむしろ大きくなっている．

この理由は，金属イオンの構造を見ればわかる．一般に金属イオンの酸化数が高くなるにつれ，金属イオンと配位水の結合は強くなり，配位水はプロトンを解離しやすくなる．上の +3価金属錯体の配位子置換反応の速度は，配位水の酸解離が起きない酸性の溶液中で測定したものである．+4価以上

の金属イオンでは，たとえ，溶液を酸性としても，配位水がプロトン解離を起こし，金属イオンはOH^-またはO^{2-}が配位した形をとるようになる．このような例として，バナジウム(IV)の$[VO(H_2O)_5]^{2+}$があげられる（図3.2参照）．この場合，配位水の交換速度定数は，室温で$10^4\ s^{-1}$程度となり，極めて大きい．これは，配位したO^{2-}がバナジウム(IV)と強く結合するために，他の部位に配位した配位水とバナジウムイオンの結合，特にトランス位の結合を弱め，その部位の置換反応を促進するからである（**トランス効果(trans effect)**）．このように，高い酸化数ではO^{2-}の配位によって，他の配位部位の置換反応が促進され，配位子置換反応速度は同じd電子数の+2価や+3価の金属イオンよりも大きくなる．

次に配位子の種類による反応速度の違いについて考える．アセチルアセトナトイオン（$acac^-$）が3個金属イオンM^{n+}に配位した錯体$[M(acac)_3]^{(n-3)+}$（図6.3）が，多くの金属イオンについて知られている．そして，この錯体のアセチルアセトン（Hacac）溶液中での$acac^-$配位子の交換反応（式6.3）の速度が，幅広い金属イオンについて調べられている．

$$[M(acac)_3]^{(n-3)+} + Hacac^* \rightarrow [M(acac^*)(acac)_{n-1}]^{(n-3)+} + Hacac \tag{6.3}$$

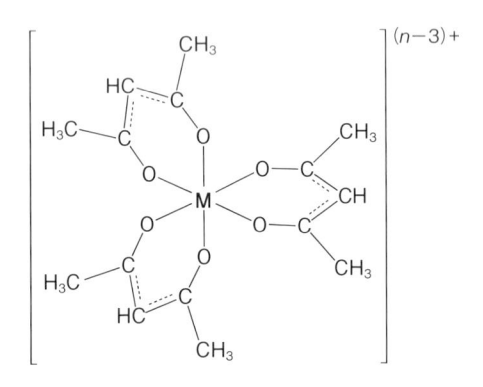

図6.3　八面体型トリス（アセチルアセトナト）錯体の構造

この場合も Hacac*，acac* は単に式の上での区別のために用いている．この反応の速度定数 (k_{acac}) は，同じ金属イオンの配位水の交換速度定数 (k_{H_2O})) に比べればずっと小さい（例えばクロム(III)では，$4 \times 10^{-10}\,\mathrm{s^{-1}}$ (25 ℃) である）．しかしながら，同じ金属イオンについての2つの反応の速度定数の比，k_{H_2O}/k_{acac}，をとったとき，この比は金属イオンの種類にかかわらずほぼ一定である．このことは，式 6.1 と式 6.3 の反応では，反応速度定数に大きな違いがあるものの，金属イオン間で速度定数の相対値を比べた場合，あまり大きな違いがないことを示している．したがって，図 6.1 および図 6.2 に示した配位水の交換反応速度定数の比較は，金属イオンの配位子置換反応の一般的な傾向を示すものと考えてよいことがわかる．

6.2.3 置換しない配位子の影響

水の配位した錯体 $[M(H_2O)_m]^{n+}$ の配位子の一部が別の配位子となった場合には，H_2O の置換反応速度はその配位子の影響を受けて変わってくる．一般に，$[M(H_2O)_m]^{n+}$ の配位水の一部を他の配位子で置換する反応の速さは pH に依存し，pH が高いほど速くなる傾向がある．これは，配位水の一つがプロトン解離して生ずる $[M(OH)(H_2O)_{m-1}]^{(n-1)+}$ の配位子置換反応速度が，もとの $[M(H_2O)_m]^{n+}$ に比べて大きいからである．

配位水の1つを Cl^- で置換する反応の速度を，アクア錯体とヒドロキソ錯体で比較してみよう．クロム(III) のヘキサアクア錯体 $[Cr(H_2O)_6]^{3+}$ の配位水の1つを Cl^- で置換して $[CrCl(H_2O)_5]^{2+}$ を生ずる反応の速度定数は，$4.3 \times 10^{-7}\,\mathrm{M^{-1}s^{-1}}$ である．これに対し，$[Cr(OH)(H_2O)_5]^{2+}$ から，$[CrCl(OH)(H_2O)_4]^+$ を生成する反応の速度定数は $2.8 \times 10^{-5}\,\mathrm{M^{-1}s^{-1}}$ で，これは $[Cr(H_2O)_6]^{3+}$ に比べ約 65 倍大きい．$[Cr(H_2O)_6]^{3+}$ の配位水の pK_a は 3.9 であるから，pH = 1 でも $[Cr(OH)(H_2O)_5]^{2+}$ の寄与は約 6% あることになり，たとえ酸性の水溶液中でも配位水の酸解離の影響を無視できないことになる．

さて，$[Cr(OH)(H_2O)_5]^{2+}$ の OH^- が他の配位水の置換反応を促進する理由は，OH^- が H_2O に比べ，金属イオンに強く配位することにより，他の配位水と金属イオンとの結合を弱めたものと理解される．6.2.2項で述べた $[VO(H_2O)_5]^{2+}$ の H_2O 交換反応速度が大きい理由も，O^{2-} が OH^- よりもさらに強く配位することによって，より強い活性化効果を生じるためである．$[Cr(NH_3)_5(H_2O)]^{3+}$ の配位水の交換速度定数は $5.2 \times 10^{-5}\,\mathrm{s}^{-1}$ であり，$[Cr(H_2O)_6]^{3+}$ に比べ，約20倍も大きい．これも，5つの H_2O が NH_3 に置き代わったことによる NH_3 の活性化効果によると考えられる．一般には，塩基性の強い配位子がより強い活性化効果を持つと考えてよい．

6.2.4　配位子置換反応の機構

化学反応では，原系からスタートし，エネルギーの高い状態を経由して生成物に至る．反応の過程でのエネルギーの最も高い状態を**遷移状態**（transition state）という．途中に中間体が生ずる場合もある．この場合の中間体とは，遷移状態を経由して生ずるエネルギー的に準安定な状態を指す．

反応機構の概略を図6.4に示す．まず，中間体が生ずる場合を考える．配位子置換反応では，解離していく配位子の解離が先に起こり，配位数が一つ減少した中間体を生ずる場合と，進入してくる配位子が結合して配位数の1つ多い中間体を生ずる場合が考えられる．錯体化学では前者を **D 機構**（dissociative mechanism），後者を **A 機構**（associative mechanism）と呼ぶ．これらはそれぞれ有機化学反応における S_N1 機構と S_N2 機構に相当する．これらの機構では，中間体は一番エネルギーの高い状態（遷移状態）よりややエネルギーの低い，幾分安定化された状態である．実際の錯体の反応ではそのような明確な中間体を生ずる場合は少なく，解離する配位子と入ってくる配位子のいずれもが弱く配位した遷移状態を経由することが多いとされている．このように中間体が生成しない機構を **I 機構**（interchange mechanism）と呼ぶ．さらに，I 機構は，遷移状態において解離配位子の結合の切断の寄

6.2 配位子置換反応

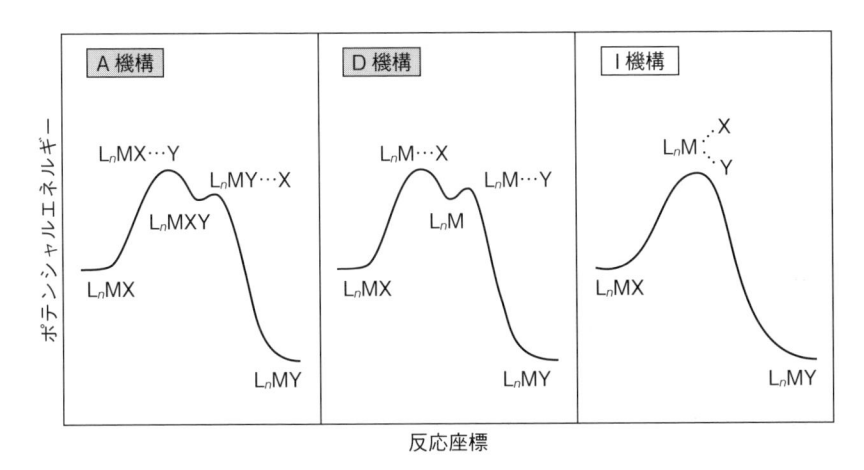

図 6.4 配位子置換反応の機構
M：金属イオン，X：脱離する配位子，Y：進入する配位子，L：置換されない配位子
(舟橋重信 著：『無機溶液反応の化学』裳華房 (1998) より)

与がより大きい I_d **機構**(dissociative interchange mechanism) と，進入してくる配位子の結合生成の寄与が大きい I_a **機構**(associative interchange mechanism) に分類される．

次に，実際に反応機構の識別に用いられる手法について述べる．A機構とD機構とに分類される反応では，中間体の検出が反応機構の識別の決め手となる．しかし，実際の錯体の反応では，中間体が見いだされることは少ない．平面型の白金(II)錯体で，平面の上に置換してくる配位子が結合した5配位の中間体の例があげられる程度である．中間体が検出されていない反応については，準安定な状態が生じないと見なして，反応機構をI機構に分類する場合が多い．

I機構は，さらに I_d 機構と I_a 機構とに分類されるが，これらを見分けるには次のような方法がとられる．第一に，反応速度に対する進入してくる配位子の影響があげられる．影響が大きい場合には I_a 機構に，影響が小さい場合には I_d 機構に帰属される．影響が大きい場合には進入してくる配位子

が金属中心と結合する過程が反応速度に効いていると判断できるからである．

　反応速度の温度依存性から求められる活性化パラメータ $\Delta H^{\neq}$, $\Delta S^{\neq}$ （上付きの $\neq$ は活性化過程に対するパラメータであることを示す）も機構の区別に用いられる．活性化エンタルピー $\Delta H^{\neq}$ は結合の切断が主な過程であるときに大きな値をとるので，I_d 機構のときに値が大きい．一方，活性化エントロピー $\Delta S^{\neq}$ は，遷移状態で化学種の増加が起こるとき，正の値をとるが，そのような状況は I_d 機構の遷移状態に近いので，正の値が I_d 機構に，負の値が I_a 機構に対応すると考えられる．ただし，実際に求められる $\Delta S^{\neq}$ の値は大きな誤差を伴うので，これを機構の判断の基準とする場合には注意しなければいけない．

　反応速度の圧力依存性から求められる活性化体積 $\Delta V^{\neq}$ も，反応機構を見分ける有力な手段として用いられている．活性化体積は遷移状態の体積と反応前の状態の体積の差を表すので，この値が正のときは遷移状態で体積が増加することを意味し，I_d 機構に対応する．I_d 機構では，遷移状態で配位子が解離している状態に近く，化学種が増加すると近似できる状態なので，体積が増加すると考えられる．

　表 6.2 に，いろいろの金属イオンの錯体の配位水交換反応の速度と機構をまとめる．+2 価金属イオンの錯体の配位水交換反応については，主に第一遷移系列の金属イオンについて研究が行われており，概ね I_d 機構に分類される．一方，+3 価金属イオンの錯体の場合には，配位水交換反応は概ね I_a 機構に分類される．この違いは，+3 価の金属イオンの方が配位子との結合が強く，この結合を切るために進入配位子の攻撃が重要となるからである．同じ酸化数の金属イオンの錯体の間では，イオン半径が大きいほど I_a 的 (associative) な傾向が増す傾向にある．+2 価金属イオンの錯体では，イオン半径が最も大きいマンガン(II) 錯体の置換反応はむしろ I_a 機構であるとされている．これに対し，+3 価金属イオンの中ではイオン半

表 6.2 アクア金属錯体の配位水交換反応速度定数と反応機構

金属イオン	金属イオンの半径 (Å)	錯体	配位水交換反応速度定数 (298 K)/s^{-1}	反応機構
V(II)	0.93	$[V(H_2O)_6]^{2+}$	90	I_d
Mn(II)	0.97 (高スピン)	$[Mn(H_2O)_6]^{2+}$	2.3×10^7	I_a
Fe(II)	0.92 (高スピン)	$[Fe(H_2O)_6]^{2+}$	3.2×10^6	I_d
Co(II)	0.89 (高スピン)	$[Co(H_2O)_6]^{2+}$	2.2×10^6	I_d
Ni(II)	0.83	$[Ni(H_2O)_6]^{2+}$	3.2×10^4	I_d
Al(III)	0.68	$[Al(H_2O)_6]^{3+}$	1.3	I_a
Ga(III)	0.76	$[Ga(H_2O)_6]^{3+}$	400	I_a
V(III)	0.78	$[V(H_2O)_6]^{3+}$	500	I_a
Cr(III)	0.76	$[Cr(H_2O)_6]^{2+}$	2.5×10^{-6}	I_a
	0.76	$[Cr(NH_3)_5(H_2O)]^{2+}$	5.2×10^{-5}	I_d
Fe(III)	0.79 (高スピン)	$[Fe(H_2O)_6]^{2+}$	160	I_a
Co(III)	0.69 (低スピン)	$[Co(NH_3)_5(H_2O)]^{2+}$	5.9×10^{-6}	I_d

径が小さいアルミニウム(III)やコバルト(III)の錯体は，I_d 機構で配位子置換反応が進行するとされている．一方，置換されない配位子の影響もあり，例えば $[Cr(H_2O)_3]^{3+}$ の配位水交換反応は I_a 機構で反応が進行するが，$[Cr(NH_3)_5(H_2O)]^{3+}$ の配位水交換反応ではより塩基性の強い NH_3 の影響で $Cr-O(H_2)$ の結合が弱まる分，反応速度も大きくなり機構も I_d となる．

6.3 酸化還元反応

6.3.1 酸化還元反応の起こりやすさ

遷移金属元素の大きな特徴として，複数の酸化数を安定にとることがあげられる．この複数の酸化状態の間の行き来が酸化還元反応であるから，酸化還元反応は遷移金属錯体の最も重要な反応の1つであるといえよう．ある2つの化学種の間に酸化還元反応が起こるかどうかについて，化学平衡の立場から判定するにはそれらの化学種の関与する酸化還元電位を参照すればよい（酸化還元電位については 2.2.2 項を参照）．

具体例で説明しよう．$[Fe(H_2O)_3]^{3+}$ が $[Cr(H_2O)_6]^{2+}$ により還元されるかどうかを判定する．この反応が起これば，鉄(III) が鉄(II) に還元されるのと同時に，クロム(II) はクロム(III) に酸化される．酸化還元対となる $[Fe(H_2O)_6]^{2+}$ と $[Fe(H_2O)_3]^{3+}$ の間の酸化還元電位は 0.771 V vs NHE で，$[Cr(H_2O)_6]^{2+}$ と $[Cr(H_2O)_3]^{3+}$ の間の電位は -0.424 V vs NHE である．このとき，電位がより正である酸化還元対の酸化体（ここでは，$[Fe(H_2O)_6]^{2+}/[Fe(H_2O)_3]^{3+}$ 対のうちの $[Fe(H_2O)_3]^{3+}$）と，より負である酸化還元対の還元体（ここでは，$[Cr(H_2O)_6]^{2+}/[Cr(H_2O)_3]^{3+}$ 対のうちの $[Cr(H_2O)_6]^{2+}$）の間で酸化還元反応が起こる方向に平衡が移動する．すなわち，平衡論的には式 6.4 に示したような方向が有利である．逆に $[Fe(H_2O)_6]^{2+}$ と $[Cr(H_2O)_3]^{3+}$ との間の反応，すなわち式 6.4 を左向きに進む反応は平衡論的には不利である．

$$[Fe(H_2O)_3]^{3+} + [Cr(H_2O)_6]^{2+} \rightarrow [Fe(H_2O)_3]^{3+} + [Cr(H_2O)_6]^{2+} \tag{6.4}$$

以上は，平衡論的な立場からの判定であり，実際には酸化還元電位の差がある程度以上大きくないと，反応は効率的には起こらない．酸化還元反応が効率よく進行するには，酸化還元電位に 0.6 V 以上の差が必要であるといわれている．上の例では，酸化還元電位の差が 1.205 V あるので，反応は速やかに進行する．

第2章の図2.3で説明したように，遷移元素では周期表を後に進むにつれ低い酸化状態がより安定となる傾向がある．したがって，より強い酸化剤は周期表後半の元素の高い酸化状態，より強い還元剤は周期表前半の元素の低い酸化状態のものに見られることになる．しかし，実際には酸化力，還元力が極めて大きな酸化数は不安定で，そのような酸化数を持つ化合物は安定には手に入れにくい．したがって，よく用いられる酸化剤，還元剤は周期表の中ほどの元素のそれぞれ高い酸化数のイオン，低い酸化数のイオンの化合物に多い．よく用いられる酸化剤，還元剤を**表 6.3** に示した．典型的な酸化剤はクロム(VI) を含むクロム酸イオンや二クロム酸イオン，マンガン(VII)

表6.3 金属錯体の反応の研究によく用いられる酸化剤および還元剤

酸化剤	還元剤
Cr(VI)((二)クロム酸イオン), Mn(VII)(過マンガン酸イオン), Ce(IV), Ir(IV)($[IrCl_6]^{2-}$), Pb(IV), Sn(IV), Fe(III)($[Fe(phen)_3]^{3+}$(phen:1,10-フェナントロリン)など), ClO_3^-, Cl_2, Br_2, I_2, Ag(I)	Cr(II), Fe(II), V(II), Eu(II), Ti(III), Ru(II)($[Ru(NH_3)_6]^{2+}$など), NH_2NH_2

の過マンガン酸イオンなどであり,強い還元剤はクロム(II),バナジウム(II)イオンなどである.反応速度や機構の研究では鉄(II),鉄(III)などの酸化還元力がより弱いものが用いられることも多い.

6.3.2 外圏型反応機構と内圏型反応機構

酸化還元反応では,還元剤から酸化剤に電子が移動する.最も単純な酸化還元反応は,酸化還元反応の前後で酸化剤,還元剤のどちらにも基本的な構造の変化がなく,電子だけが飛び移ると考えられるものである.このような酸化還元反応(電子移動反応と呼んでもよい)の機構を**外圏型反応機構**(outer-sphere reaction mechanism)という.ここで使われている「圏」とは配位圏のことであり,金属錯体の配位子までを含む領域を指す.外圏型反応機構では,酸化される錯体,還元される錯体のいずれの配位圏にも変化のないまま,電子が還元剤から酸化剤に移動する.すなわち,外圏型反応機構では,酸化還元の前後で金属イオンと配位子の間の結合の切断や生成は起こらない.

実際の酸化還元反応では,反応に伴って原子や原子団,イオンなどが酸化還元剤の間で移動する場合がむしろ一般的である.このようにして起こる酸化還元反応の機構は,**内圏型反応機構**(inner-sphere reaction mechanism)と呼ばれる.この機構では,酸化還元過程で金属イオンと配位子の間の結合の切断と生成が起こる.内圏型反応機構の典型的な例としてよく示される例は,コバルト(III)錯イオンである$[CoCl(NH_3)_5]^{2+}$を,クロム(II)アクアイオ

ン $[Cr(H_2O)_6]^{2+}$ で還元する反応（水溶液中）である．この反応の結果生ずる生成物は，$[Co(H_2O)_6]^{2+}$ と $[CrCl(H_2O)_5]^{2+}$ であるが，酸化還元反応に先立ち，置換活性な Cr の配位水の 1 つが Co に配位している Cl^- の攻撃により置換され，Cl^- が架橋した中間体 $[(NH_3)_5Co-Cl-Cr(H_2O)_5]^{4+}$ が生成すると考えられている．酸化還元は，電子がこの架橋を通って Cr から Co へ移動することによって完結する．これを式 6.5 にまとめる．

$$[Co^{III}Cl(NH_3)_5]^{2+} + [Cr^{II}(H_2O)_6]^{2+} \rightarrow$$
$$[(NH_3)_5Co^{III}-Cl-Cr^{II}(H_2O)_5]^{4+} \rightarrow$$
$$[(NH_3)_5Co^{II}-Cl-Cr^{III}(H_2O)_5]^{4+} \rightarrow$$
$$[Co^{II}(H_2O)_6]^{2+} + 5\,NH_3 + [Cr^{III}Cl(H_2O)_5]^{2+} \qquad (6.5)$$

この反応では，酸化還元の前後で金属イオンの置換活性，置換不活性の関係が式 6.6 に示すように逆転する．すなわち，電子移動により置換活性なコバルト(II) が生ずるので，すべての配位子が溶媒の H_2O で置換されてしまう．一方，クロム(III) は置換不活性なので，架橋 Cl^- はそのまま配位圏に留まる．

$$\text{Co(III)} + \text{Cr(II)} \rightarrow \text{Co(II)} + \text{Cr(III)}$$
置換不活性　置換活性　　置換活性　置換不活性 　　　(6.6)

ここで示した例は，置換活性，不活性の変換がうまく起こるため，架橋配位子が置換不活性の生成物側に留まり，反応機構の見分けが明瞭となる場合である．しかし，一般には，酸化還元反応が内圏型，外圏型のどちらの反応機構で進行するかを判定するのはそう簡単ではない．反応生成物の配位圏の構造が反応前と異なるからといって，内圏型反応機構で電子移動が起こっているとはいえない．電子移動終了後，速やかに生成物の配位圏の変化が起こっている場合もあるので注意が必要である．例えば，水溶液中で $[Co^{III}(NH_3)_6]^{3+}$ を $[Cr^{II}(H_2O)_6]^{2+}$ で還元する反応では，$[Co^{II}(H_2O)_6]^{2+}$ と $[Cr^{III}(H_2O)_6]^{2+}$ が生成する（式 6.7）が，配位子の NH_3 は置換不活性の Co(III) の状態では外れる可能性はなく，かつ架橋配位子として働く可能性も

ない．したがって，外圏型反応機構で置換活性な $[Co^{II}(NH_3)_6]^{2+}$ が生成した後，NH_3 が速やかに外れるものと考えられる．

$$[Co^{III}(NH_3)_6]^{3+} + [Cr^{II}(H_2O)_6]^{2+} \rightarrow [Co^{II}(NH_3)_6]^{2+} + [Cr^{III}(H_2O)_6]^{3+}$$
$$[Co^{II}(NH_3)_6]^{2+} \rightarrow [Co^{II}(H_2O)_6]^{2+} + 6\,NH_3 \qquad (6.7)$$

酸化還元対の少なくとも一方の配位圏に変化がなく，かつ配位子が架橋として働く可能性がない場合には，電子移動は外圏型機構で進行すると考えてよいが，逆に架橋配位子があっても酸化還元に関わる錯体の置換反応速度が遅く，架橋中間体の生成が速やかに起こりにくい場合には，中間体生成が起こる前に外圏型で電子移動反応が進行することもある．

6.3.3 原子移動反応機構

過塩素酸イオン ClO_4^- が酸化剤として働くとき，二電子還元種である ClO_3^- が生ずるが，その際，酸素のうちの1個が相手側に移動する．この場合，酸素原子が相手側との間に架橋として働き，架橋中間状態を経て還元剤側に移動すると考えられる．すなわち，Cl に結合していた酸化物イオン O^{2-} が，電子を2個 Cl に預けて移動したことになる．この反応は，反応機構としては内圏型に分類される．ClO_4^- などのオキソイオンが関与する酸化還元反応は，多くの場合，このような内圏型反応機構で進行すると考えられる．すなわち，酸素による橋架け構造が生じ，この酸素がもとの中心元素に電子を残して移動する（図 6.5）．このような酸化還元反応の機構を特に**原子移動機構**（atom transfer mechanism）と呼ぶ．中性の原子が移動すること

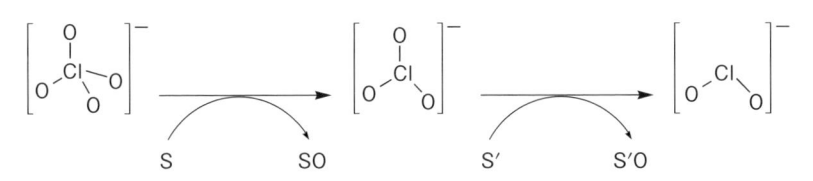

図 6.5 塩素の酸素酸イオンによる酸化反応における原子移動反応機構（S, S′ は酸化される基質）

が多いが，時には不安定な酸化数のイオンやラジカルが移動すると考えられる例もある．

式 6.5 に示したコバルト (III) 錯体とクロム (II) 錯体の間の内圏型酸化還元反応の実例も，見方を変えると，コバルトの配位圏からクロムの配位圏へ塩素 (Cl) 原子が移動したと見ることもできる．原子移動反応は，Cl^- や O^{2-} などの配位子が，もとの酸化剤錯体に電子を置いたまま通常は不安定な Cl 原子，O 原子などとして移動し，移動先の還元体錯体で電子を受け取って安定化するような機構で起こると見ることができる．

6.3.4 酸化還元反応の速度

酸化還元反応の速度は，一般には極めて速く，1 秒以下で終わることが多い．この速い反応は，電子が還元剤から酸化剤に移動する反応であると考えられがちであるが，実は電子が移る速度はさらに大きく 10^{-13} s 程度であるといわれており，観測される速度は電子の移動速度ではない．実際に観測される電子移動反応速度は，電子が移動できる状態に錯体が構造を変える過程を反映している．このことを $[Fe(H_2O)_6]^{2+}$ が $[Fe(H_2O)_6]^{3+}$ に酸化される過程を取り上げて説明する．

図 6.6 に Fe－O 距離とそのエネルギーの関係を示す．縦軸で上にいくほどエネルギーが高く，その状態は不安定である．最も安定な Fe－O の結合距離は鉄 (II) で 2.21 Å，鉄 (III) で 2.05 Å である．これらの距離より長くても，また短くても不安定となる．一方，電子の移動は速やかで，その間には結合距離の変化などの構造変化は全く起こらない (**フランク－コンドン** (Franck-Condon) **の原理**)．

さて，安定な鉄 (II) の $[Fe(H_2O)_6]^{2+}$ をその安定な Fe－O 距離のまま，一電子酸化，すなわち電子を奪い取ると，生ずる $[Fe(H_2O)_6]^{3+}$ は極めて不安定な Fe－O 距離を持った状態になる．そのような不利な反応は通常は起こらない．図で，2 つの錯体のエネルギー曲線が交差した点がある．このとき

6.3 酸化還元反応

```
エネルギー
           Fe^III           Fe^II


                      ●
                  ↕
                         → このエネルギー
                             が必要

              2.05  2.21
              Fe－O 距離/Å
```

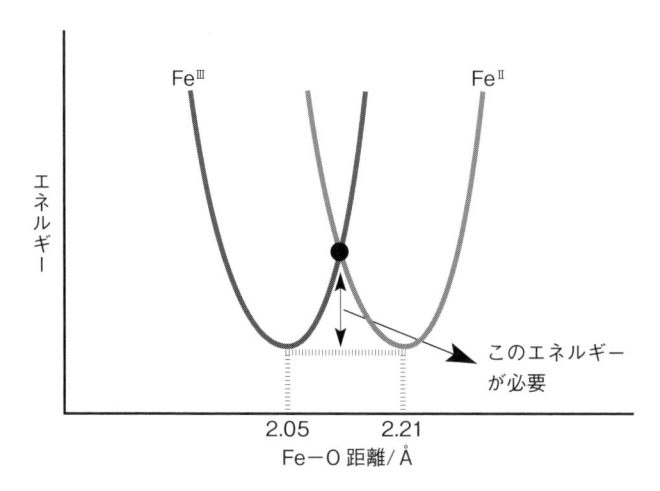

図 6.6　Fe(II) と Fe(III) の Fe－O 距離とエネルギーの関連

の Fe－O 距離では，両者ともある程度不安定で，Fe(II)－O，Fe(III)－O のいずれの酸化状態でもエネルギーが等しい．すなわち，電子が移動しても安定度に全く変化がない．電子はこのような状態のときに移動すると考えられる．さて，Fe－O 距離がそのような適度に不安定な状態となるためのエネルギーは通常熱振動で与えられる．このようにして電子移動に都合のよい Fe－O 距離の錯体が生ずる割合は極めて低いため，溶液内の錯体全体が電子移動反応を受ける速度は遅いのである．今は，鉄(II) を酸化する場合について述べたが，同様のことが酸化剤側でも起こっており，酸化還元剤の両者が電子移動に適切な結合距離になったときに実際の電子移動反応が起こるのである．

以上，結合距離の立場から電子移動が起こる条件を述べたが，同様の問題が溶媒和の立場からも起こる．酸化還元反応では，金属錯体の電荷が変わるので，錯体のまわりに引き付けられている溶媒の引き付けられ方にも大きな変化が起こる．この場合にも，溶媒の引き付けられ方の強弱が変化し，電子移動の前後で溶媒和のエネルギーに変化がないような状態にならないと効率

的に電子が移動できない．実際の電子移動は，結合距離などの錯体の構造変化，溶媒和エネルギーの変化などが，酸化還元剤の両方でちょうど電子移動に都合のよい状態となったときに起こるのである．

6.4 多核錯体の反応性

これまでは，単核錯体の反応性について述べてきた．錯体の中には，多核錯体も多く，その反応性は単核錯体と異なる場合も多い．したがって，多核錯体に特徴的な反応性についても理解しておくことが必要である．

6.4.1 配位子置換反応

6.2.3 項で，配位子置換反応の速度は，置換される配位子の種類だけでなく，共存する配位子の影響を受けて大きく変わることを述べた．1つのユニット内に複数の金属中心が存在する多核錯体においては，これらの影響に加え，金属原子間の相互作用により配位子置換反応の速度が大きな影響を受ける．次にその概要を述べる．

まず，金属間に直接の相互作用がある場合について考えてみる．金属－金属間結合は，その向い側の配位子の置換反応を著しく活性化する傾向がある．例えば，M－M 結合を持つ $M_2(CH_3COO)_4L_2$ 型（図 6.7）の錯体は，M = Mo(II), Re(III), Ru(II, III), Rh(II), W(II) など多くの金属イオンにおいて知られている（図 3.10～3.12 参照）が，金属間結合のトランス位にある配位

L－M－M－L + 2L' ⇌ L'－M－M－L' + 2L

⌣ は酢酸イオンのような架橋配位子

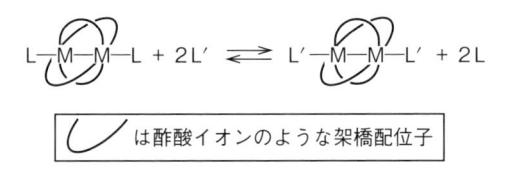

図 6.7 金属－金属間結合（M－M）を持つ複核錯体の非架橋配位子の置換反応

子Lは，Mの種類にかかわらず，溶液中で速やかに配位子交換反応を起こしており（式6.8），その速さは概ね1秒以下である．

$$M_2(CH_3COO)_4L_2 + 2L' \rightarrow M_2(CH_3COO)_4L'_2 + 2L \quad (6.8)$$

金属間結合のトランス効果を顕著に示す例に酢酸架橋型白金(II)四核錯体がある（図3.10 (f) 参照）．この錯体は，4個の白金(II)が白金-白金間結合で四角形を形成しており，まわりを架橋の酢酸イオンが取り巻いている．酢酸イオンには2種類あり，一方は四角形の面内で架橋しているもので，他方は面に垂直方向で架橋しているものである．酢酸イオンを含む溶液内では，面内の酢酸イオンが溶液内に溶かした酢酸イオンと1秒以下の速い速度で交換しているのに対し，面に垂直方向の酢酸イオンは1ヶ月後でも交換しない．これは，面内の酢酸イオンが白金間結合のトランス効果を受けて置換活性となっているのに対し，面に垂直方向の酢酸イオンにはそのような活性化効果が働かないからである．

金属-金属間結合のない錯体でも，架橋配位子がトランス効果を持つことが多く，その向い側の配位子を活性化する．例えば，中央にオキソイオン（酸化物イオン）を持つルテニウム(III)の三核錯体，$[Ru_3(\mu_3\text{-}O)(\mu\text{-}CH_3COO)_6(L)_3]^+$（図3.10 (c) のMがRuの場合）の非架橋の配位子Lの置換反応は，単核のルテニウム(III)錯体の置換反応に比べ数桁速い．この錯体には金属間結合は存在しないが，Lが中心のオキソイオンのトランス位にあるため，その活性化効果を受けたものと考えられる．このように，多核錯体ではたとえ金属-金属間結合がなくとも，架橋配位子の活性化効果を受ける場合が多いので，単核錯体より配位子置換反応が起こりやすくなっていると考えてよい．

6.4.2 電子移動反応

多核錯体では，酸化還元を受ける金属イオンが1つのユニット内に複数存在する．したがって，電子移動反応も多段階過程となる．ここでは，簡単の

ために複核錯体を取り上げる．一般には，複核錯体の2つの金属中心は互いに影響を受けるので，それぞれが独立に酸化還元を受けることは少なく，一方が酸化還元を受ければ，他方はこの影響を受けて，より酸化還元を受けにくくなる．これを定量的に表す指標として，第一段目および第二段目の2つの酸化還元過程の酸化還元電位の差があげられる．例として，ルテニウム(II)イオンにNH_3が5個配位したユニットがピラジンを架橋配位子として連結した複核錯体，$[(NH_3)_5Ru(\mu\text{-pyrazine})Ru(NH_3)_5]^{4+}$ を考える．この錯体の酸化は，金属中心の酸化状態で表現すると，次の式6.9のように2つの過程として示される．

$$\text{Ru(II)}-\text{Ru(II)} \xrightarrow{E_1} \text{Ru(II)}-\text{Ru(III)} \xrightarrow{E_2} \text{Ru(III)}-\text{Ru(III)} \quad (6.9)$$

この各過程の酸化還元電位，E_1, E_2 はそれぞれ，0.041, 0.121 V vs NHE であり，その差は大きい．途中に生ずる Ru(II)−Ru(III) の状態を**混合原子価状態**（mixed-valence state）（この錯体は，クロイツ−タウビー（Creutz-Taube）錯体として特に有名である）というが，この錯体の場合，混合原子価状態の存在する電位領域が広いことがわかる．この状態の熱力学的な安定度を示す指標として，式6.10に示す均化定数（comproportionation constant：K_{com}）がある．

$$K_{\text{com}} = \frac{[\text{Ru(II)}-\text{Ru(III)}]^2}{[\text{Ru(II)}-\text{Ru(II)}][\text{Ru(III)}-\text{Ru(III)}]} \quad (6.10)$$

K_{com} は2つの酸化還元過程の電位差 $\Delta E = E_1 - E_2$ と次の式6.11の関係で直接結びついており，差が大きいほど混合原子価状態は安定である．ここで，F はファラデー定数，R は気体定数，T は絶対温度である．

$$K_{\text{com}} = \exp\left(\frac{F\Delta E}{RT}\right) \quad (6.11)$$

一般には，混合原子価状態は金属間の相互作用が大きいほど大きくなるが，この場合の相互作用は金属イオンの静電的相互作用や軌道間の相互作用と考

えればよい．混合原子価状態はこの相互作用の大きさにより，クラス1，クラス2，クラス3の3種に分類される．クラス1は2つの金属イオンの軌道間に全く相互作用がない状態であり，クラス3は相互作用が強く，2つの金属イオンの電子軌道が重なり合って新たな分子軌道が生じている場合である．後者の場合，2つの金属イオンのどちらが酸化を受けたかを区別することはできない．クラス2の混合原子価状態はその中間で，相互作用はあるが2つの金属イオンの酸化状態は区別できる．

　反応速度や反応機構の面から見た場合，特に多核錯体だから反応が速いとか遅いという傾向はなく，反応機構も特に特徴的な点はない．すなわち，多核錯体の酸化還元反応速度や機構は，基本的には，単核錯体と同様に考えられる．

演習問題

[1] 平面型白金(II)錯体の配位子置換反応では，置換される配位子の向い側（トランス位）の配位子の影響が顕著で，以下のようなトランス効果の序列が知られている．

$CN^- >$ エチレン $> CH_3^- > SCN^- > Br^- > Cl^- >$ ピリジン $> NH_3 > OH^- > H_2O \sim F^-$

この序列の前の方の配位子ほど，そのトランス位の配位子の置換される速度が大きくなる．この序列から，配位子のどのような性質がトランス効果の序列を決めていると考えられるか考察せよ．

[2] $[M(H_2O)_6]^{3+} + Cl^- \rightarrow [MCl(H_2O)_5]^{2+}$ の反応の速度定数は，M = Cr のとき，$4.3 \times 10^{-7} M^{-1} s^{-1}$ で，M = Mo のとき，$6 \times 10^{-3} M^{-1} s^{-1}$ である（25℃）．

(1) 同じ6族元素である Cr と Mo 錯体がこのような大きな速度定数の違いを生ずる理由を考えよ．

(2) M = Mo のときの逆反応，$[MCl(H_2O)_5]^{2+} \rightarrow [M(H_2O)_6]^{3+} + Cl^-$ の速度定数は，$4.26 \times 10^{-4} s^{-1}$ (25℃) である．$[MCl(H_2O)_5]^{2+}$ の安定度定数を

求めよ.

[3] $[M(NH_3)_5(H_2O)]^{3+}$ を水に溶かしたときの溶媒の水と配位水との交換反応速度定数は,同じ 8 族元素のイオン,M = Co, Rh, Ir について順に 5.9×10^{-6} s^{-1}, $1.07 \times 10^{-5} s^{-1}$, $6.5 \times 10^{-8} s^{-1}$ となる.これらの反応の機構は,順に I_d, I_a, I_a とされている.反応速度が,Co < Rh > Ir となる理由を考察せよ.

[4] (1) 光学活性錯体,$[Cr(ox)_3]^{3-}$ (ox = $C_2O_4^{2-}$(シュウ酸イオン))は 1 M $HClO_4$ 水溶液中でラセミ化するが,このときの速度定数は,$1.38 \times 10^{-2} s^{-1}$ である.この錯体の水溶液中にシュウ酸イオンを加えた系での研究から,配位したシュウ酸イオンとの交換反応はラセミ化よりずっと遅いことが知られている.このことからどのようなことがいえるか.

(2) このラセミ化反応の過程では,キレート配位したシュウ酸イオンの配位酸素の一方が一旦切断することが知られている.このことから,反応の中間にどのような構造が生ずると考えられるか.

(3) $[Ni(en)_3]^{2+}$ (en:エチレンジアミン)のラセミ化反応は,キレート配位子の一方の切断が起こらずに進行すると考えられている.この場合,反応の中間にどのような構造が生ずると考えられるか.

[5] 2 つの Ru をオキソイオン 1 個,酢酸イオン 2 個で連結した複核錯体(図)が知られている.

(1) この錯体は $Ru_2(III, III)$ の状態で単離されるが,アセトニトリル溶液中では,複核当たり 1 電子ずつ還元を受け,順次 $Ru_2(II, III)$, $Ru_2(II, II)$ と変化する.このときの酸化還元電位はそれぞれ,-0.55 V および -1.16 V vs. Ag/AgCl である.この値から,混合原子価状態 $Ru_2(II, III)$ への均化定数 K_{com} を求めよ.

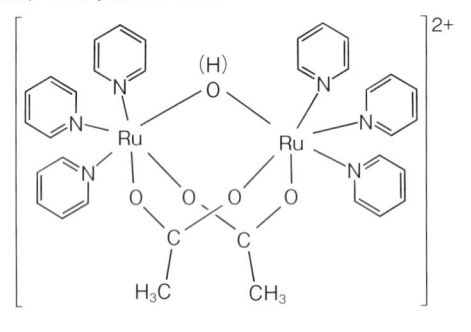

(2) この錯体のアセトニトリル溶液に,トリフルオロ酢酸などの強酸を加えると,オキソ架橋にプロトン付加が起こり,ヒドロキソ架橋錯体となる.このとき,$Ru_2(II, III)$,$Ru_2(II, II)$ への還元電位は順次,$+0.27$ V および

$-0.27\,\mathrm{V}$ となる．このような正電位側へのシフトの理由を述べよ．
(3) ヒドロキソ架橋錯体の混合原子価状態の均化定数を求め，オキソ架橋錯体の場合と比較考察せよ．

第7章 配位子から見た錯体化学

これまでの章では、金属錯体を主に金属イオンの側から見てきた。しかし、最近の錯体化学の進歩を眺めると、配位子の設計によって金属錯体の新しい性質が創出されてきた例が多い。配位子の側から錯体化学を眺める視点もまた重要である。本章では、配位子の構造と錯体の立体構造との関連を整理して述べた後、配位子の設計が錯体の立体構造にどのような変化をもたらし、それがどのような新しい性質に結び付いているかについても考える。

7.1 配位子に対する一般的なことがら

第3章では、配位数や配位原子の配置などのような、中心金属まわりの立体構造に対して大きな影響を及ぼさない配位子を扱った。この種の配位子としては、立体的に大きな置換基を持たない単座配位子に加え、5員環や6員環のような立体的に無理のかからないキレート環を生じる多座配位子があげられる。そのような配位子では、得られる錯体の立体構造、すなわち6配位八面体型、平面型などの金属イオンまわりの配位原子の配置は、金属イオンの好むものと考えてよい。

このような配位子を持つ場合でも、配位原子の違いにより、錯体の電子状態は大きな影響を受ける（4.4節参照）。さらに、配位原子の違いは、錯体の安定度や反応性にも大きく影響する。一方、配位原子の種類が同じ多座配位子の間では、配位子の形状（直鎖状であるか、分岐構造を持つかというようなこと）が異なった場合でも、錯体の電子状態への影響は比較的小さい。しかし、その場合でも、多座配位子の形状は、錯体の安定性や反応性にしばし

ば大きな影響を与える．

　金属中心自体が好む配位環境をとっている場合に比べ，キレート環の大きさや，置換基の立体的な影響などにより，金属原子まわりの配位構造が大きく歪んでいる場合には，たとえ配位原子の種類が同じであっても，電子状態が大きな影響を受ける．本書では特に扱わないが，生体内での金属イオンは配位子の影響により，構造歪みを受けて，特異な電子状態となっている例が多く，これにより金属イオンの反応性も大きく変化し，これが生体内反応の選択性や制御に結び付いている．

　立体的な制約により，多座配位子の配位原子のすべてが同一の金属イオンに配位できない場合もある．最も簡単な例として，配位原子が直線状のピラジンや4,4′-ビピリジンがあげられるが，そのような配位子は架橋として働くことも多く，多核錯体を生成する．そして，多核錯体では，金属イオン間の相互作用により，しばしば単核錯体にはない新たな性質が生ずる．

　本章で主に取り上げるのは，5，6員環キレートを与え，立体的に大きな置換基を持たないような多座配位子である．そのような配位子は，6配位八面体型などの金属錯体の立体構造を大きく変えるようなことはない．ここではまず，6配位八面体型構造の錯体を対象として，多座配位子のキレート環の配置など，配位子の形状と立体構造の関連を述べる．次に，架橋配位子を取り上げ，多核錯体の構造と性質について考えることにする．

7.2　単一金属イオンに配位する多座配位子

まず，配位子の形状に着目して多座配位子を分類する．錯体の立体構造を考えるので，配位原子の種類による違いは特に問題としない．

7.2.1　配座数による分類

　配位原子の数を配位子の配座数という．NH_3，H_2O などは単座配位子であ

り，エチレンジアミン（$NH_2CH_2CH_2NH_2$）など2個の配位原子を持つものは二座配位子である．また，EDTAは六座配位子である．二座以上の配位子をまとめて多座配位子と呼ぶ．これらの多座配位子では，配位原子間に，2個か3個の原子を含むものが多く，金属イオンにキレート配位すると，それぞれ5員環，6員環を形成する．5, 6員環よりキレート環が小さいと配位構造に無理がかかるし，大きい場合には別の金属イオンに配位し，架橋構造を作る傾向が生まれる．多くの場合，配位子はそのすべての配位原子で金属イオンに配位しようとするが，金属イオンのサイズによっては立体的な障害のためにそれが無理な場合もある．また，他の配位子に押しのけられて一部の配位座が配位に利用できなくなってしまうこともある．そのような場合には，一部の配位座が非配位のまま残る．

7.2.2 配位子の形状による分類

三座以上のキレート配位子には，大きく分けて，直鎖状，環状，分岐状がある．これらのうち比較的よく見られる配位子の形状について，配位子の例と6配位八面体型錯体を形成したときの構造を図7.1〜7.3に示す．図には分岐が配位原子から伸びているもののみを示した．分岐状配位子は四座以上の配位子に見られるが，分岐が配位原子を結ぶ鎖の途中から出ているものもあり，これらも含めると配位子の形はさらに複雑となる．

7.2.3 直鎖状配位子

直鎖状配位子は，他の形状の配位子と比べ，配位様式により生ずる幾何異性体の数が多い．このうち，6配位八面体型に配位した場合に，三座，四座配位子の与える幾何異性体を図7.1および図7.2に示す．三座配位子の場合には2種，四座配位子の場合には3種の幾何異性体が存在する．三座配位子の場合には，光学異性体は存在しないが，四座配位子の与える2種のシス型の幾何異性体には光学異性体が存在する．配位子内に二重結合や三重結合

7.2 単一金属イオンに配位する多座配位子

図7.1 三座配位子の形状と例および錯体の構造

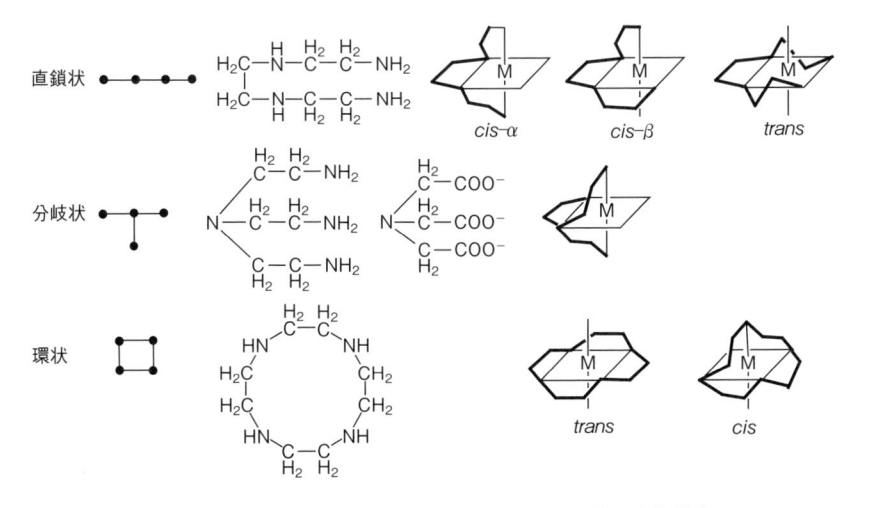

図7.2 四座配位子の形状と配位子の例および錯体の立体構造

を含まない飽和型の配位子では，可能な幾何異性体のすべてが得られることが多い．例えば5員環キレートを与える場合には，キレート部分がゴーシュ構造（後述）となり，配位子内の配位原子まわりの結合方向が，隣の配位座のいずれの方向に対しても大きな立体障害とならないからである．しかし，ピリジル基などの非飽和部分を含む配位子では，その部分の平面性のた

めに，すべての幾何構造が得られるわけではなく，得られる幾何異性体に選択性が生ずる．

7.2.4 分岐状配位子

分岐状配位子は直鎖状配位子に比べると可能な幾何異性体の数は少なくなり，6配位八面体型の錯体でも，1種の幾何異性体しか与えないものも多い．例えば，トリス（アミノエチル）アミンなどの三脚型四座配位子は1種の幾何異性体しか与えないし，六座配位子のEDTAの場合でも，得られる幾何異性体は1種類である．前者のような三脚型四座配位子は，直鎖状の四座配位子と異なり，金属イオン上の残りの二座が必ずシス位となる．したがって，この型の配位子は，シス位の二座を利用する錯体の設計や反応の研究によく用いられる（図 7.2）．

分岐状配位子の場合にも，光学活性体を含む構造が見られる．EDTA錯体の場合には，図 7.3 に示すように光学異性体の対が存在する．この場合，エチレンジアミン部分のゴーシュ構造（光学対掌体の2種があり，δ，λで区別される）と全体の光学異性体の間には，図に示すような一対一の関係がある．このジアミン部分の炭素に置換基を導入すると，この部分の炭素が光学活性となる．そして，その立体的な障害によって置換基の向く方向が一方に規制される．これにより，ゴーシュ構造が一方の光学対掌体に規制される．ゴーシュ構造が一方に決まると，これに規制されて全体の構造も決められる．すなわち，選択的に Δ または Λ の光学異性体を得ることができることになる．配位子の一部を光学活性にすることにより，錯体全体の光学異性を制御できる例の1つである．

7.2.5 環状配位子

単座配位子が個別に配位する場合に比べ，直鎖状あるいは分岐状のキレート配位子を用いると，キレート効果によって安定度定数は格段に大きくな

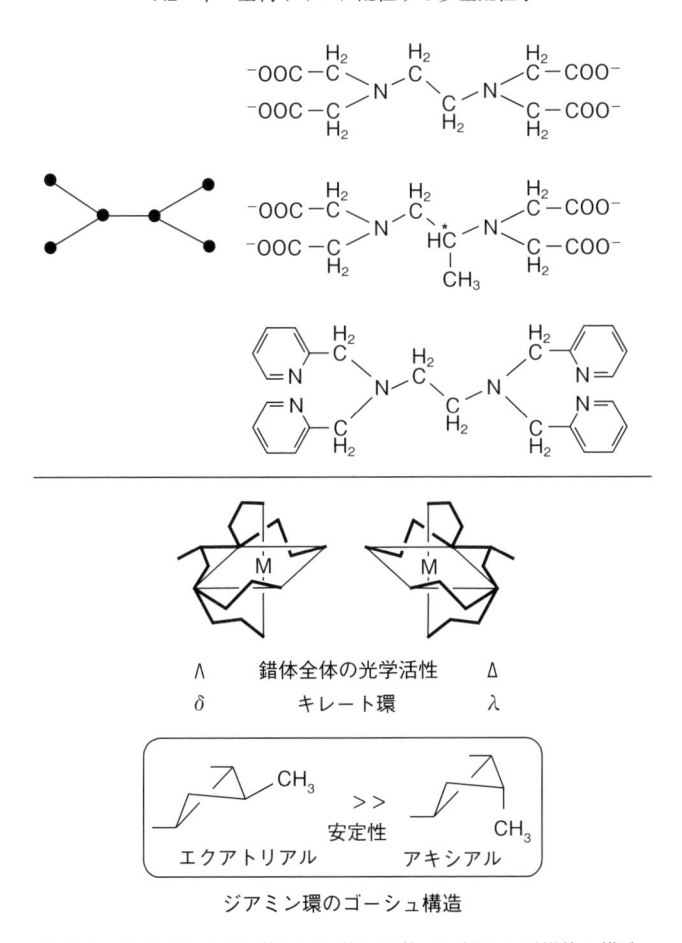

7.2 単一金属イオンに配位する多座配位子

図7.3 EDTA型六座配位子の形状と配位子の例および錯体の構造

り，錯体はより安定となる．環状配位子の場合には，直鎖状あるいは分岐状の配位子に比べ，さらに安定度が大きくなる．これは，キレート環の数が1個多くなることに加え，環状の構造が安定化に大きく寄与するためである．環状配位子は一般にマクロサイクル配位子とも呼ばれる．マクロサイクル配位子による安定度の向上を示す典型的な例として，環状のポリエーテル配位子による，アルカリ金属イオンやアルカリ土類金属イオンとの安定な錯形成

があげられる（**表 7.1** および 7.2.6 項参照）.

　三座配位の環状配位子は，6 配位八面体型のとき，必ずフェイシャル（fac）の三座を占有することになる．したがって，残る三座も必ず fac 配置となる．この立体的な性質により，環状三座配位子は，fac 位を用いた錯体の設計や反応によく用いられる．図 7.1 に示した 1,4,7-トリアザシクロノナンおよびその誘導体は，そのような応用に用いられる代表的な配位子である．一方，四座の環状配位子は，その構造から予想されるように，図 7.2 に示すような平面型の配位様式をとる場合が多い．しかし，単結合のみからなる四座環状配位子の場合には，錯体の六座中の残りの二座を他のキレート配位子が占有することなどによって，折れ曲がった構造の四座環状配位子をもつ錯体も合成することができる．このように，単結合のみからなる配位子は，環状であっても，配位構造には柔軟性が見られる．

　特徴的な環状配位子としてよく知られているものに，上で述べた環状ポリエーテル配位子やポルフィリン類がある．ポルフィリン類は，環状配位子内に二重構造などが導入された代表的な配位子で，平面性四座配位子としての

表 7.1 環状ポリエーテル配位子のサイズと取り込むアルカリ金属イオンとの選択性

	[12]crown-4	[15]crown-5	[18]crown-6	[21]crown-7
構造				
内部サイズ (Å)	1.20〜1.50	1.70〜2.20	2.60〜3.20	3.40〜4.30
最適金属イオン	Li^+	Na^+	K^+	Cs^+
金属イオンの直径 (Å)	1.46（4 配位）	2.26（6 配位）	3.04（6 配位）	3.62（6 配位）

み作用し，折れ曲がった配位構造をとることは極めて稀である．これらの配位子について以下にやや詳しく述べる．

7.2.6 環状ポリエーテル配位子

エーテル酸素は通常あまり安定な配位結合を形成しないが，エーテル酸素が4個ないしはそれ以上環状に配列した配位子の場合には，キレート効果および環状効果により安定な錯体を形成するようになる．これらの環状ポリエーテルは，配位子の形が王冠に似ていることから，クラウンエーテルと名付けられた．アルカリ金属イオンやアルカリ土類金属イオンは，通常安定な錯体を形成しないため，錯体化学にはあまり登場することがないが，クラウンエーテル（表7.1に構造図を示す）や後に述べるクリプタンド（図7.4）は，これらのイオンとも安定な錯体を形成する．より硬い（hard）性質の強い酸素を環状に配置させることにより，これらの比較的硬い金属イオンと安定な錯体が形成されるのである．環状ポリエーテルは環内の炭素の数や，配位するエーテル酸素の数を変えることにより，環のサイズの調整が可能であり，これにより環内に取り込む金属イオンに選択性を持たせることができる．表7.1に環状ポリエーテルの構造と選択的な金属イオンの取り込みについてまとめた．環状ポリエーテルは，生体内でのナトリウムイオンとカリウムイオ

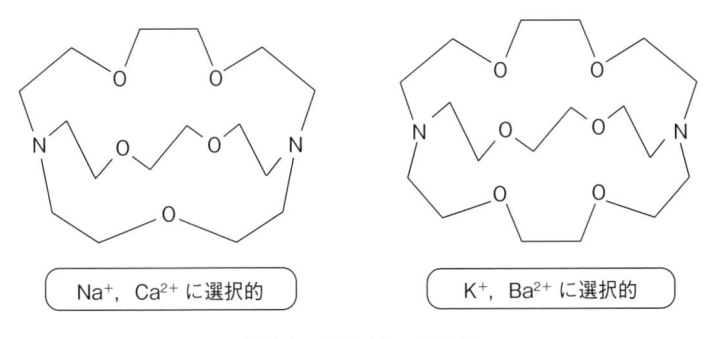

Na^+, Ca^{2+} に選択的　　　　　K^+, Ba^{2+} に選択的

図7.4　クリプタンドの例

ンの選択的な取り込みに作用する金属酵素の部分構造にも見られる．

　この環状ポリエーテルの酸素の一部を窒素で置換した環状配位子も多く知られている．このような置換を行うと，配位子の軟らかさ（soft 性）が増加するので，遷移金属イオンへの親和性が増す．

　クリプタンドと呼ばれる配位子（図 7.4）は，この環状ポリエーテルの構造をさらに組み合わせて 3 次元状にしたものである．クリプタンドは，環内の向かい合う位置に窒素を導入し，この窒素の間に複数のエーテル酸素を持つアルキル鎖が橋渡しした構造を持つ．すなわち，2 つの窒素間を 3 本の含酸素アルキル鎖で橋渡ししている．この配位子は球状の場に金属イオンを取り込むことができるので，一層大きな錯体の安定化が得られる．さらに，アルキル環のサイズや酸素の数を変化させることにより，金属イオンの選択的取り込みの機能も向上させることができる．

7.2.7　ポルフィリンおよびフタロシアニン

　錯体化学の中で特に重要な位置を占める平面型四座配位子に，ポルフィリンおよびフタロシアニンがある（**図 7.5**）．ポルフィリンや類似の環状配位子は，もともと生体内によく見られることから注目されたものであり，環全体で芳香族性を持つことが特徴である．ポルフィリンおよびフタロシアニン

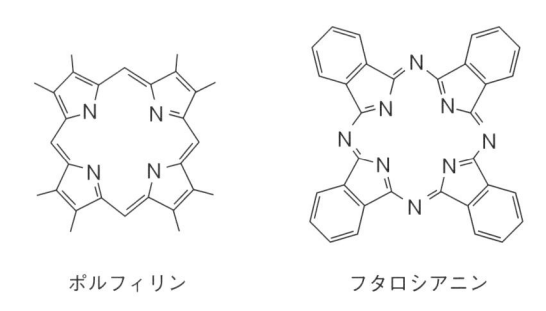

図 7.5　ポルフィリンおよびフタロシアニンの構造

は，配位部分がピロール環の窒素原子で，このピロール環が4個つながって配位子全体にπ電子系が広がっている．ピロール環の連結部分に窒素が導入され，ピロール環にベンゾ基が連結したものがフタロシアニンである．これらの配位子は可視部に強い吸収帯を持つので，強い色を示す．金属イオンの種類により吸収帯位置が動くので，錯体の色にも変化が生ずる．

　ポルフィリンおよびその置換誘導体の4個の窒素原子で囲まれた内部のサイズは約4Åであり，遷移金属イオンを中心に多くの金属イオンと錯体を形成する．生体機能と関連して特に注目されるものは，中心に鉄イオンを持つもの（赤色）である．これらは生体内で酸素運搬機能を持つ金属タンパク質（ヘモグロビン）や，酸素貯蔵機能を持つ金属タンパク質（ミオグロビン）中に存在する．ヘモグロビンでは，鉄は+2価の酸化数をとっていて，ポルフィリン環の内部に位置する．さらに，鉄(II)イオンにはポルフィリン平面の一方からタンパク質内のヒスチジン窒素が配位している．酸素は空いたもう一方の配位座から鉄に配位し運搬される．このとき，酸素から電子が鉄中心に移動して，$Fe(III)-O_2^-$と$Fe(II)-O_2$の中間の電子分布をとっているとされている．配位子としてのポルフィリンは，単に金属イオンを中心部に取り込むだけでなく，それ自身のπ系による酸化還元機能を持つ．また光エネルギーの吸収とエネルギー伝搬に重要な役割を果たすことが知られており，様々の立場から研究が行われている．ポルフィリンと同様の骨格にマグネシウム(II)イオンが取り込まれたもの（緑色）はクロロフィルと呼ばれ，植物の光合成中心の活性部位として知られている．

　フタロシアニンもポルフィリンと似た性質を持つ配位子であるが，特にその強い色が注目され，色素としても用いられている．フタロシアニンはかつて，東海道新幹線の青（銅錯体）や緑（ニッケル錯体）の塗料色素としても用いられた．

7.2.8 配位子による錯体の立体構造の歪み

配位子の中には，配位によりその金属イオンに立体的な歪みを与えるものが少なくない．最も単純な二座キレート配位子でも，金属イオンのまわりの理想的な立体構造からの歪みを生じさせる．例えば，エチレンジアミンがコバルト(III)に配位した場合，N－Co－Nの角度は理想的な$90°$よりも小さく，約$85°$となる．これは，キレートを形成するための立体的な制約によりN－Co－Nの角度は$90°$を保つことができなくなるからである．それでも図7.1～7.3に示したような配位子は，6配位八面体型構造の錯体に対しては，その理想的な構造から大きくずれた幾何構造をとらせるようなことはない．しかし，立体障害を与えるような大きな置換基を持つ配位子の場合には，しばしば錯体の立体構造自体を変えてしまう場合がある．例えば，$P(CH_2CH_2P(C_6H_5)_2)_3$のようにかさ高いフェニル置換基を持つリン配位の三脚型三座配位子は，通常の6配位八面体型の配位座のうちの4座を占めることができない．このため，この配位子をコバルト(II)やニッケル(II)に配位させた場合には錯体は6配位八面体型をとれず，三角両錐型の5配位構造を取らざるを得なくなる．この場合は錯体の骨格構造は金属イオンの支配ではなく，配位子の支配を受けた構造になる．

このような配位子の構造制御により，錯体の性質を制御できる例も多い．例えば，銅(I)はd^{10}の電子配置であるため，d電子による立体構造の制約が全くない．したがって，4配位のときには，四面体型をとる傾向がある．一方，銅(II)はd^9の電子配置で四面体型よりは平面型をとる傾向が強いので，四面体型の銅(II)錯体は不安定で銅(I)に還元されやすい．この性質からわかるように，銅(I)のまわりに立体的にかさ高い置換基を持った配位子を導入し，平面型をとりにくくすると，銅(I)錯体が安定となる．この結果，銅(I)に特徴的な発光の強度を強めることもできるようになる．

7.1節でも述べたが，このような配位子側からの要請による金属イオンまわりの立体構造の歪みは，生体内金属酵素の活性中心ではよく見られ，歪み

がないときに比べ，金属イオンの反応性や電子状態が大きく変化する．このような，歪みの制御により金属イオンの反応性を制御するという方法は，生体内反応の制御には重要な戦略と考えられている．

7.3 複核および多核錯体を与える配位子

7.3.1 架橋配位子の種類

3.5 節では架橋となる配位子の概略を述べたが，ここではよく用いられる架橋配位子をいくつか取り上げてやや詳しく説明する．

4,4′-ビピリジンは，2 つのピリジン環がつながった構造を持っている．2 つのピリジン窒素は互いに 180° の方向に位置しており，同時に 1 つの金属イオンに配位することはできない．しかし，架橋配位子として，複数の金属イオンを 180° 方向に連結するのには便利である．ある金属イオンが 90° 方向に配位座が利用できるとき，この配位子でつなげると，**図 7.6** に示すよう

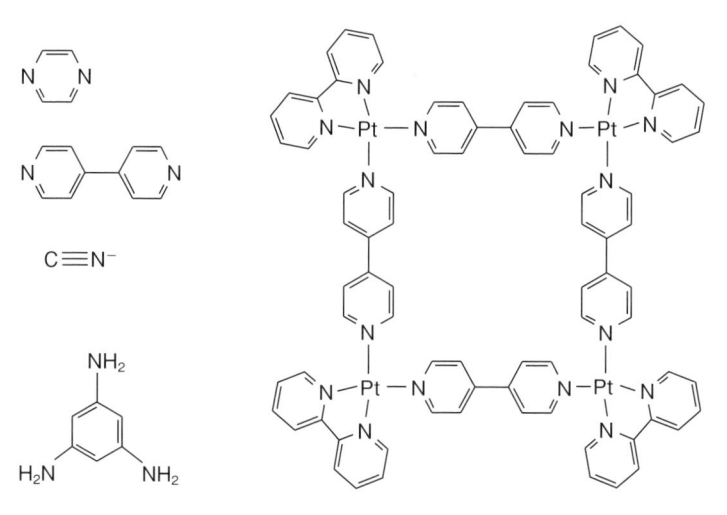

図 7.6 方向性を持つ架橋配位子の例と二座配位子を用いた環状四核錯体の例

な四角形型に金属イオンを並べた錯体を合成することができる．より単純なシアノ配位子（CN^-）も架橋配位子としてよく知られており，同様に180°方向に金属イオンを配置させることができる．プルシャンブルーと呼ばれる鉄(II)と鉄(III)とが混じった固体は，鉄イオンが多数のシアノ配位子で架橋されてできたものである．一方，1,3,5-トリアミノベンゼンのような三座配位子は，金属イオンを120°の方向に3個配置させるのに適した架橋配位子である．大きなマクロサイクル環内に配置する3個の金属イオンは，しばしば位置の固定が難しいが，この配位子を加えて，それらの金属イオンに配位させることにより，その相対的な配置を120°方向に固定することができる．

このような方向指向性を持つ配位子は，金属イオンをある特定の配置に並べた化合物を設計，合成に有効である．特に最近は，金属イオンを一定の設計指針のもとに，多数並べた超分子型の化合物や，無機固体の合成が盛んで，このような架橋配位子を用いることによって，磁性，伝導性，気体吸蔵など多彩な用途を持つ錯体材料が開発されてきている．

7.3.2 二核化ならびに多核化配位子

1つの配位子内に2個の金属イオンを取り込むことのできる配位子を二核化配位子，より多くの金属イオンを取り込むことのできる配位子を多核化配位子と呼ぶ．このような配位子の中で，配位基の一部が架橋基として働くものでは，取り込んだ2種の金属イオンが接近してその間に強い相互作用が働くので，特に注目されている．

図7.7 にそのような二核化配位子の例を示す．この配位子は，2個のジイミン配位子が，アルコール酸素を持つ架橋基でつなげられ，全部で6個の配位原子を持つようになったものであるが，左側の4個の配位原子（2個のイミノ窒素と2個のアルコール酸素）部分で1つの金属イオンに四座配位することができる．このとき，アルコール酸素は脱プロトン化により架橋機能を

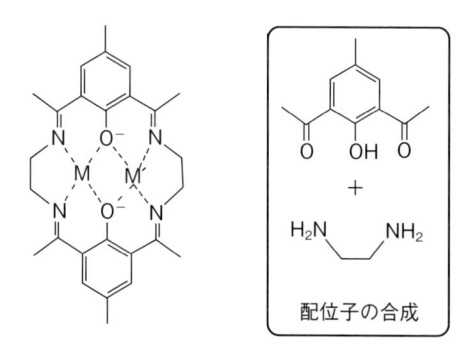

図 7.7 二核化配位子の例とその合成法

持つようになるので，右側の窒素原子 2 個と共にもう 1 個の金属イオンを捕まえることができる．この配位子は，配位子内に二重結合部分を含むので平面性があり，配位子と金属イオン 2 個とを同一平面内に配置させることができる．

このような二核化配位子の合成に重要な過程としてよく用いられてきた方法は，シッフ塩基の縮合反応である．この反応はケトンとアミンの縮合により $-C=N-$ 結合を生ずるもので，その例として図 7.7 の配位子の合成法を図内に示した．用いるケトン配位子とアミンの割合を変えることにより，環状に閉じられた配位子だけでなく，片側が開いた配位子の合成も可能である．ケトン配位子の種類やアミン類の種類は多いので，様々の形の二核化ないしは多核化配位子がこの手法で合成できることがわかるであろう．このような方法で合成された閉じた構造の二核化ないしは多核化配位子をコンパートメント配位子と呼ぶ．ただし，3 個以上の金属イオンを取り込めるように設計されたコンパートメント配位子の数はあまり多くない．

金属イオンを近接させて配置させることを目的としない多核化配位子は，金属イオンを取り込む配位部位をアルキル基などの連結基で連結することによって合成でき，様々の配位子が得られている．例えば，マクロサイクル配

位子であるポルフィリンを多数連結した様々なタイプの配位子が知られている．これらの配位子では，金属イオン間に直接の強い相互作用は期待できないものの，含まれるポルフィリン環の数だけの金属イオンを取り込むことができるという利点がある．そのような多核ポルフィリンは生体内にも存在しており，光合成のモデル系としても重要である．

7.3.3 錯体配位子

1つの金属イオンに配位した配位原子が，さらに他の金属イオンに配位することができる場合がある．簡単な構造のものでは，オキソイオン，ヒドロキシイオン，アミド窒素，硫化物イオンや，ハロゲン化物イオンなどがあげられる．これらの配位原子は，いずれも2個以上の非共有電子対を持ち，もともと，架橋配位子として多核錯体を与える傾向がある．このような架橋可能な配位原子が単座で配位した場合，その錯体はこの配位原子を用いて他の金属イオンに配位する能力を持つ．多座配位子の場合でも，ヒドロキシ基から脱プロトンした$-O^-$基や，脱プロトンしたアミド基$-NH^-$，さらには$-S^-$基などを持つ配位子が単一の金属イオンに配位している場合には，その錯体は，これらの配位原子を架橋配位子として，さらに他の金属イオンに配位する能力がある．

このような架橋能のある配位原子を持つ錯体は，それ自身を配位子と見なすこともできるので，しばしば「錯体配位子」と呼ばれる．よく用いられるものには，$-O^-$基や，$-S^-$基を持つものが多いが，特に後者は多様性がある．例として，アミノエタンチオレート（$NH_2CH_2CH_2S^-$）がキレート配位した単核錯体をあげることができる．fac-$[M(NH_2CH_2CH_2S)_3]$は，他の金属イオンのフェイシャル（fac）位に三座配位子として，また，平面型錯体 cis-$[M(NH_2CH_2CH_2S)_2]$は，二座のキレート配位子として作用する（図7.8）．

7.3.1項で述べたCN^-錯体には，炭素側で配位した安定な単核錯体が多数知られている．これらの錯体は，CN^-配位子の窒素で他の金属イオンに配

7.3 複核および多核錯体を与える配位子

fac-[M(NH₂CH₂CH₂S)₃]

fac-[ML₃(CN)₃]

cis-[M(NH₂CH₂CH₂S)₂]

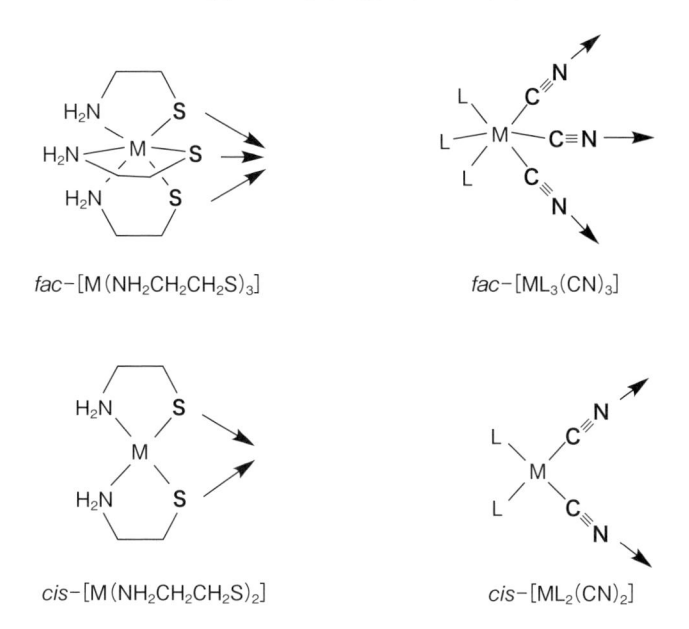

cis-[ML₂(CN)₂]

図 7.8 錯体配位子の例

位することができる錯体配位子と見なすことができる．上の錯体の場合と同様に，シス (*cis*) 位に CN⁻ 配位子を2個，あるいはフェイシャル (*fac*) 位に CN⁻ 配位子を3個配置させた錯体は，それぞれ配位基を2個および3個持つ錯体配位子として用いることができるが，CN⁻ 配位子が直線方向の指向性を持つため，単一の金属イオンに配位することはできない (図7.8)．しかし，複数の金属イオンを一定の方向に配置させるのに便利であり，多核錯体の設計によく用いられる．

この他，金属イオン自体が持つ電子対が他の金属イオンに供与され，金属間結合を形成する場合がある．例えば，平面白金錯体の面上の電子対が他の金属イオンに配位する例などがある．このような錯形成は，金属イオン自体が配位子となるという点で錯体配位子としては最も典型的な例ともいえるが，例は限られている．

車輪型錯体

金属錯体は，構造の宝庫といわれるくらい実に様々な形のものが知られている．その形状を身のまわりの物質になぞらえることもしばしばである．図1に示したものは，車輪型錯体と呼ばれる鉄(III)の10核錯体で，環状の閉じた構造となっていて，車輪を連想させることからそう呼ばれている．本文3.5節で述べたように，オキソイオン，ヒドロキソイオン，カルボン酸イオンなどは架橋配位子として多彩な多核錯体を与える．この車輪型鉄錯体（$[Fe_{10}(CH_3O)_{20}(RCOO)_{10}]$）は，2個の金属イオンが，2個のメトキソイオン（$CH_3O^-$）と1個のカルボン酸イオンとで三重に架橋した複核錯体の骨格をもとに，残る三座も同じ架橋構造で隣の金属イオンに連結し，少しずつ曲がってちょうど10個の金属イオンとなったところで構造が閉じた形となったものである．このような環状構造は，最初は鉄錯体で知られていたが，その後いろいろの遷移金属イオンで合成されるようになった．さらに，図2に示した車輪型錯体は，一段と興味深い．これはマンガンの84核錯体で，$[Mn_{84}O_{72}(CH_3COO)_{78}(CH_3O)_{24}(CH_3OH)_{12}(H_2O)_{42}(OH)_6]$の化学式で示される．この巨大車輪も基本は，オキソイオン，メトキソイオン，酢酸イオンによる架橋構造である．車輪型錯体の他にも，金属錯体の構造は，身のまわりの何かの物質を連想させるものが少なくない．本文中に出てきた分子スクエ

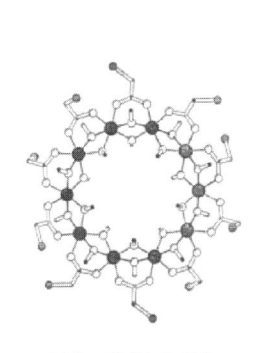

図1　鉄10核錯体　　図2　マンガン84核錯体

アもそうであるが，分子ボックス，さらには分子ネックレスと呼ばれるようなものもある．これらのネーミングは，合成された実際の分子の構造を見て，それから連想される身のまわりの物質の名前を通称として付すという順序である．身のまわりの物質の形状を手本にして狙って特殊な形状の分子を合成した例はほとんどない．しかし，金属錯体の多様性には，狙って特殊な構造の化合物を合成できる下地がすでに十分にある．そんな狙いで新しい化合物を設計してみるのも面白い．

演習問題

[1] 第1族，第2族の金属イオンは，アンモニアやエチレンジアミンなどのような窒素配位の配位子とは安定な錯体を形成しない．しかし，配位窒素を2個持つエチレンジアミン四酢酸イオン（表5.6参照）や，さらにはすべての配位原子が窒素であるテトラキス(2-ピリジルメチル)エチレンジアミン（図7.3参照）とは錯体を形成する．これらの配位子が第1族，第2族の金属イオンと錯形成できる理由を考察せよ．

[2] ポルフィリン環に配位可能なピリジル基を置換基として導入した配位子がある（右図）．この配位子により様々な構造の多核錯体が得られる．例えば，亜鉛(II)との間に形成される錯体の構造を予想せよ．

[3] (1) 錯体配位子として働く錯体，fac-[Co-$(NH_2CH_2CH_2S)_3$]は，Δ，Λの光学異性体を持つ．この錯体が，三座配位子として，八面体型錯体を与える金属イオン（例えばクロム(III)）に2個配位したとき，生ずる三核錯体の可能な異性体をすべてあげよ．

(2) cis-[Pt$(NH_2CH_2CH_2S)_2$]が，八面体型錯体を与える金属イオンに3個配位したときの異性体の種類をすべてあげよ．

(3) 2個のCl$^-$がcis位に配置したcis-[CoCl$_2$(NH$_2$CH$_2$CH$_2$S)$_2$]$^-$には，何種の

幾何異性体が存在するか．

(4) (3)の幾何異性体のうち，Sが2個ともCl^-の *trans* 位にある幾何異性体が，3個配位した八面体型錯体が持つ可能な異性体をすべてあげよ．

[4] 銅(I)錯体には発光性のものが多い(8.4節参照)．しかし，銅(I)に1,10-フェナンスロリンが2個配位した錯体は極めて弱い発光しか示さないのに対し，2,9-ジメチル-1,10-フェナンスロリンを2個配位した銅(I)錯体の発光は強い．4配位のとき，銅(I)錯体は四面体型構造をとりやすいのに対し，銅(II)錯体は平面型構造となりやすいことを念頭において，この発光性の違いを生ずる理由を考察せよ．

第8章 発展する錯体化学の分野

現在，金属錯体や関連する周辺領域の分野の進歩は著しく，最新の描像を的確に把握するのは難しくなってきている．この章では，そのような発展する錯体化学関連分野の中から，生体関連化学，触媒化学，固体錯体化学，光化学，磁気化学に関わるトピックスを取り上げ，最前線につながる一般的な知識をできるだけ基礎的な立場からまとめることにする．

8.1 生体内金属酵素に関わる錯体化学

8.1.1 生体内の金属元素と錯体化学

生体には，微量ずつではあるが様々な金属イオンが含まれている．これらの金属イオンの多くは，生体に欠かせない重要な機能を担う生体必須元素である．**表 8.1** に，生体に必須の金属元素をその機能と共に示した．これらの必須金属元素の数は，生体内元素の分析手段の進歩により，少しずつ増加してきた．現在でもこの表の通りに固定しているわけではなく，研究者によってはさらに元素を加えたり，減じたりしている．これらの金属イオンは生体内でタンパク質の窒素や酸素原子，あるいは酸化物イオン，硫化物イオンなどと結合している．すなわち，金属錯体として存在している．したがって，**金属酵素**（metalloenzyme）の作用機構を理解するためには，錯体化学の知識が欠かせないことになる．

金属タンパク質の機能の発現機構を理解するためには，酵素そのものを用いた研究の他に，モデル錯体を用いた研究が行われる．モデル錯体は2種類

表 8.1 生体内必須金属元素の主な機能と例

金属元素	機能	例（共に関わる金属元素，または同じ機能の金属元素）
Ca	骨格	ヒドロキシアパタイト
Mg	光合成関与	クロロフィル
Na, K	細胞分裂，体液調節	
Mn, Fe	酸化還元	カタラーゼ，ペルオキシダーゼ
Mn	光合成	クロロフィル
Fe	酸素運搬，貯蔵	ヘモグロビン，ミオグロビン，ヘムエリトリン
Fe	電子伝達	鉄-硫黄タンパク質，シトクロム類
Fe	Fe 貯蔵	フェリチン，トランスフェリン
Co	異性化反応，置換反応	ビタミン B_{12}
Ni	加水分解	ウレアーゼ
Ni	水素添加	ヒドロゲナーゼ（Fe）
Cu	酸素運搬	ヘモシアニン
Cu	電子伝達	ブルー銅タンパク質
Cu	金属元素との結合	メタロチオネイン（Zn など）
Cu	酸化還元	スーパーオキシドジスムターゼ（Cu-Zn, Mn, Fe），オキシダーゼ（Fe）
Zn	加水分解，二酸化炭素輸送	カルボキシペプチダーゼ，ホスファターゼ（Mg, Cu）
Mo	酸化還元	キサンチンオキシダーゼ，亜硫酸オキシダーゼなど
Mo	窒素固定	ニトロゲナーゼ（Fe）

に分類される．その第一は金属酵素の金属中心の近傍の配位構造を再現したもので，構造モデル錯体と呼ぶべきものである．第二は，酵素の持つ機能を発現できるような錯体で，こちらは機能モデル錯体である．機能モデル錯体では，金属イオンの種類や配位原子が酵素と同じである必要はない．

8.1.2 酸素運搬酵素

金属酵素タンパク質のモデル化の例として，血液中に含まれるヘモグロビンを取り上げて説明する．この酵素タンパクについてはすでに 7.2.7 項でも簡単に触れた．

図 8.1 にはヘモグロビン全体の構造を示す．鉄イオンには，ポルフィリ

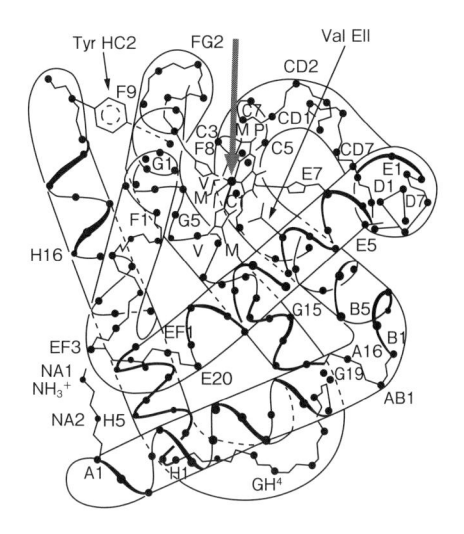

8.1 生体内金属酵素に関わる錯体化学　　　189

図 8.1　ヘモグロビンの構造
グレーの矢印は鉄原子の位置を示す．

ン骨格（図 7.5 参照）が配位している．この金属酵素は，呼吸で取り込まれた酸素を肺で受け取り，必要な部位に運搬する役割を担っている．ヘモグロビンの原子量は 65000 Da であるが，その中に 4 個含まれている鉄の質量は 55.8 Da×4 すなわち 223 Da にすぎない．しかし，酸素の運搬にはこの鉄イオンが欠かせない．酸素は，肺の中でヘモグロビン内の鉄イオンに直接結合して必要な部位に運ばれる．通常 鉄イオンは +2 価の状態で酵素中に存在するが，酸素がやってくると酸素に電子を渡し，$Fe(III)-O_2^-$ に近い電子分布を持った形で酸素と結合する．この形では O－O 結合が切れないので，可逆的に酸素を脱着することが可能となっている．

　さて，ヘモグロビンの鉄原子のまわりからタンパク質部分を取り除いて，ポルフィリン－鉄ユニットだけの構造に単純化したモデル錯体を合成してみると，酸素を運搬することができずに，鉄は +3 価の状態に酸化されてしまう．これは，2 個の鉄中心が接近し，O_2 を架橋とした Fe－O－O－Fe 型の

複核錯体が生成し，そこから O−O の切断と鉄(III)への不可逆酸化が起こってしまうためである．酵素では，タンパク質が立体的にこの2量化を防ぐ役割を担うと共に，Fe−O 結合の強さを微妙に制御して酸素運搬機能を果たせるようにしている．モデル錯体においても，鉄イオンのまわりのポルフィリン環にかさ高い置換基を導入（ピケットフェンス錯体などと呼ばれる；図8.2）して，2量化できないようにすると，可逆的な酸素の脱着機能が実現される．

一方，機能モデル錯体としては，鉄の代わりにモリブデン(IV)イオンを導入したポルフィリン錯体や，様々なコバルト(II)錯体が知られている．これらの機能モデル錯体では，かさ高い置換基を導入しなくても，酸素の可逆的な脱着が可能である．しかし，これらの機能モデル錯体でも，酸素との結合の平衡論的，速度論的な効率や，酸素配位錯体の安定性において，実際の酵素に勝るものは得られていない．

金属元素を含む酵素は多いが，1つの活性中心に複数個の金属原子が含まれるものも少なくない．ヘモグロビンと同様に酸素を運搬する酵素に，銅2個を含むヘモシアニン（イカなどや昆虫類の酸素運搬体）や，鉄2個を含むヘムエリトリン（ある種の海洋性下等無脊椎動物の酸素運搬体）が知られている．多核金属中心を持つ金属タンパク質で構造的に特に注目されるのは，

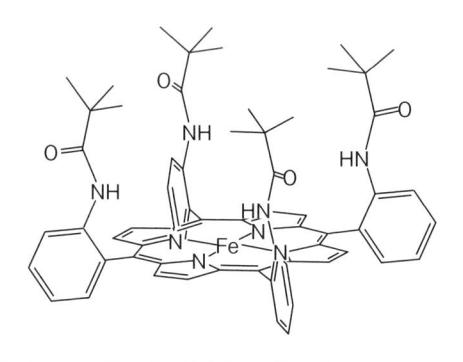

図8.2　ヘモグロビン鉄中心のピケットフェンスモデル

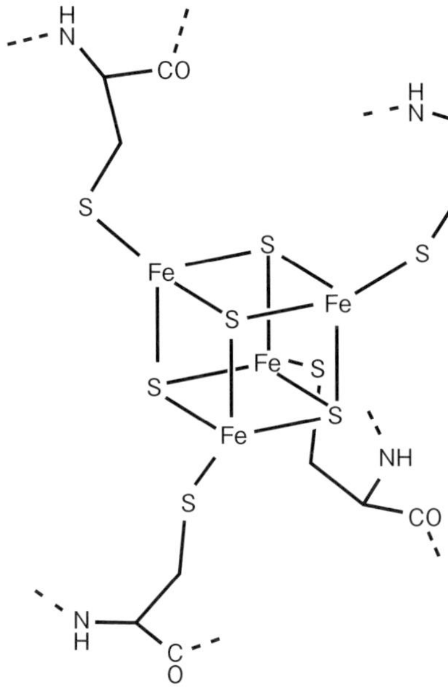

図8.3　四核鉄－イオウタンパク質の活性中心の構造

　鉄イオウタンパクで，最もよく見られる構造は，鉄原子4個，イオウ原子4個が交互に並んだサイコロ状のユニットである（**図8.3**）．このユニットは，様々な酵素電子伝達系のシステム中によく見いだされる．

8.1.3　モデル化が難しい金属酵素

　金属酵素は生体内で様々な機能を発揮しているが，その機構が明らかになっていないものもまだ多い．また，明らかになった構造をもとにして，構造モデル錯体を合成しても，生体内と同様の機能が実現できないものも多い．そのような例をいくつかあげておく．

　代表的な例として，空中窒素を利用した有機物の合成があげられる．根粒バクテリアが持つニトロゲナーゼによる窒素固定作用は，空気中から窒素原子を取り込んで還元し，アミノ酸などの窒素源として活用するものである．

窒素固定酵素は，空中窒素の還元を室温，常圧の条件下で行う．現在でも最も有効な工業的方法が，窒素と水素を高温高圧下でアンモニアに変換するものであることを考えれば，生体内の窒素変換反応は驚異的である．ニトロゲナーゼの活性中心の構造は図 8.4 に示すようにほぼ明らかとなっているが，この構造をモデル錯体で再現してみても，窒素の固定作用は認められない．酵素による窒素還元の機構はまだ謎のままである．

植物の光合成反応も，人工的に再現が難しい問題の1つである．現在，光エネルギーの変換経路についてはかなり解明が進んできているが，多数のポルフィリン環が巧みに配置された構造が重要なポイントとなっていることがわかっても，エネルギー固定と利用の機構については，まだ謎も多い．

メタンもうまく利用できれば有機物合成のための有望な資源であるが，人類は，メタンを燃やして熱源とする以外の効率的な利用法をまだ開発できていない．一方，自然界にはメタンをエネルギー源としてうまく利用する細菌があり，これに含まれる酵素，メタンモノオキシゲナーゼはメタンの酸素化を触媒する．この反応もその機構が未だ十分には解明されていない重要な酵素反応の1つである．

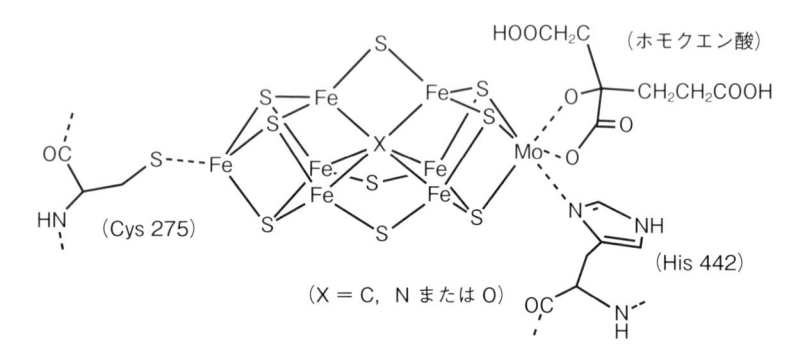

図 8.4 窒素固定酵素の活性中心の構造

8.2 触媒化学における錯体化学

8.2.1 触媒と錯体化学

　有機化合物の効率的な合成には，しばしば触媒が用いられる．その触媒には金属酸化物や，白金黒・パラジウム黒などの金属単体が広く用いられているが，金属錯体も触媒としてよく利用される．酸化物や金属単体が用いられる場合でも，触媒反応の過程で金属原子 (M) と有機物との間に，M－C や M－H 結合などが生ずると考えられる場合も多い．有用な触媒の開発には錯体化学の知識が重要な役割を果たしてきたし，これからもそうであろう．

　金属錯体を触媒とする場合には，通常，錯体を反応溶液中に溶かし均一系触媒として用いる．それらの錯体の中心金属も主に貴金属の白金，ロジウム，ルテニウムなどである．金属錯体触媒は配位子の選択により中心金属の性質を調節できるため，設計性に優れている．金属酸化物や金属単体も触媒として有用であり，酸化物としては，高酸化状態のモリブデンやタングステンの酸化物，金属単体としては白金，パラジウムがよく用いられている．金属酸化物や金属単体の場合には，これらを固体のまま系に加え，不均一触媒として用いる．これらの酸化物や金属単体は安定であるため，高温高圧の条件でも利用できるが，反応部位に関する情報が得にくいという問題がある．この場合でも，モデルとなる金属錯体を合成することにより，反応機構に関する情報が得られることが多く，錯体化学は不均一触媒の設計にも生かされる．以下に錯体触媒の例を取り上げ，錯体化学がどのように触媒化学に寄与しているかを示すことにする．

8.2.2 C－C 結合や C－H 結合の生成

　まず，ウィルキンソン錯体 (Wilkinson) 錯体 (1.4 節参照) と呼ばれる錯体による C＝C 結合水素化の例を見てみよう．この錯体触媒は，$RhCl(P(C_6H_5)_3)_3$ の化学式で示されるロジウム(I) の平面型錯体であるが，この錯体はアルケ

ン類の水素化やヒドロホルミル化反応の触媒として有名である．

ウィルキンソン錯体を用いた触媒反応の機構を図 8.5 に示す．まず，H_2 がロジウムを 2 電子酸化すると共に，生じた 2 個の H^- が配位して 6 配位構造の錯体となる（いわゆる酸化的付加）．次に基質のアルケンがロジウムに配位した状態を経由して，Rh−H 結合へ挿入される．この反応で得られる生成物が配位圏から脱離する際，水素が電子をロジウムに渡す（いわゆる還元的脱離）．これで触媒サイクルが一周したことになり，これを繰り返すことにより触媒反応が進行する．中心のロジウムの酸化数に着目すると，触媒サイクルでの配位様式の変化は理解しやすい．ウィルキンソン錯体中のロジウムの酸化数は +1 価であり，平面 4 配位構造をとりやすい d^8 の電子配置を持っている．これに H_2 が配位してロジウム(I) より 2 個の電子を奪うと，

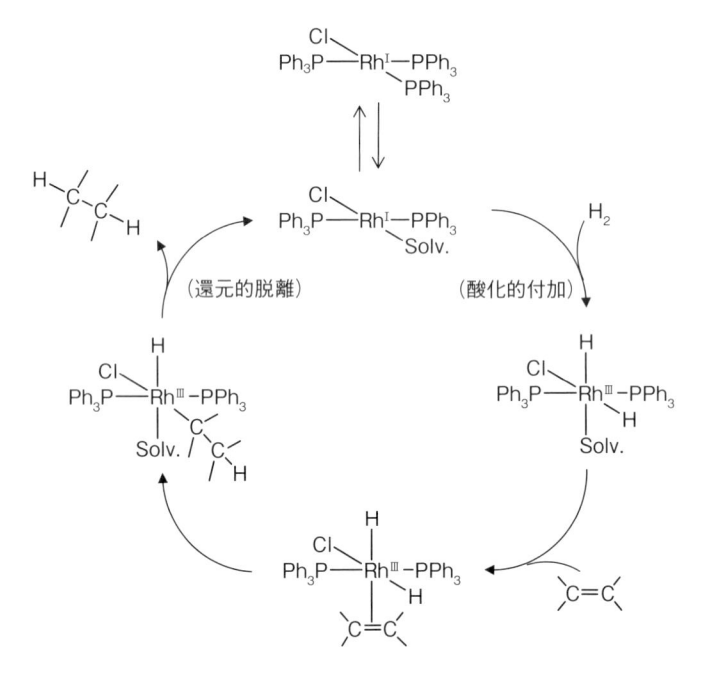

図 8.5　ウィルキンソン触媒によるアルケンへの水素添加反応の機構

ロジウムの酸化数は +3 価となり，6 配位八面体型構造を好む d^6 の電子状態となる．このような酸化数の変化に伴い触媒反応に有利な配位数の変化が起こることが，この錯体が触媒として有効であることの1つの要因と考えられる．

このような4配位と6配位の構造変化を伴う触媒反応は，Rh(I)/Rh(III) に加え，同じ第9族の Ir(I)/Ir(III) 錯体にもよく見られる．

8.2.3 酸化反応

上で述べた例では，触媒はいわゆる有機金属錯体で，M－C 結合や M－H 結合の生成が触媒反応の鍵となっていた．有機金属型でない金属錯体を触媒に用いる例として，金属イオンが酸化還元活性であることを用いた酸化反応触媒や，オキソ（O^{2-}）配位子を持つ高酸化数金属錯体などがある．

酸化触媒として錯体を用いる例として，シクロヘキサンの酸素酸化によってアジピン酸を得る反応があげられる．アジピン酸はナイロンの原料に使われる重要なジカルボン酸である．触媒として用いられるのは，ナフテン酸コバルトやナフテン酸マンガンで，この反応でコバルトは +2 価または +3 価の形で，酸化反応の中間に生成するヒドロペルオキシド種の分解反応を加速する（図 8.6）．

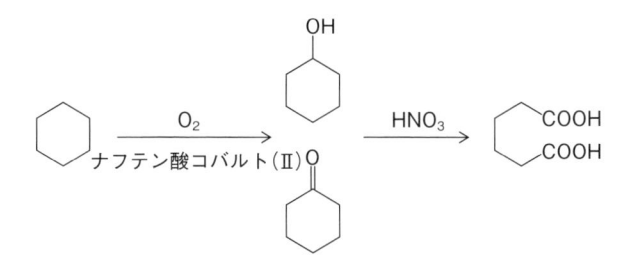

図 8.6 シクロヘキサンの酸素酸化によるシクロヘキサノールおよびシクロヘキサノンへの酸化

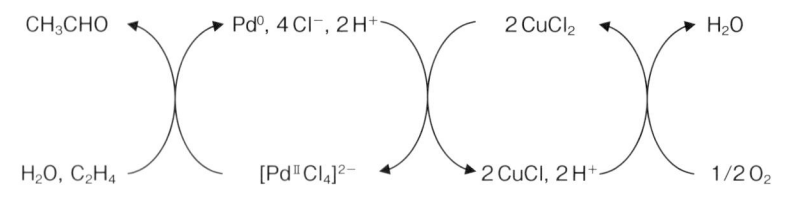

```
CH₃CHO ←           Pd⁰, 4Cl⁻, 2H⁺          2CuCl₂ ←           H₂O
         ↖       ↗                  ↖      ↗              ↖    ↗
           ↘   ↙                      ↘  ↙                  ↘ ↙
H₂O, C₂H₄ →      [Pd^II Cl₄]²⁻    →    2CuCl, 2H⁺    →   1/2 O₂
```

図 8.7　ワッカー反応における触媒サイクル

　また，パラジウム(II)の酸化力を利用して，水とエチレンからアセトアルデヒドを合成する**ワッカー (Wacker) 反応**では，酸化触媒として用いるパラジウム(II)錯体が触媒反応の過程でパラジウム(0)となる．このパラジウム(0)の状態から空気酸化を受けてもとのパラジウム(II)に戻るためには，さらに銅錯体が触媒として必要である．すなわち，パラジウム(0)錯体は O_2 とは直接反応しないが，ここに Cu(I)/Cu(II) の酸化還元サイクルを組み込ませることによりパラジウムが +2 価に酸化され，触媒反応が進行する（図 8.7）．

8.2.4　不斉触媒

　アミノ酸等の生体関連有機化合物には，R/S などの鏡像異性体が存在するものが多い．生体はこの鏡像異性体のうち一方のみに有効に作用するため，例えば香料，医薬品などには片方の鏡像体のみが有用となる．したがって，鏡像異性体のうち一方のみを効率的に合成するための触媒（不斉触媒）の開発が重要となる．生体系の酵素反応には，このような不斉反応を触媒するものが多く知られている．人工系でもこのような触媒を開発する努力がなされ，光学活性な配位子を持つ金属錯体が不斉触媒として機能することが知られるようになってきた．今，不斉触媒が，金属錯体触媒の特徴の1つとして注目されている．

　図 8.8 (a) に示すようなビナフチル骨格を持つジホスフィン配位子は，2

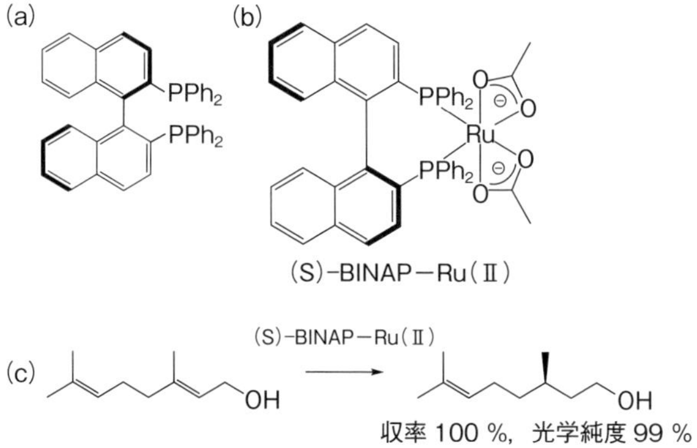

8.2 触媒化学における錯体化学

図 8.8 不斉ジホスフィン配位子 BINAP（太い部分が手前）(a)，およびこれを配位子とするルテニウム(II)錯体 (b) と不斉触媒反応 (c)

つのナフチル基が自由に回転できないためキラルな配位子となる．この配位子はバイナップ（BINAP）と略称で呼ばれる．一般にホスフィン配位子は，ロジウム(III)やルテニウム(II)を中心金属とする金属錯体触媒によく用いられているが，生成物が不斉中心を持つ有機化合物の場合でも，触媒の金属錯体がキラルな配位子を持たない場合には，当然ながら鏡像異性体の両方が等量ずつ得られる．しかし，不斉 BINAP を持つルテニウム(II)錯体（**図 8.8 (b)**）やロジウム(III)錯体を触媒反応に用いると，BINAP に由来する不斉が反応に反映され，鏡像異性体の一方のみが効率的に合成される（**図 8.8 (c)**）．BINAP 錯体が不斉反応触媒として有効に働く理由として，2 つのナフチル基からなる剛直な構造のため自由度が少なく，触媒として働く際にも不斉な構造がきっちり保たれる点があげられる．この BINAP を含む錯体触媒は，すでに実用化もされており，香料や医薬品など多くの有用な光学活性化合物の合成に用いられている．この触媒の開発は社会的にも大きなインパクトを与えたものであり，この業績により野依良治 教授が 2001 年にノーベル化学賞を受賞している（1.4 節参照）．

不斉触媒としては，マンガン-サレン（salen）錯体系もよく知られている．

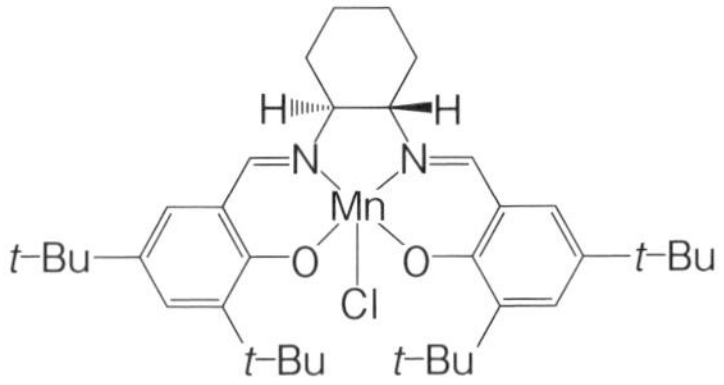

図 8.9　不斉酸化反応を触媒する
Mn-サレン錯体

　この錯体系で用いられる salen という配位子は，平面型の剛直なシッフ塩基配位子である．マンガン-サレン錯体は，エチレンのエポキシ化反応などの触媒として用いられている．この配位子のジアミン部分に不斉を導入した光学活性配位子（図 8.9）を用いると，選択的に酸化反応が進行し，光学活性な酸化物が得られる．

8.3　錯体ユニットの集積化と固体錯体化学

8.3.1　自己集積化錯体，超分子錯体および配位高分子

　金属錯体の最も基本的なユニットは，1 個の金属原子のまわりに配位子が複数個配位した形であるが，他にも金属間結合で金属原子が複数個集まったもののまわりに配位子が複数個配位したようなユニットも見られる．これらのユニットを架橋配位子で連結することにより，1 つの分子内に複数の錯体ユニットを持つ化合物を合成することができる．前の章の図 7.6 で示したような，4 個の錯体ユニットが 4,4′-ビピリジンで架橋されてできた四角形型の環状四核錯体はその例である．架橋配位子の設計と金属錯体ユニットの選択により，さらに様々なタイプの多核錯体を合成することができる．このような閉じた構造の多核錯体は，架橋配位子と錯体ユニットとを溶液中で反応させることにより，自動的に生成することが多い．その意味で，このような錯体をしばしば**自己集積化錯体**（self-assembled complex）と呼ぶ．これら

の自己集積化錯体は，ユニット間の相互作用や立体的に生ずる空隙の存在などにより，単一の錯体ユニットでは見られない様々の新しい性質や機能を発現する．

超分子錯体（supramolecular complex）という言葉は，分子ユニットが複数集まった化合物に対して用いられる．自己集積化錯体は基本的には同一ユニットが集まった化合物であるが，超分子錯体は，さらに複雑な構造や，異なるユニットの組み合わせで生ずる錯体を意味することが多い．

架橋配位子と錯体ユニットの選択によっては，錯体ユニットが無限につながった固体が得られる．このような固体を，有限の分子量を持つ錯体に対して，しばしば**配位高分子**（coordination polymer）または高分子錯体と呼ぶ．この言葉は，分子量が大きい有限個のユニットを持つ錯体という意味で用いられることは少ない．また，この高分子錯体を，金属中心という無機化学的なものと，配位子という有機化学的なものから構成される固体のフレームワークという意味で，最近は**有機無機複合体 MOF**（Metal-Organic-Framework）と呼ぶことが多い．

このような自己集積化錯体，超分子錯体，配位高分子の分野が今，急速に発展している．ここでは，その構造の基礎的な概念，ならびに注目される機能のいくつかを簡単に紹介する．

8.3.2 超分子錯体の構造と機能

自己集積化錯体や超分子錯体の分野は多岐にわたり，その概要を簡潔に述べるのは難しい．そこで，ここではこれらの錯体の魅力を示す例を 2,3 あげるにとどめることにする．7.3.1 項では四角形型の環状四核錯体について述べたが，そこでは平面型シス位の二座に，4,4′-ビピリジンのような 180° 方向に連結させる架橋配位子を導入するという手法が用いられた．6 配位八面体型錯体のシス位を用いても同様の四角形型四核錯体が得られる．この考え方を延長して，6 配位八面体型錯体の 3 個のフェイシャル（*fac*）位に同様の

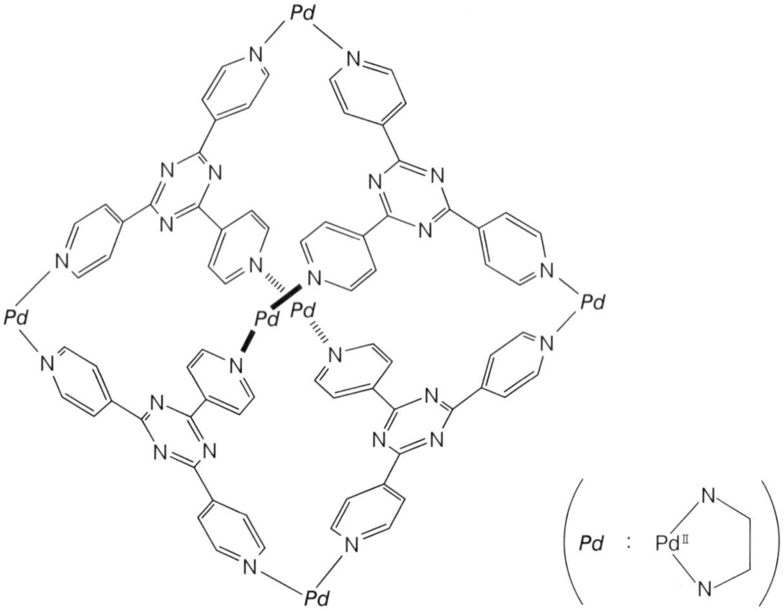

図 8.10　アダマンタン型六核 Pd 錯体の例

　架橋配位子を導入すると，3 次元的に錯体ユニットを配置させた箱型の錯体が得られる．

　120°方向に連結させる架橋配位子を用いると，さらに多様な構造が得られる．図 8.10 に示すように，架橋型三座配位子は 120°方向に 3 個のピリジル基が配置されているが，これとシス位が配位可能な錯体ユニットである Pd（エチレンジアミン）基を組み合わせることにより，閉じた構造のアダマンタン型六核錯体が合成される．この六核錯体には内部に閉じた空間が存在し，分子の取り込み空間や立体選択的な触媒反応の場として利用されている．同様に，架橋となる配位子を工夫することにより，四，八，十核などの様々な閉じた構造の錯体が得られている．

　環状の分子が化学結合なしで 2 個互いに入り込んだ構造を一般にカテナン

8.3 錯体ユニットの集積化と固体錯体化学　　201

と呼ぶ（図 8.11 (a)）．興味深い例を示す．図 8.11 (b) に示す架橋配位子と，シス位が利用できる 4 配位平面型パラジウム（II）錯体とを溶液中で反応させると，低濃度，非水溶媒を用いた場合には，2 架橋型の複核錯体（図

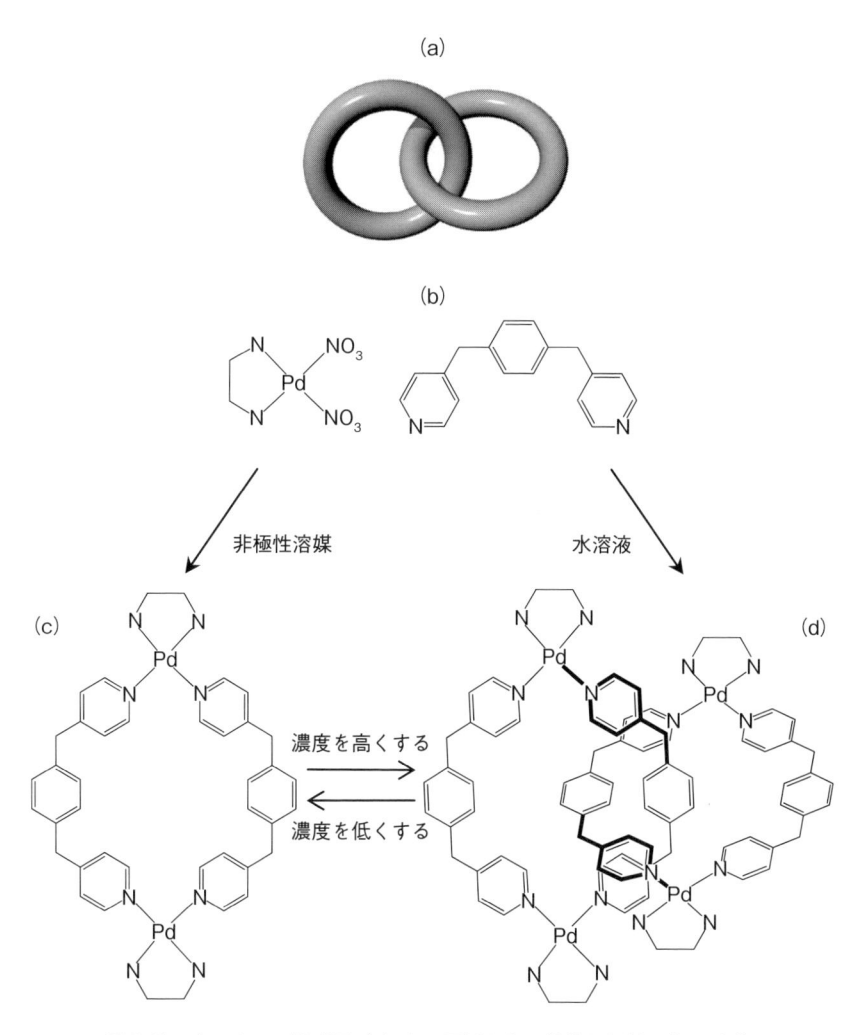

図 8.11　カテナンの模式図 (a) と，原料となる錯体と架橋配位子 (b)，得られる複核錯体 (c) およびカテナン型化合物 (d)

8.11 (c)) が生成するが，高濃度の水溶液中では，この二核錯体が互いに入り込んだカテナン型の錯体 (図 8.11 (d)) が生成する．カテナン型を構成する2つの複核錯体の間には直接の結合はない．非カテナン型の複核錯体とカテナン型との間には平衡が存在し，高濃度ではカテナン型に平衡が偏る．このことは，溶液中で Pd-N 結合が可逆的に開裂することを示している．同じ反応を白金錯体で行った場合にも，カテナン型錯体が得られるが，この場合にはパラジウム錯体で見られるような可逆的平衡は見られない．白金錯体の配位子置換反応が極めて遅いためである．

8.3.3 配位高分子の基本的構造

配位高分子の場合にも，架橋配位子の作る架橋の方向性と，金属中心の利用可能な配位座との兼ね合いで様々な構造のものが得られるが，ここでは金属中心が6配位八面体型のときのみを考える．4,4′-ビピリジンのように架橋配位子が180°方向に金属中心を連結するものの場合，利用可能な配位座がトランス方向の二座である錯体を用いると，直線型に伸びる構造 (1D 構造) のものが得られる．シス位の二座が利用できる場合には，図7.6に示したような閉じた4角形をとることが多いが，時にはジグザクの1次元構造をとることもある．上下方向の配位座を除いた平面内の四座が利用できるときは，2次元のシート構造 (2D 構造) が形成される．また，六座すべてが利用可能なときには，3次元のネットワーク構造 (3D 構造) が形成される．これらの構造を図 8.12 にまとめる．2D および 3D 構造の場合には，2個以上の構造単位がお互いに入り組んだ貫入型の構造もよく見られる．これらの構造のユニットの大きさやユニット間距離は，主として架橋配位子の長さや立体的なふくらみなどによって変えられる．また，これらの配位高分子構造の頑丈さも，配位子や配位圏の剛直さ，構造の柔軟性などによって影響を受ける．

以上に述べた典型的な配位高分子の基本構造の他にも，架橋配位子のサイズや方向性，金属イオンのまわりの配位構造により，極めて多様な配位高分

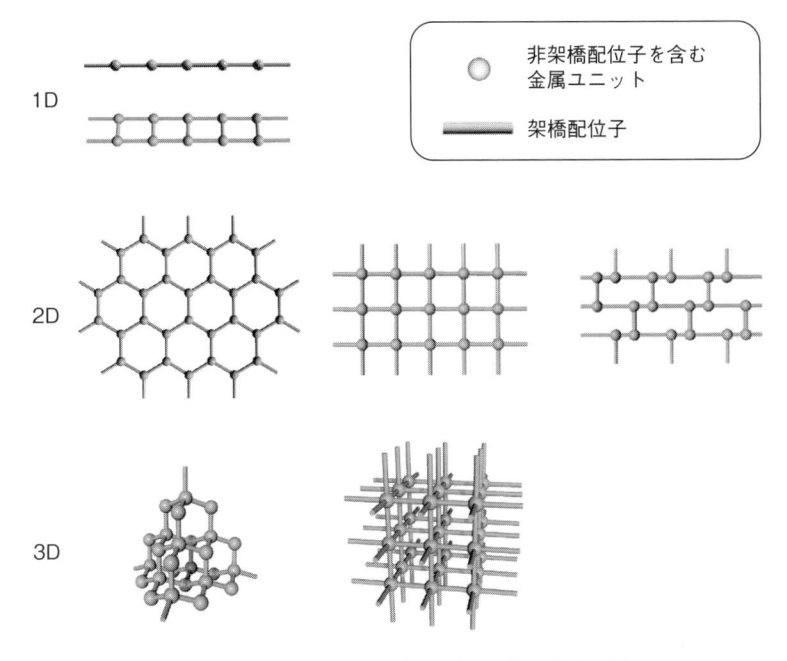

図 8.12 有機無機複合体（配位高分子）の構造の例

子の構造が設計できることは容易に想像できるであろう．

8.3.4 配位高分子の作る空間

　上で述べた原理で形成される配位高分子には，配位子の配置により生み出される規則的な構造の空間が存在する．このような空間もその形状によっていくつかに分類される．その第一は閉ざされた空間である．この場合，空間のサイズにより，この空間に取り込むことができる分子やイオンのサイズが制限を受けるため，選択的な取り込みが可能となる．合成の際に用いられた溶媒分子が，しばしば配位高分子の空間に取り込まれた形で単離される．空間のサイズが小さい場合には，高分子を壊さない限り，この溶媒分子などは外には出られない．第二の分類として，連続的につながった空間がある．こ

ちらは大きく2つに分類される．筒状（チャンネル状と呼ばれる）に伸び，一方向につながった1次元の空間と，層状に広がった2次元の空間である．配位高分子を作る非架橋ならびに架橋配位子の種類や金属イオンまわりの幾何構造によって，これらの空間の大きさや形は様々に制御できる．

　一般に，錯体分子は柔軟なので，空間に取り込まれた分子などを取り除くと，錯体からできる空間は崩れてしまう場合が多い．しかし最近では，空間内部に分子やイオンが存在しなくてももとの構造が保持されるような，剛直な配位高分子がいくつも知られるようになった．さらに，分子やイオンのあるときと，ないときとで構造が柔軟に変化するような配位高分子も報告されている．

8.3.5 配位高分子の作る空間の利用

　固体の内部にある空間が利用される物質群の1つとして，古くから知られているゼオライトがあげられる．これは，天然に存在するアルミノシリケートの1種で，3次元編み目構造の空間を持ち，人工的なものも含め，多様な形状の空間やサイズを持つものが知られている．配位高分子には，ゼオライトを超える多様性や機能が期待されており，有機ゼオライトと呼ばれることもある．配位高分子は，ゼオライトに比べ配位子や金属中心の種類が豊富なので，構成要素の選択により多彩な構造を設計することが可能である．空間を持つ配位高分子には，設計性，軽量性など本来の利点の他に，配位子の設計により機能性にも変化がもたらされることなどの長所もある．ゼオライトの空間の利用法には，気体分子，水分子など小分子の吸着，陽イオン交換能，触媒反応場などがある．配位高分子の特徴を生かすことにより，これらの機能を，より広範な物質に対して，かつ選択的に利用できる可能性が広がる．

　ゼオライトは陰イオン性のアルミノシリケートよりできているので，陽イオンの取り込み，交換に適しているのに対し，配位高分子は，金属陽イオンと中性配位子などの組み合わせにより，陰イオンに対してより広範に利用さ

8.3.6 固体表面への金属錯体の固定

　固体表面が関わる化学現象は多い．身のまわりを見ても，金属のさび，固体上の濡れなど，溶液内での現象よりもむしろ固体表面で起こっている現象の方がよく見られる．化学者がよく用いる電極でも，反応は電極表面を経由して起こる．その固体表面を意識的に化学修飾して新たな機能を付与する研究が，最近特に活発になってきた．金属錯体を固体表面に固定化すれば，金属錯体の持つ機能を表面で利用することができる．

　最近，このような固定化が，化学結合によってできるようになってきた．これらの固体表面への結合形成の過程は，配位子の末端に固体表面と結合できる部分を導入することからスタートする．これらの連結部位を利用して，シリカ上への固定では，表面上の酸素に配位子の末端を共有結合で連結させることができる．また，金などの貴金属表面には，例えば金がイオウと強い結合を作りやすいことを利用して，配位子の末端に導入したチオール基で連結させる．これらのイメージを図 8.13 に示した．

　このようにして作製された錯体修飾固体表面には，錯体の種類に応じて

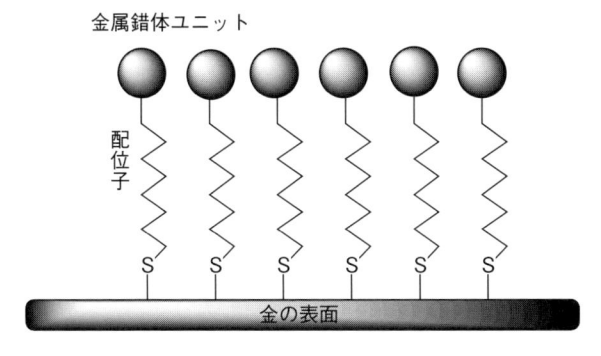

図 8.13　金電極表面への金属錯体ユニットの Au−S 結合を介した自己集積化のモデル

様々な機能が付与できる．例えば，可視光を強く吸収する錯体や発光性錯体を導入すれば，光エネルギーを効率的に吸収する表面ができるし，触媒活性な錯体を導入すれば触媒活性な表面が設計できる．また，分子識別能を持つ錯体が固体化された表面には，選択的な化学種の取り込み機能を持たせることができる．さらに，金属酵素モデル錯体の導入で，酵素機能を固体表面に持ち込ませるような研究も行われている．複数の分子種を固体表面上でうまく設計して，連結させることにより，新たな複合機能を生み出させようとする研究も可能である．例えば，いくつかの分子を固体表面上で連結して生物の光合成系をモデル化した人工光合成系を構築する試みも行われ，効率的な光エネルギー利用が実現されている．

8.4 光化学と錯体化学

8.4.1 金属錯体の発光

4.6節で述べたように，金属錯体はそれぞれに特徴的な色を持つ．金属錯体が可視光を吸収するために，我々の目にはその補色が観測されるのである．

光を吸収すると，電子が低いエネルギーの軌道から高いエネルギーの軌道に移動する．この軌道のエネルギー差が，吸収される光の波長すなわちエネルギーに相当する．電子がエネルギーの高い軌道に移動した状態を**励起状態**（excited state）という．光励起状態は不安定な状態なので，得られたエネルギーを放出して最初の状態（基底状態）に戻ろうとする．ほとんどの化合物では，エネルギーが分子振動に費やされ熱の形で外に放出される．このエネルギーが化学反応に使われた場合には，もとの化合物が別の化合物に変化してしまうこともある．

励起状態が基底状態に戻るいくつかの過程のうちで，特に興味深いのは，励起エネルギーを光として放出する場合である．そのような光エネルギーの放出は，我々の目には発光として観測されるが，発光は限られた物質のみに

見られる現象である．発光性の物質は，我々に励起状態の情報を与えるので，励起状態の基礎的な研究に重要であるが，応用面でも様々な用途がある．蛍光灯は発光性物質からの発光を利用しているが，その物質の中には金属錯体も含まれている．さらに，発光性金属化合物はカラーテレビのブラウン管にも用いられてきたし，最近では携帯電話の画面の素材にも組み込まれている．以下の項では，発光性錯体にはどのようなものがあるかを概観し，次にこのような発光性錯体の光励起エネルギー変換過程について説明する．

8.4.2 発光性の金属錯体

比較的強い発光を示す金属錯体としてよく知られているもののうち，主なものを次に述べる．それらの錯体の構造を図8.14と図8.15にまとめる．

$[Ru^{II}(bpy)_3]^{2+}$

$[Re^{I}Br(bpy)(CO)_3]$

$[Ir^{III}(ppy)_3]$

$[Pt^{II}Cl(trpy)]^+$

$[Pt^{II}_2(\mu\text{-pop})_4]^{4-}$

bpy：2,2′-ビピリジン
trpy：2,2′:6,2″-テルピリジン
ppy⁻：2-フェニルピリジンの陰イオン
pop²⁻：ジホスホン酸のジアニオン

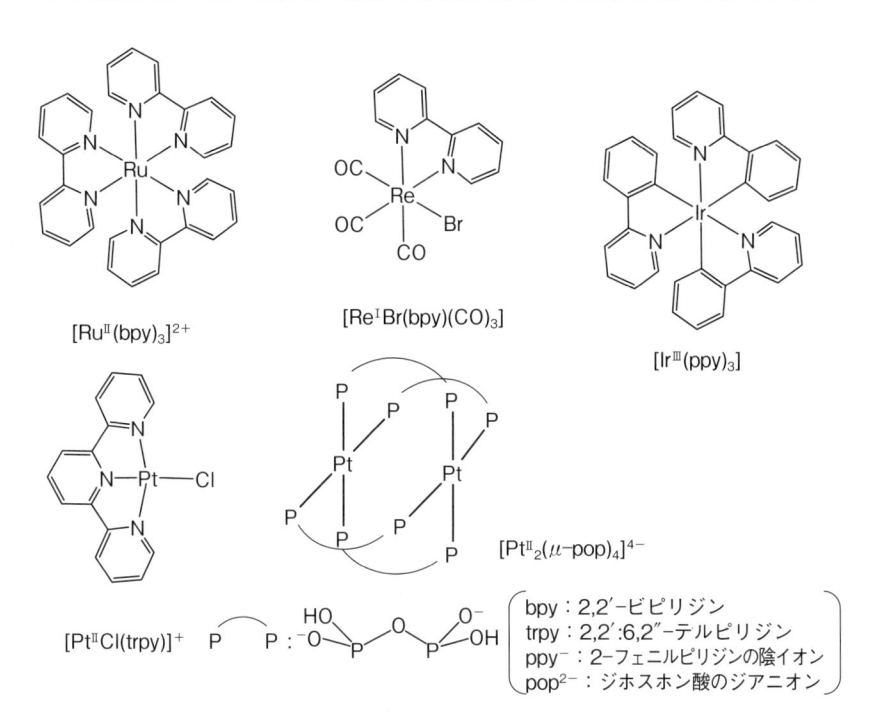

図8.14 様々の発光性金属錯体（1）

(a) d⁶ 低スピンの重遷移金属錯体

ルテニウム(II)錯体が代表的なものであり，通常ポリピリジン類が配位している．代表的な発光性ルテニウム(II)錯体として $[Ru(bpy)_3]^{2+}$（bpy：2,2′-ビピリジン）があげられる．同じ第8族のオスミウム(II)のポリピリジン錯体も発光性のものが多い．第7族のレニウム(I)錯体でも，ポリピリジ

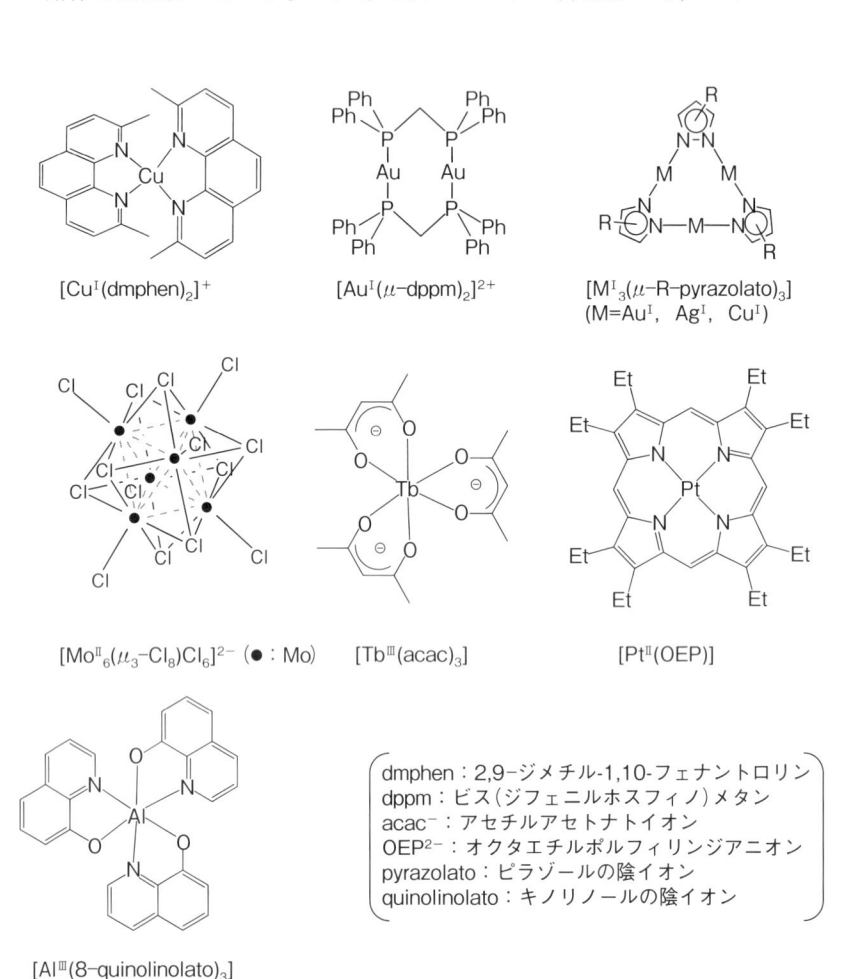

$[Cu^I(dmphen)_2]^+$

$[Au^I(\mu\text{-dppm})_2]^{2+}$

$[M^I_3(\mu\text{-R-pyrazolato})_3]$
$(M=Au^I,\ Ag^I,\ Cu^I)$

$[Mo^{II}_6(\mu_3\text{-Cl}_8)Cl_6]^{2-}$（●：Mo）

$[Tb^{III}(acac)_3]$

$[Pt^{II}(OEP)]$

$[Al^{III}(8\text{-quinolinolato})_3]$

dmphen：2,9-ジメチル-1,10-フェナントロリン
dppm：ビス(ジフェニルホスフィノ)メタン
acac⁻：アセチルアセトナトイオン
OEP²⁻：オクタエチルポルフィリンジアニオン
pyrazolato：ピラゾールの陰イオン
quinolinolato：キノリノールの陰イオン

図8.15　様々の発光性金属錯体（2）

ン配位子を持つ錯体が発光する．この場合には+1価の酸化状態を安定化するために，カルボニル配位子COが2～3個共存配位子として配位している．第9族のロジウム(III)，イリジウム(III)錯体も同じようにポリピリジン，ないしは同様の構造の配位子を含む錯体に強い発光を示すものがよく見られる．特に，2-フェニルピリジナトイオン（ppy$^-$）が3個キレート配位したイリジウム(III)錯体 [Ir(ppy)$_3$] やその類似体は，発光効率がよいことから，発光電子材料としての応用が広がっている．

(b) 白金(II)錯体

d^8 平面型錯体では，白金(II)の錯体で発光性のものがよく知られている．この場合にも，ポリピリジン系の配位子を持つものが多い．白金(II)錯体に特徴的なことは，平面型であるがゆえに，平面の上下を通しての錯体間の相互作用，上下からの他の化学種との相互作用が起こりやすく，それらの要因の制御により発光が多彩に変化することである．同じ錯イオンでも，結晶構造が異なると発光の色が異なることがよく見られるし，溶媒蒸気の影響で発光の色が変化する現象も起こる．複核錯体では，ジホスホナトイオン（pop^{2-}）で四重に架橋された錯体 [Pt$_2$(μ-pop)$_4$]$^{4-}$ が，強い緑色の発光を示すことで有名である．この錯体は，励起状態では白金-白金間距離が短くなり，結合性の相互作用が生ずるといわれている．これは，基底状態では，白金間結合の結合性，反結合性の両軌道に電子が満たされているが，励起状態では反結合性軌道から電子が1個上の軌道に移動し，結合性の相互作用が生まれるからである．

(c) d^{10} 金属錯体

この分類に含まれる錯体は，主に第11族の金(I)，銀(I)，銅(I)錯体である．中でも，発光性金(I)錯体の研究が早くから盛んで，ホスフィン系配位子，ポリピリジン系配位子，アセチレン系配位子，チオール系配位子など種々の配位子を持つ発光性の錯体が知られている．構造にも多様性があり，単核錯体だけでなく様々な核数や構造の多核錯体で発光性の化合物が知られ

ている．銅(I)や銀(I)錯体についても，最近強い発光性を示す錯体が次々と報告されるようになってきて，d^{10}錯体は発光性錯体の開発では最も注目される分野となった．図8.15には代表的な発光性錯体をいくつか示した．

(d) d^4 金属の八面体型六核錯体

上で述べた電子配置以外の錯体でも，金属－金属間結合を持つ多核錯体を形成したとき，発光性となる錯体がある．代表的なものに，d^4のモリブデン(II)，タングステン(II)，レニウム(III)が作る正八面体型の六核錯体がある．骨格構造は，$\{Mo_6(\mu_3\text{-}Cl)_8\}^{4+}$ や $\{Re_6(\mu_3\text{-}S)_8\}^{2+}$ で示されるが，全体でのd電子数24個は12個の金属－金属間単結合にちょうど必要な個数であり，1種の閉殻構造である点が注目される．

(e) ランタノイド金属錯体

ランタノイド金属錯体の多くは，f–f遷移に基づく強い発光を示す．これは，最もエネルギーの高い4f軌道が，電子の満たされた5s，5p，6s軌道の内側にあり，配位子と金属イオンとの熱振動で励起エネルギーが失活する過程が起こりにくいからだとされている．発光の色も配位子の影響をあまり受けず，金属イオンの種類により決まってくる．例えば，ユウロピウム(III)やサマリウム(III)の錯体は配位子の種類にかかわらず赤色の発光，テルビウム(III)錯体は緑色の発光を示す．また，ネオジム(III)錯体などは近赤外部に発光を示す．

(f) 配位子が発光性の錯体

発光を示す配位子として最も一般的なものはポルフィリンで，種々の金属イオンのポルフィリン錯体が発光性の観点から研究されている．特に白金のオクタエチルポルフィリン錯体は初期の有機発光素子として用いられた．典型金属イオンの錯体にも配位子からの発光でよく知られるものがある．例えば，アルミニウム(III)のトリス（キノリノラト）錯体は有機発光素子として用いられてきた重要な錯体である．また亜鉛(II)やカドミウム(II)の錯体にも発光性のものが知られている．

8.4 光化学と錯体化学　　　211

8.4.3 光励起状態と発光

図 8.16 に，d^3 と d^6 の錯体の基底状態と励起状態の電子配置を示す．d^6 錯体では，基底状態は t_{2g} 軌道に 6 個の d 電子が入っている状態である．こ

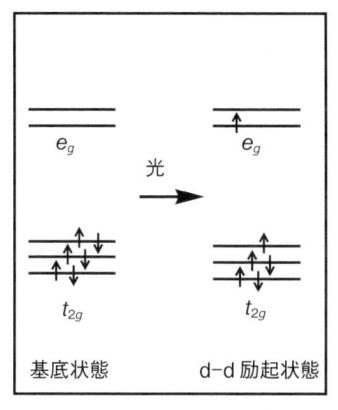

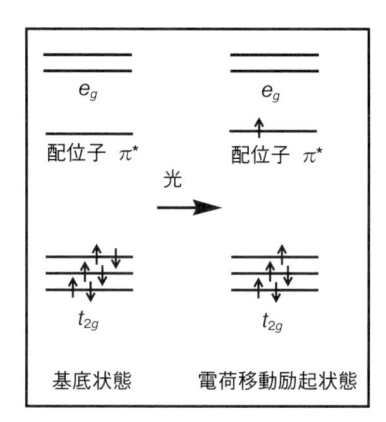

低スピン d^6 錯体

Co(Ⅲ)錯体など

Ru(Ⅱ)錯体（[Ru(bpy)$_3$]$^{2+}$）など
(bpy：2,2′-ビピリジン)

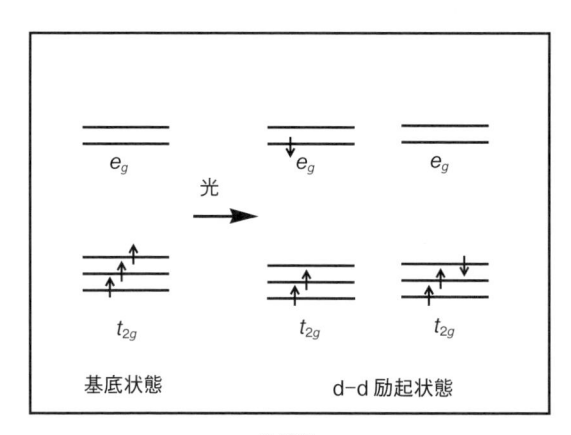

d^3 錯体
Cr(Ⅲ)錯体など

図 8.16　低スピン d^6 および d^3 錯体の光励起状態の電子配置

の状態が光を吸収すると t_{2g} 軌道から e_g 軌道に電子が移動し，励起状態となる．ポリピリジン配位子などが配位したルテニウム(II)錯体の場合，t_{2g} 軌道と e_g 軌道の間に配位子の空の π 軌道（π*軌道）が存在するので，最低エネルギーの励起状態はこの π* 軌道に電子が入った状態となる．クロム(III)錯体など d^3 錯体の基底状態は，t_{2g} 軌道を3個の電子がスピンの方向をそろえて占有した状態である．光吸収により，e_g 軌道へ電子が移動し励起状態になる．d^3 錯体の場合には，この他に，同じ t_{2g} 軌道内で，1個の電子のスピンが逆転した励起状態も存在する．

次に，強い発光を示すことで有名なルテニウム(II)錯体 $[Ru(bpy)_3]^{2+}$ を例にして，光吸収と励起エネルギーの放出過程について説明する．$[Ru(bpy)_3]^{2+}$ の塩は鮮やかなオレンジ色の固体で，可視光・紫外光を吸収して赤色に発光する．同様の赤色発光は $[Ru(bpy)_3]^{2+}$ の塩を溶かした溶液でも観測される．$[Ru(bpy)_3]^{2+}$ の錯イオンが発光を示すのは，光吸収により生じた励起状態がもとの基底状態に戻る際に，余剰のエネルギーを赤色の光として放出するからである．

図 8.17 に，$[Ru(bpy)_3]^{2+}$ の光吸収による励起状態の発生と，そこから基

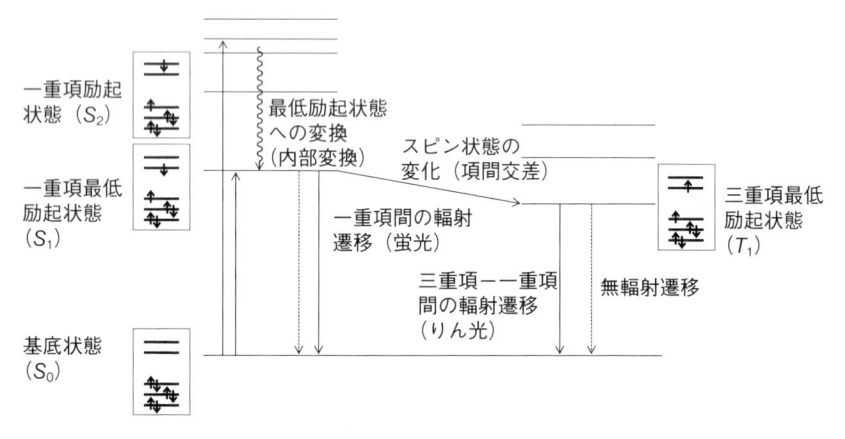

図 8.17　$[Ru^{II}(bpy)_3]^{2+}$ の光励起とそれに伴う光物理過程

底状態に戻るいくつかのルートをまとめて示す．$[Ru(bpy)_3]^{2+}$ 錯イオンは可視領域に強い吸収帯を持つが，この吸収帯は電子がルテニウム(II)から配位子の bpy の π^* 軌道へ移動する（電荷移動）過程に相当する．可視光と紫外光とではエネルギーが異なるので，よりエネルギーの高い紫外光を吸収すると，生ずる励起状態もより高いエネルギーの状態になるが，一般には，いくつかある高い励起状態からは速やかに熱エネルギーを放出して，一番エネルギーの低い励起状態に移動する（これをカシャ(Kasha)の規則という）．したがって，照射する光のエネルギーにかかわらず，発光に関与する励起状態は一番エネルギーの低い励起状態になる．吸収される光のエネルギーにかかわらず，同じ発光が観測されるのはこのためである．

　さて，これら d^6 ルテニウム(II)錯体において，1個の電子が高いエネルギーの軌道に移動するとき（1電子励起状態），基底状態と励起状態の軌道に電子が1個ずつ入るので，スピン状態を考慮すると，2個の電子のスピンが逆となる一重項と，スピンの向きが同じである三重項の2種類が考えられる．このうち三重項状態の方のエネルギーが低いので，最低励起状態は三重項となる．光による遷移では，スピン状態の変わる遷移は禁制となるので，最初に生ずる励起状態は一重項である．ルテニウムのような重原子では，スピン軌道相互作用が大きいので，一重項と三重項は混ざり合い，一重項－三重項間の遷移が部分的には許容になる．このため，一重項励起状態から低エネルギーの三重項励起状態への遷移が起こり（これを項間交差(inter-system crossing)と呼ぶ）やすくなる．このようにして生じた最低励起状態から，さらに基底状態へと遷移する過程には，熱エネルギーによる過程（無輻射遷移）と発光による過程（輻射遷移）がある．$[Ru(bpy)_3]^{2+}$ 錯イオンの発光は，三重項励起状態から基底状態へのスピン状態の変わる遷移であり，りん光と呼ばれる．りん光の寿命は，多くの金属錯体では室温で数 μ 秒程度である．これに対してスピン状態が変化しない発光を蛍光と呼び，一般に寿命がより短い．

8.4.4 光励起状態における錯体の反応性

　光照射により励起状態となった錯体は，基底状態のときに比べ，一般的には配位子置換反応，電子移動反応などの反応性が大きくなる．例として，d^6 低スピン錯体について d–d 遷移のみを考えればよい場合（すなわち，ルテニウム(II)錯体のような電荷移動吸収を考える必要のない場合）を取り上げる．電子は安定な t_{2g} 軌道から e_g 軌道に移動するが，e_g 軌道は配位子と向い合う方向にある．言い換えれば配位子との σ 反結合性軌道に電子が移動することになるので，金属－配位子間の結合は弱くなる．したがって，励起状態では配位子置換反応が起こりやすくなる．熱的に起こる配位子置換反応のときには，いくつかの種類の配位子のうち，金属中心との結合が弱い配位子（通常は Δ_o の小さい配位子）が外れる．しかし，光励起錯体では外れる配位子は熱反応のときと同じとは限らない．クロム(III)錯体のときには，次のような**アダムソン(Adamson)の規則**という経験則が知られている．すなわち，(1) x, y, z の3つの軸を考えたとき，各軸上で2つの配位子の配位子場の平均が最も大きい軸上の配位子の一方が外れる，(2) この軸上では配位子場の強い配位子の方が解離する．例えば，$[CrCl(NH_3)_5]^{2+}$ の場合，光反応のときは配位子場の弱い Cl^- ではなく NH_3 が解離する．このことは，理論的に励起状態でどの結合が一番弱くなるかを考えれば説明できる．合理的な説明には，4.4.5項で述べた角重なりモデルによる σ 結合と π 結合の両方を考えた考察がなされている．

　次に電子移動反応について考える．励起状態ではエネルギーの低い軌道から高い軌道へ電子が移るので，高い軌道に入った電子はより少ないエネルギーで外へ取り除くことができる．すなわち，金属イオン側から見れば酸化を受けやすくなる．一方，電子が励起された後の軌道は，電子がいなくなったので，新たな電子を受け入れやすくなる．すなわち，還元を受けやすくなる．このように，光励起状態にある錯体は，酸化も還元も受けやすい．

　光励起状態が電荷移動型の励起状態である場合は，錯体ユニット内で分子

内電子移動が起こった状態と見ることができる．すなわち，ルテニウム(II)の錯体 $[Ru(bpy)_3]^{2+}$ の場合には，光励起状態は $Ru(III)-(bpy^-)$ のような金属中心から配位子へ電子が移動した状態と考えることができる．したがって，酸化還元が極めて起こりやすい状態にあり，例えば bpy 配位子に移動した電子を受け取ることのできる化学種が錯体の近くにあれば，容易に電子がその化学種に移り，錯体全体としては酸化を受けたことになる．この電子を受け取った化学種は光励起されたエネルギーを受け取ったことになるので，このエネルギーをうまく利用したり，貯蔵したりすることができれば，光エネルギーの取り出しに成功したことになる．これが，光エネルギーの利用の基本的な考え方である(8.4.5項(c)参照)．しかし，実際には外側の化学種による電子の受け取りは，錯体内で電子が元の金属イオンの軌道に戻る過程との競争になるので，この競争にいかに打ち勝つかが重要な問題となる．

8.4.5 金属錯体の光化学的利用

発光するということは，励起状態からの熱エネルギー放出による失活過程の能率が悪いということであるから，発光性錯体の励起状態は寿命が比較的長い．そのため，励起状態のエネルギーの利用のチャンスが増えることになり，この観点からの応用も期待できる．ここでは，発光も含めた光化学的な応用の面から，発光性錯体のいくつかの用途について簡単に紹介する．

(a) 発光性材料

蛍光灯に次ぐ発光体として，発光ダイオードの重要性が増しているが，それは高輝度薄型ディスプレイの要請の増加に伴うものである．発光ダイオードは，電極間に発光性物質を含む層を作り，これに電流を流すことによって，発光性物質の励起状態を作り出し，電流を光エネルギーに変換するものである．発光性素子として，白金(II)ポルフィリン錯体，アルミニウム(III)キノリノラト錯体，さらにイリジウム(III)錯体が利用されてきたことは，それぞれの錯体のところで述べた．光励起とは異なり，電気励起では一重項だ

けでなく三重項も生成するため，蛍光しか発生しない素子では，エネルギー変換効率が悪い（確率的には 25 % となると考えられる）．一方，りん光性の金属錯体では，項間交差で一重項が三重項になることも含めると，すべての励起状態が三重項状態となりうるので，この確率が 100 % になる可能性もあり，現在，この点から見て優れた錯体であるイリジウムや白金の錯体を発光ダイオードの素子として利用する研究が進んでいる．

(b) センサー

外からの刺激に応答するような化合物と発光性の錯体を組み合わせると，外からの刺激を発光の「オン/オフ」として観測することが可能となる．ルテニウム(II)ポリピリジン錯体の発光のようなりん光性の発光は，酸素分子によって鋭敏に消光される．これは，励起エネルギーが酸素分子に移動するからである．この現象は酸素分子の鋭敏なセンサーとして用いられる．また，クラウンエーテルを置換基として持つ配位子が配位した金(I)錯体は，カリウムイオンがあると発光の色が変化する．クラウンエーテル部のサイズがカリウムイオンを選択的に取り込むように設計されているからである．この現象はカリウムイオンの鋭敏なセンサーとして利用されている．このように，発光の消失や色の変化は極めて鋭敏なセンサーとなる．

(c) 光誘起電子移動

8.4.4 項で述べたように，光励起状態は，基底状態に比べ酸化力も還元力も大きくなっている．これは，光エネルギーの分だけ，酸化および還元のエネルギーが大きくなったことを意味する．したがって，光励起で得たエネルギーを電子移動やエネルギー移動で他の物質に移動させることができれば，光エネルギーの利用につながる．例えば，$[Ru(bpy)_3]^{2+}$ 錯体をトリエチルアミン $(N(C_2H_5)_3)$ 共存下で光照射すると，生成した励起状態が，トリエチルアミンにより還元され，$[Ru(bpy^-)(bpy)_2]^{2+}$ のような還元体が生成する．この還元体は，トリエチルアミンより強い還元力を持つので，いろいろの還元反応に利用することができる．

植物の光合成系では，光吸収のアンテナであるポルフィリン錯体が光を吸収して得たエネルギーを，数段階の過程を経て速やかに反応部分に移動させて利用している．発光性金属錯体を光増感ユニットとして，ドナー，またはアクセプター部位となる錯体ユニットと組み合わせた複合系錯体が合成され，効率的な人工光合成系の構築に向けた研究が活発に行われている．

(d) 太陽電池

現在 太陽電池としては，結晶性シリコンを用いるものが主流であるが，コスト面の問題も多い．光エネルギーの電気エネルギーへの変換は，エネルギー問題解決の点からも重要であり，より安価で効率的な太陽電池に関する研究が活発に行われている．

色素太陽電池は，太陽の光により色素としての金属錯体などを励起し，その励起エネルギーを電極の酸化チタンなどに移動させて，電気エネルギーとして取り出そうとするものである．金属錯体を利用した太陽電池として成功をおさめたものに，グレッツェルセル（Grätzel cell）と呼ばれる電池がある．この電池の報告が契機となって，金属錯体を増感材として用いる太陽電池の開発の研究が活発となった．この太陽電池は，半導体である酸化チタンを電極に塗布し，さらにこれをルテニウム(II)錯体で修飾している．ルテニウム(II)錯体としては，チオシアン酸イオンとbpy誘導体を配位子として持つものが用いられている．可視光励起を受けたルテニウム錯体から酸化チタンへ励起電子移動が起こり，これを利用して，光電変換が行われている．現在，吸収波長の広大化，効率的で速やかな励起電子移動のためのデバイス設計，コストの低減化など，実用化に向けた研究が進められている．

8.5 磁性と錯体化学

8.5.1 金属錯体の磁性

遷移金属錯体の特徴の1つとして磁性があげられる．磁性は，磁石を筆頭

として多くの場面に応用され，現代生活に欠かせない重要な性質となっている．コンピュータの発展が現代社会を支えているが，その記録媒体として，磁気テープや磁気ディスクが幅広く利用されている．遷移金属錯体の磁性はd遷移金属イオンが持つ不対電子と密接に関連している．多くの単核錯体では，不対電子を持っても単に常磁性を示すにとどまることが多いが，配位子と金属イオンをうまく組み合わせると，スピンクロスオーバー，単分子磁石など興味深い磁性を示す化合物が得られる．これらの性質は，金属錯体の磁性を特徴付ける重要なものである．以下に具体的な事例をもとに紹介する．

8.5.2 スピン状態の変換
(a) 熱によりスピンの変化する錯体：スピンクロスオーバー錯体

錯体の磁性の概略は，4.4.4項で述べた．鉄(III)錯体は5個のd電子を持ち，配位子場が強い場合には，t_{2g}の軌道が安定化されてt_{2g}^5型の低スピン錯体（不対電子1個）となるが，配位子場が弱い場合にはt_{2g}とe_g軌道の分裂が小さくなり$t_{2g}^3 e_g^2$型の高スピン錯体（不対電子5個）となる（図8.18）．磁気モーメントは低スピン錯体では全電子スピン量子数 $S = 1/2$ に対応して

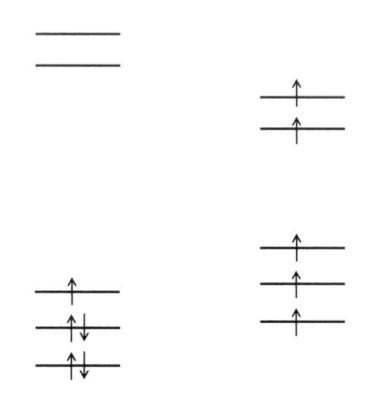

図8.18　d^5 金属イオンにおける高スピン（右）と低スピン（左）の電子配置

8.5 磁性と錯体化学

$\mu = \sqrt{3}\mu_B$, 高スピン錯体では $S = 5/2$ に対応して $\mu = \sqrt{35}\mu_B$ となる.

低スピン配置をとるか高スピン配置をとるかは配位子場分裂の大きさと電子間反発のエネルギーとの兼ね合いで決まるが, 両者の寄与が拮抗するような場合には, よく似た配位子間でもわずかの差違によって $S = 1/2$ をとったり $S = 5/2$ となったりすることがある. 両者の寄与が近い錯体の中には, 熱エネルギーにより, スピン状態が $S = 1/2$ の状態と $S = 5/2$ の状態の間で変換するものもある. このように, 1つの化合物で温度等を変化させたとき, 磁性が変化するものを**スピンクロスオーバー** (spin crossover) **錯体**と呼ぶ. 例としてジチオカルバミン酸誘導体 ($R_2NCS_2^-$) が3個配位した鉄(III)錯体, $[Fe((CH_3)_2NCS_2)_3]$ があげられる. この錯体は, 低温では $S = 1/2$ の状態にあるが, 高温にすると有効磁気モーメントの値が $S = 5/2$ の値に近づく. これは, 基底状態である $S = 1/2$ と励起状態である $S = 5/2$ のエネルギー差が小さく, 高温になると熱励起により, 容易に $S = 5/2$ の状態に変わることができるためである. すなわち, このような錯体では温度により磁性が変えられることになる. このようなスピンクロスオーバー現象を示す錯体は, 他の鉄(III)錯体でも知られているが, 鉄(II)錯体でも例があり, cis-$[Fe(NCS)_2(phen)_2]$ (phen:1,10-フェナンスロリン) などがスピンクロスオーバー現象を示す.

(b) 光照射により磁性の変わる錯体

スピンクロスオーバー現象を示す錯体は, 温度や圧力を変えると磁性が変わる化合物であるが, 同じ温度や圧力でも, 光照射をすることにより, スピン状態の変わる化合物があることが知られている. この現象を**光誘起スピン励起状態トラップ** (light induced excited spin state trapping:LIESST) と呼ぶ.

この現象を示す化合物の1つに $[Fe(1\text{-propyltetrazol})_6](BF_4)_2$ がある. この化合物は, 低温では $S = 0$ の低スピン状態, 高温 ($T > 120$ K) では $S = 5$ の高スピン状態をとる. この化合物に光照射を行うと, 低温でも $S = 0$

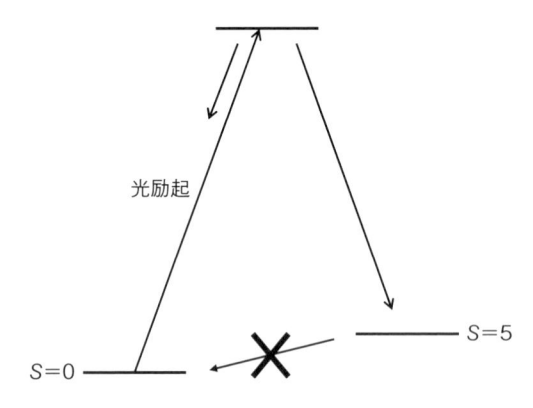

図 8.19 光照射により誘起されるスピン状態の変化

の状態から励起状態である $S=5$ の高スピン状態に変化させることができる．

この現象の詳しいメカニズムは複雑であるが，図 8.19 に概略を示す．重要なことは，低温では $S=5$ から $S=0$ への変化が非常に遅いことである．このため，光照射でいったん $S=5$ の状態が生成すると，それがもとの $S=0$ の状態に戻らず，$S=5$ の状態のままトラップされることとなる．また，$S=5$ と $S=0$ の状態とでは，電子状態も大きく変わるため，光照射により結晶の色も濃赤紫色から無色へ変化し，色の変化も著しい．さらに，低温で光照射によりトラップされた $S=5$ の状態は，再び光照射をすることにより $S=0$ の状態に変化させることもできる．LIESST 現象を示す化合物のこのような特徴を生かして，光磁気記録素子への利用のための研究が行われている．

8.5.3 単分子磁石

磁石は，身のまわりで色々な用途に使われるだけでなく，磁気記録媒体としてコンピュータなどの発展に寄与している．磁石としての性質を持たない常磁性物質の場合には，磁場が除かれると速やかにもとの状態に戻る．磁石

は，電子スピンを持ついくつもの金属イオンまたは分子により構成され，その構成単位間に強磁性的な相互作用が働いている．これらの電子スピンは，外部磁場が働くと一定の方向にそろい磁化されることになるが，磁場が除かれてもその磁化の履歴が残るものが磁石である．

図 8.20 に磁石の磁場 (H) に対する磁化 (M) 応答の例を示す．このような応答をヒステリシスループと呼び，十分な強さの逆磁場を加えないと磁化の履歴が消えない．これは，磁場によりいったん一方向を向いた電子スピンがもとの状態に戻る際にエネルギー障壁が存在するからである．

記録媒体の微細化への要求に伴い，小さくても磁石としての性質を発現する化合物の開発が進められている．究極の磁石は分子 1 個で磁石の性質を示す化合物，すなわち**単分子磁石** (single molecule magnet) である．最近，金属錯体の中に単分子磁石の性質を持つ化合物の発見が相次いでいる．

単分子磁石としての性質を示す分子として最初に見いだされたのは，マンガンの 12 核錯体 [$Mn_{12}O_{12}(CH_3COO)_{16}(H_2O)_4$] である．この錯体は極低温ではあるが，磁場-磁化曲線がヒステリシスループを示す．この化合物は 4 個の Mn(IV) イオンと 8 個の Mn(III) イオンからなるが，それらが互いに相

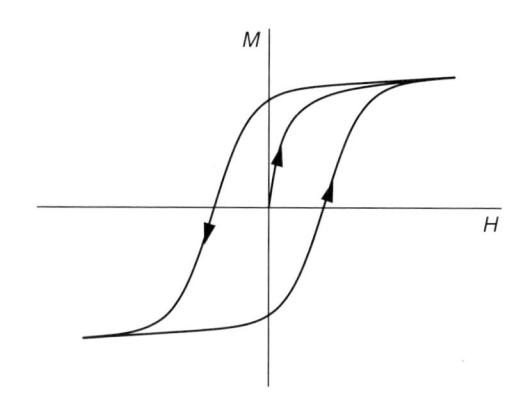

図 8.20　強磁性体（磁石）の磁場-磁化曲線

互作用をして，全スピン量子数 $S = 10$ の状態が基底状態となる．この分子ではスピン-軌道相互作用によって，スピンの移動が軌道の影響を受け，$S = 10$ に対応する2つの逆向きスピンの状態の間に活性化障壁が生じ，その活性化障壁よりも温度が十分に小さいときには，2つの状態間の遷移は熱的に起こらない．このため，磁場を印加して一方向にスピンをそろえると，印加磁場を0にしても，この状態が保持され磁化の反転が起こらず，磁石としての性質を示すようになるのである．

このような単分子磁石は，多核金属錯体のみならずランタノイドの錯体でも発見され，最小の磁石として今後の応用に向けた研究が行われている．

薬になる金属錯体

本書で述べてきた金属錯体のイメージからは，薬として用いられている金属錯体があるとは思えないかもしれない．扁平上皮癌の治療薬にシスプラチンという薬がある．この治療薬の実体は，シス-ジクロロジアンミン白金(II)，cis-[PtCl$_2$-(NH$_3$)$_2$]（図1）で，これを薬らしい呼び方にして使われている．人体に入ると2個の Cl$^-$ が H$_2$O で置き換わる．このシス位の二座の H$_2$O と置き換わって癌細胞中の二重らせん DNA が白金(II) に配位すると，DNA の複製が阻害され，癌細胞の増殖が抑えられるという機構が考えられている．オウラノフィン（auranofin）（図2）というリュウマチの薬があるが，これは金の錯体で，薬品名は金を意味する aur- からきていることがわかる．この他，放射性を利用し，トレース用に用いられる錯体もあり，心臓の造影剤に利用される Tc 錯体などを例としてあげることができる．

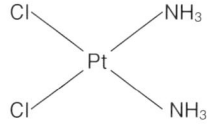

図1　シスプラチン

図2　オウラノフィン

演習問題

[1] 生体内金属酵素は，有用な物質を合成したり，エネルギーを取り出したりするのに使われている．
  (1) メタンが酸化されて CO_2 と H_2O になる際のエンタルピー変化を求めよ．ただし，CO_2，CH_4，H_2O の生成エンタルピーはそれぞれ，-394 kJ mol^{-1}，-75 kJ mol^{-1}，-286 kJ mol^{-1} である．次に，メタンの生成熱を利用して，ADP から ATP が生成するとして，1 mol のメタンの酸化により対応する ATP の生成量を求めよ．ADP が ATP に変換されるにはおよそ 40 kJ mol^{-1} のエネルギーが必要である．
  (2) 生体中の窒素固定を形式的に次の反応で表す．
  $$N_2 + 3H_2O \rightarrow 2NH_3 + \frac{3}{2}O_2$$
  この反応のエネルギー変化を調べ，対応する ATP の量を考えよ．ただし，NH_3 の生成エンタルピーは -46 kJ mol^{-1} である．また，生体系ではこのエネルギーをどのようにして供給しているか．

[2] 一般に C-C 結合生成に用いられる錯体触媒は，低酸化数の金属錯体が多い．なぜ，高酸化数金属イオンは M-C 結合を作りにくいか考えよ．

[3] 金属錯体を用いることにより，配位結合により決められた方向に有機配位子を配置し，これらの反応で複雑な形状の化合物を合成することができる．ソバージュ(Sauvage)らは 1980 年代に銅(I)イオンの配位結合を利用して，初めて効率のよいカテナンの合成に成功した (*Tetrahedron Lett.* **1983**, *24*, 5095, *J. Am. Chem. Soc.* **1984**, *106*, 3040)．この合成法について調べ，銅(I)イオンのどのような性質がカテナン合成に利用されたか，考えよ．

[4] 光化学では，光励起状態の寿命が重要となる．励起状態の寿命 τ は励起状態の失活速度定数 k の逆数で表される．
  (1) 寿命がそれぞれ 1 μs と 1 ns の励起状態があるとき，それぞれの失活速度定数 k を求めよ．
  (2) 一般に発光性の励起状態でも，発光せずに基底状態へ遷移する (失活する) 過程も存在する．ある化合物 A の発光失活速度定数が k_r，無輻射失

活速度定数が k_{nr} であるとき，全失活速度定数と寿命を求めよ．

(3) (2)の発光性の化合物に他の化合物 X を加えたところ，光励起状態で X と次のような反応をすることがわかった．

$$A^* + X \rightarrow A + Y$$

この反応速度定数が k_q であるとき，A の励起状態の寿命を求めよ．

[5] スピンクロスオーバーを示す錯体は，その挙動が温度のみならず圧力にも応答することが多い．高スピン状態と低スピン状態の電子状態の違いから，なぜ圧力にも応答するのか考えよ．

参 考 文 献

<全般>
文献

J. R. Gispert：『Coordination Chemistry』Wiley-VCH Verlag GmbH & Co. GGaA (2008).

松林玄悦・芳賀正明・黒沢英夫・松下隆之：『錯体・有機金属の化学』丸善 (2003).

基礎錯体工学研究会 編：『錯体化学－基礎と最新の展開』新版，講談社 (2002).

岩本振武・久司佳彦・荻野 博・山内 脩 編：『大学院 錯体化学』講談社 (2000).

山崎一雄・池田龍一・吉川雄三・中村大雄：『錯体化学』改訂版，化学選書，裳華房 (1993).

今井 弘：『金属錯体の化学－基礎と応用』培風館 (1993).

水町邦彦・福田 豊『錯体化学－プログラム学習』講談社 (1991).

錯体化学研究会 編：『分子を超えて－錯体の世界』化学同人 (1991).

山本芳久 編：『金属錯体化学』広川書店 (1990).

渡部正利・碇屋隆雄・矢野重信：『錯体化学の基礎－ウェルナー錯体と有機金属錯体』講談社 (1989).

F. バソロ・R. C. ジョンソン：『配位化学－金属錯体の化学』第2版，山田祥一郎訳，化学同人 (1987).

斎藤一夫：『新しい錯体の化学』大日本図書 (1986).

柴田村治：『錯体化学入門』第3版，共立出版 (1979).

山崎一雄・山寺秀雄 編：『錯体（上）（下）』無機化学全書 別巻，丸善 (1981).

渡部正利・河野博之・山崎 昶：『錯体のはなし』米田出版 (2004).

G. L. ミースラー・D. A. タール：『ミースラー・タール 無機化学2 錯体化学とその応用』脇原將孝 監訳，丸善 (2003).

梶 英輔 編：『無機化合物・錯体－生物無機化学の基礎』廣川書店 (2005).

F. A. コットン・G. ウィルキンソン・P. L. ガウス：『基礎無機化学』第3版，中原勝儼訳，培風館 (1998).

小宮三四郎・碇屋隆雄：『有機金属化学－その多様性と意外性』化学新シリーズ，

裳華房（2004）．
中村　晃 編著：『基礎 有機金属化学』朝倉書店（1999）．
山本明夫：『有機金属化学－基礎と応用』裳華房（1982）．

データ，辞典
日本化学会 編：『化学便覧 基礎編』改訂5版，丸善（2004）．
中原勝儼：『無機化合物・錯体辞典』講談社（1997）．

＜第1章，第2章＞
足立吟也 編著：『希土類の科学』化学同人（1999）．
松本和子：『希土類元素の化学』朝倉書店（2008）．
日本化学会 編：『金属錯体・遷移金属クラスター』実験化学講座22，第5版，丸善（2004）．
中村　晃・斎藤太郎：『無機合成化学』化学選書，裳華房（1989）．

＜第3章，第4章＞
三吉克彦：『金属錯体の構造と性質』岩波講座 現代化学への入門12，岩波書店（2001）．
菅野　暁・品田正樹・三須　明・山口　豪 編：『新しい配位子場の科学－物理学・化学・生物学の多電子論』田辺行人 監修，講談社（1998）．
今野豊彦：『物質の対称性と群論』共立出版（2001）．
上村　洸・菅野　暁・田辺行人：『配位子場理論とその応用』物理科学選書4，裳華房（1969）．
大塚斉之助・巽　和行：『分子軌道法に基づく錯体の立体化学』講談社（1986）．

＜第5章，第6章＞
舟橋重信：『無機溶液反応の化学』裳華房（1998）．
木村　優：『溶液内の錯体化学入門』共立出版（1991）．
大瀧仁志：『溶液化学－溶質と溶媒の微視的相互作用』化学選書，裳華房（1985）．
水町邦彦：『酸と塩基』化学サポートシリーズ，裳華房（2003）．
吉野諭吉：『酸・塩基とは何か』化学 One Point 25，共立出版（1989）．
K. ブルゲル：『非水溶液の化学－溶媒和と錯形成反応』大瀧仁志・山田真吉訳，学

会出版センター (1988).

横山晴彦・田端正明 編著：『錯体の溶液化学』錯体化学会選書 8，三共出版 (2012).

<第 8 章>

藤田 誠・塩谷光彦 編著：『超分子金属錯体』錯体化学会選書 5，三共出版 (2009).

北川 進・水野元博・前川雅彦 著：『多核種の溶液および固体 NMR』錯体化学選書 4，三共出版 (2008).

山下正廣・小島憲道 編著：『金属錯体の現代物性化学』錯体化学会選書 3，三共出版 (2008).

佐々木陽一・石谷 治 編著：『金属錯体の光化学』錯体化学会選書 2，三共出版 (2007).

増田秀樹・福住俊一 編著：『生物無機化学－金属元素と生命の関わり』錯体化学会選書 1，三共出版 (2005).

山下正廣・北川 進 編：『チャンピオンレコードをもつ金属錯体最前線－新しい機能性錯体の構築に向けて』化学フロンティア 16，化学同人 (2006).

桜井 弘：『金属なしでは生きられない－活性酸素をコントロールする』岩波科学ライブラリー 120，岩波書店 (2006).

大川尚士：『磁性の化学』朝倉化学大系 9，朝倉書店 (2004).

山下正廣・榎 敏明：『伝導性金属錯体の化学』朝倉化学大系 15，朝倉書店 (2004).

大川尚士・伊藤 翼 編：『集積型金属錯体の科学－物質機能の多様性を求めて』化学同人 (2003).

北川 進：『集積型金属錯体－クリスタルエンジニアリング』講談社 (2001).

西田雄三：『無機生体化学』裳華房 (1994).

土田英俊 編：『高分子錯体－動的相互作用と電子過程』学会出版センター (1991).

佐治英郎 編：『生命科学のための無機化学・錯体化学』廣川書店 (2005).

228

演習問題解答

第1章

[1] 本文を参照せよ．

[2] 金属錯体の一般的な定義としては，「金属イオン（原子）と配位子とが，配位結合で結合している化合物やイオン」といえる．(1), (2) のような塩や酸化物は，金属イオンと陰イオンのイオン結合ででき上がったものと見なされ，普通は金属錯体とは考えない．酸化物の中には，酸化物イオンから電子対が金属イオンに供給されていると見なせるものもあり，化合物によってはイオン結合と錯体の境域は微妙である．(3) のような合金には配位子がなく配位結合が存在しないため錯体ではない．(1) の NaCl と同様に (4) も塩と見なされやすいが，結晶に含まれる H_2O が Co(II) イオンに配位結合で結合し，$[Co(H_2O)_6]^{2+}$ となっているので，金属錯体と考えてよい．(5) は CN^- が Fe(III) に配位しており明らかに錯体である．

[3] cis-$[CoCl(H_2O)(NH_3)_4](SO_4)$ を希薄なアンモニア水から再結晶すると，$[Co\{(OH)_2Co(NH_3)_4\}_3](SO_4)_3\cdot 4H_2O$ が暗褐紫色結晶として得られる．ウェルナーはこの錯陽イオンをブロモショウノウスルホン酸塩を使って光学分割したが，酒石酸アンチモン酸塩での分割も行われている．

[4] 平面：3個（2個の Cl^- が隣にくるもの，間に1つ NH_3 を挟むもの，互いに向い側にくるもの），三角柱：3個（2個の Cl^- が同じ三角形内にあるもの，別々の三角形内にあるときは，向い合った位置にある場合とずれた位置にある場合の2種），6配位八面体：2個（シスとトランス）．

第2章

[1] (1)

	陽子数	電子数
B	5	5
Al	13	13
Ga	31	31
In	49	49
Tl	81	81

(2)

	陽子数	電子数	電子数/陽子数
B	5	2	0.4
Al	13	10	0.77
Ga	31	28	0.90
In	49	46	0.94
Tl	81	78	0.96

(3) 化学的性質は,最外殻電子(価電子)の軌道と数により決まり,陽子の正電荷が電子で中和される割合にはよらない.今の場合には,3価の陽イオンのときには,中性状態での価電子 $(n+1)\mathrm{s}^2(n+1)\mathrm{p}^1$ がすべて取り除かれ,$(n\mathrm{s})^2(n\mathrm{p})^6$ の一種の閉殻構造となっている.希ガス元素の性質が互いに似ているのと同様に,最外殻の電子配置が類似しているため,これら3価の陽イオンの化学的性質も似てくる.

[2] (1) 到達している族:第3~7族,部分的に到達している族:第8族,到達していない族:第9~12族.

(2) 代表的な例をあげる.第6族 Cr:$\mathrm{CrO_4^{2-}}$,$\mathrm{Cr_2O_7^{2-}}$;Mo:$\mathrm{MoO_4^{2-}}$;W:$\mathrm{WO_4^{2-}}$,$\mathrm{WO_3}$. 第7族 Mn:$\mathrm{MnO_4^{-}}$;Tc:$\mathrm{TcO_4^{-}}$;Re:$\mathrm{ReO_4^{-}}$. 第8族 Fe:$\mathrm{Fe_2O_3}$;Ru:$\mathrm{RuO_4}$;Os:$\mathrm{OsO_4}$.

(3) 一般に酸化数が大きくなると,外殻電子がより強く金属イオンに引き付けられるため,高酸化数の金属イオンのサイズは小さくなる.これに加えて,Mnは第一遷移系列元素であるため,$\mathrm{Re^{7+}}$ に比べて $\mathrm{Mn^{7+}}$ のイオンサイズは小さい.このため,$\mathrm{Mn^{7+}}$ には立体的に7個のフッ化物イオンは配位することができず $\mathrm{MnF_7}$ は生成しないと考えられる.

(4) (3)と同様に+6価の金属イオンのイオン半径が小さく,かつ $\mathrm{Cr^{6+}}$ は $\mathrm{Mo^{6+}}$,$\mathrm{W^{6+}}$ に比べイオン半径がさらに小さい.このため,サイズの大きい $\mathrm{S^{2-}}$ 4個とは強固な結合を形成することができない.さらに,$\mathrm{S^{2-}}$ は酸化を受けやすい配位子であるため,酸化力の大きい $\mathrm{Cr^{6+}}$ に配位すると酸化還元反応を起こして,Crはより低酸化数の状態になる.このため,$[\mathrm{CrS_4}]^{2-}$ は生成しないものと考えられる.

[3] (1) イオン化傾向で $\mathrm{H_2}$ よりイオン化されやすいものは,イオンの状態で $nF\Delta E$ の値が極小となっている.フロスト図も,酸性溶液中ではこれらの

金属がイオン化されることを示している.
(2) フロスト図上で Cu, Cu$^+$, Cu^{2+} を結ぶと上に凸の線となっている.このような場合に 2Cu$^+$ → Cu + Cu^{2+} の反応を考えると,全体として $nF\Delta E$ の値が負となり,発熱反応になることがわかる.つまり,Cu$^+$ が生成したとしても,不均化反応が進行し,Cu と Cu^{2+} になってしまう.これは一般的に成立し,上に凸の場合は不均化反応,下に凸の場合には均化反応が進行する.

[4] (1) 第14族4価イオンとのイオン半径の比

	M$^+$(第1族)	M^{2+}(第2族)	M^{3+}(第13族)
第3周期	2.09	1.59	1.26
第4周期	2.27	1.70	1.14
第5周期	2.00	1.59	1.14
第6周期	1.97	1.62	1.12

この表より,第1族 M$^+$ はおよそ2倍程度,第2族 M^{2+} は 1.6〜1.7倍,第13族 M^{3+} は 1.1〜1.3倍となることがわかる.

(2)

	M$^+$(第1族)	M^{2+}(第2族)	M^{3+}(第13族)	M^{4+}(第14族)
第3周期	1	1	1	1
第4周期	1.35	1.34	1.12	1.24
第5周期	1.45	1.53	1.38	1.54
第6周期	1.61	1.73	1.51	1.70

(3) (2)の結果から,第1族,第2族,第14族の各イオンで,第4周期,第5周期,第6周期のものは,第3周期の対応するイオンのイオン半径と比べ,1.2〜1.3倍程度,1.5倍程度,1.6〜1.7倍程度となることがわかる.しかし,第13族は,1.1倍,1.4倍,1.5倍と変化がやや小さい.これは,第4周期では,第2族と第13族の間に d 遷移金属があるため,第13族は,その遮蔽効果を大きく受けていることを示している.

第3章

[1] (1) 省略.

(2) [FeX$_6$]$^{3-}$ は高スピン型構造をとるため，配位子の方向に分布する d 軌道（金属－配位子反結合性の軌道）に電子が入る．この電子との反発により結合長が長くなる（周期の違いよりも，電子配置の違いにより，結合長が大きく変わることに注意されたい．中心金属と配位子の結合の詳細に関しては，第4章を参照のこと）．

[2] (1) 以下の図で示すように，L$_1$ を頂点とする四角錐構造が，L$_1$, L$_3$, L$_5$ を三角の面とする三角両錐に変換される．

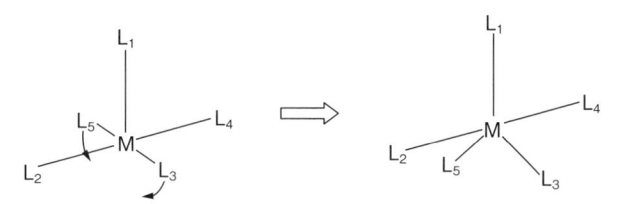

(2) 最初は L$_2$, L$_4$ がアキシアルの位置にあるが，2度変換すると L$_3$, L$_5$ がアキシアルの位置にくる．実質の回転は伴わないため擬回転（pseudo rotation）と呼ばれる．

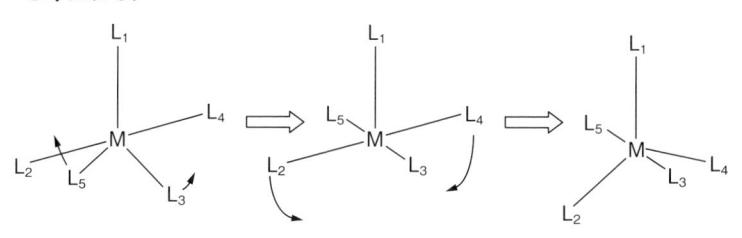

[3] (1)

(2)

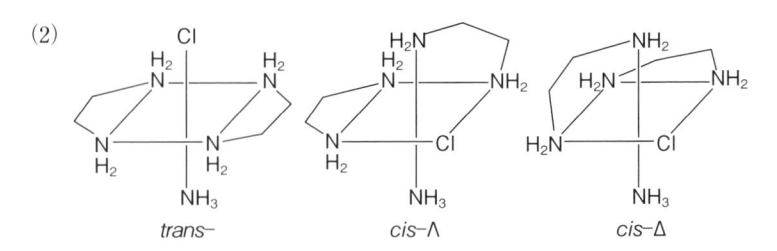

trans-　　　　　　　cis-Λ　　　　　　cis-Δ

[4] $[Mo_7O_{24}]^{6-}$ は次に示すような，7個の$\{MoO_6\}$八面体が，オキソ(酸化物)イオンを共有して重なった構造である．

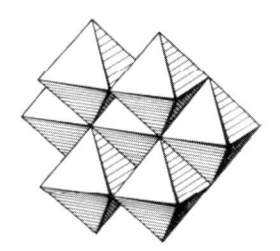

八面体の各頂点に酸化物イオンがあることを考えると，酸化物イオンは上から2個，6個，8個，6個，2個の5段構造である．

これを上から投影した図として示すと以下のようになる．

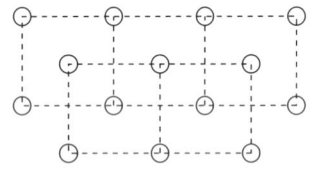

各層の酸化物イオンを取り出して詳しく結合の様子を見ると次のようになる．

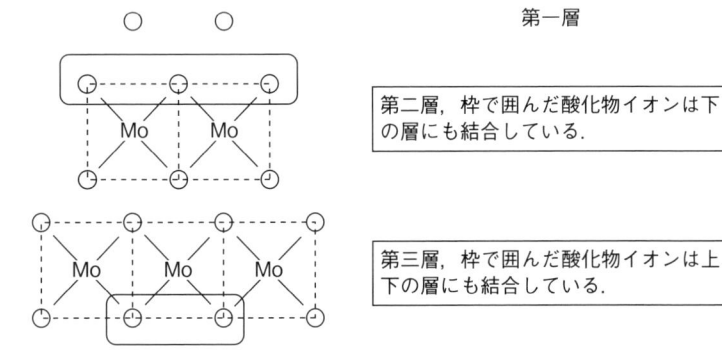

第一層

第二層，枠で囲んだ酸化物イオンは下の層にも結合している．

第三層，枠で囲んだ酸化物イオンは上下の層にも結合している．

以上の図から，

第一層の酸化物イオンは，2個とも末端配位である．

第二層は，末端配位が2個，二架橋配位が3個，三架橋配位が1個となる．

第三層は，末端配位が4個，二架橋配位が2個，四架橋配位が2個となる．

第四層，第五層は，それぞれ，第二層，第一層と同じであるため，全体では末端配位が12個，二架橋配位が8個，三架橋配位が2個，四架橋配位が2個となる．

第4章

[1] (1) $1\,\text{eV} = 1.602 \times 10^{-19}\,\text{J}$．1 mol の電子が加速されると

$(1.602 \times 10^{-19}\,\text{J}) \times 6.022 \times 10^{23}\,\text{mol}^{-1} = \underline{9.65 \times 10^1\,\text{kJ mol}^{-1}}$

(2) 光子1個当たりのエネルギーは $h\nu$ である(h：プランク定数)．$n = c/\lambda$ から $1\,\text{eV} = hc/\lambda$．$\lambda = hc/1\,\text{eV} = 6.63 \times 10^{-34}\,\text{J s} \times 3.00 \times 10^8\,\text{m s}^{-1}/(1.602 \times 10^{-19}\,\text{J}) = 1.24 \times 10^{-6}\,\text{m} = \underline{1240\,\text{nm}}$．波数表示では $1/1.24 \times 10^{-6}\,\text{m} = 8.06 \times 10^5\,\text{m}^{-1} = \underline{8.06 \times 10^7\,\text{cm}^{-1}}$．

(3) $RT = 8.3145\,\text{J mol}^{-1}\,\text{K}^{-1} \times 300\,\text{K} = 2.50 \times 10^3\,\text{J mol}^{-1} = \underline{2.50\,\text{kJ mol}^{-1}}$

(4) (1)〜(3)の結果から $1\,\text{eV} = 96.5\,\text{kJ mol}^{-1} = 1240\,\text{nm} = 8.06 \times 10^3\,\text{cm}^{-1} = 1.16 \times 10^4\,\text{K}$ となるので，$420/96.5 = \underline{4.35\,\text{eV}}$，$420/96.5 \times (8.06 \times 10^3) = \underline{3.51 \times 10^4\,\text{cm}^{-1}}$，$420/96.5 \times (1.16 \times 10^4) = \underline{5.05 \times 10^4\,\text{K}}$

(5) 同様にして $500\,\text{nm} = 2 \times 10^4\,\text{cm}^{-1} = \underline{2.48\,\text{eV}} = \underline{239\,\text{kJ mol}^{-1}} = \underline{2.88 \times 10^4\,\text{K}}$

(6) $\underline{1.5\,\text{eV}} = \underline{145\,\text{kJ mol}^{-1}} = \underline{1.21 \times 10^4\,\text{cm}^{-1}} = \underline{1.74 \times 10^4\,\text{K}}$．化学でよく使う範囲では $1\,\text{eV} \sim 100\,\text{kJ} \sim 8000\,\text{cm}^{-1} \sim 12000\,\text{K}$ と覚えておくと便利である．60 kg の物体が 145 kJ の運動エネルギーを持つ時の速度は 69.5 m/s．

[2] (1) 電子の作る電場は，$e/4\pi\varepsilon_0 r = 1.60 \times 10^{-19}\,\text{C}/4\pi \times 8.85 \times 10^{-12}\,\text{F/m} \times r = 1.44 \times 10^{-9}/r\,[\text{Vm}]$．すなわち1Å離れた点での電位は $1.44 \times 10^{-9}/1 \times 10^{-10}\,[\text{V}] = 14.4\,\text{V}$．2Åでは 7.2 V，3Åでは 4.8 V．よって静電エネルギーは 1Å：14.4 eV，2Å：7.2 eV，3Å：4.4 eV．このように，電子のエネルギーは，電子または陽子からの距離に依存する．したがって，結合長の変化の影響は大きく，軌道のエネルギーを大きく変えてしまう．

(2) 電子と陽子の作る電場を足し合わせればよいから $-14.4\,\text{eV} + 7.2\,\text{eV} = -7.2\,\text{eV}$ となる．

[3] Ti^{2+} を例にして考える．図 4.6 に示したように，実測値は計算値に比べ 0.15 MJ mol^{-1} 安定である．全安定化エネルギー 1.8 MJ mol^{-1} に占める割合は $0.15/1.8 = 8.3\%$ となり，およそ 10 % ほどが結晶場安定化エネルギーからの寄与と考えられる．

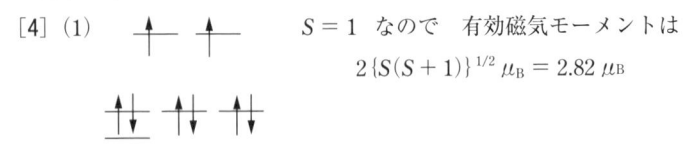

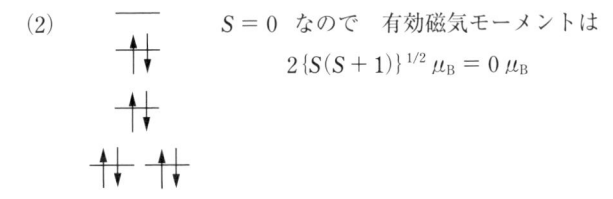

[4] (1) $S = 1$ なので 有効磁気モーメントは
$$2\{S(S+1)\}^{1/2}\mu_B = 2.82\ \mu_B$$

(2) $S = 0$ なので 有効磁気モーメントは
$$2\{S(S+1)\}^{1/2}\mu_B = 0\ \mu_B$$

(3) アンミン錯体：$[Ni(NH_3)_6]^{2+}$ 6 配位八面体型，シアノ錯体：$[Ni(CN)_4]^{2-}$ 4 配位平面型．

[5] 図 4.15 に示した分子軌道のうち，d_{xy} 軌道の相互作用により生ずる δ, δ^* 軌道がない分子軌道図となる．このため，d_{z^2} による σ 型の結合および d_{yz}, d_{zx} による π 型の結合の寄与により，最大でも三重結合となる．

[6] (1) $\Delta_o/B < 20$：$^5T_{2g}, (t_{2g})^3(e_g)^2$．$\Delta_o/B < 20$：$^1A_{1g}, (t_{2g})^6$．

(2) $^3T_{1g}$：$^1A_{1g}$ との差は $17B$，したがって，遷移エネルギーは 17000 cm^{-1}；590 nm：スピン禁制遷移．$^5T_{2g}$：$20B$；20000 cm^{-1}；500 nm：スピン禁制．$^3T_{2g}$：$23B$；23000 cm^{-1}；430 nm：スピン禁制．$^1T_{1g}$：$27B$；27000 cm^{-1}；370 nm：スピン許容．$^1T_{2g}$：$39B$；39000 cm^{-1}；260 nm：スピン許容．$^1T_{1g}$ および $^1T_{2g}$ への 2 つの遷移がスピン許容で相対的に強度が大きい．

(3) $^5T_{2g}$ 以外は，$(t_{2g})^5(e_g)^1$ の 1 電子励起状態であるが，$^5T_{2g}$ は $(t_{2g})^4(e_g)^2$ の 2 電子励起状態であり，約 $2\Delta_o$ だけの励起エネルギーが必要なので，他の遷移に比べ，約 2 倍の傾きとなる．

[7] (1) $Ru^{II} \rightarrow Ru^{III} + e^-$ 1.2 V, bpy + e$^-$ → bpy$^-$ −1.3 V であるから，$[Ru^{III}(bpy^-)(bpy)_2]^{2+}$ の励起状態を作るためには，電子は 1.2 V の状態から，−1.3 V の状態へ励起されることになる．よって $-1.3\ \text{V} - (1.2\ \text{V}) =$

演習問題解答

－2.5 V の電位差を電子が動くのでエネルギーは 2.5 eV となる．これに対応する波長は 1240/2.5 = 500 nm．この波長は実測値とほぼ対応している．

(2) 同様に考えて，電荷移動遷移のエネルギーは 1.9 eV(650 nm)．この励起エネルギーは $[Ru^{II}(bpy)_3]^{2+}$ に比べ小さいので，長波長側に現れると考えられる．実際，この化合物は 553 nm に吸収極大を示し，吸収帯は長波長側にシフトしている．

第 5 章

[1] $pK_a = -\log K_a$ と $\log \beta_1$ の関係式は，

$$pK_a = -\log K_a = -\log([H^+][M(OH)(H_2O)_5^{(n-1)+}]/[M(H_2O)_6^{n+}])$$
$$= -\log[H^+][OH^-][M(OH)(H_2O)_5^{(n-1)+}]/[M(H_2O)_6^{n+}][OH^-])$$
$$= -\log(\beta_1 \times [H^+][OH^-]) = -\log \beta_1 + 14$$

となる．この関係式より，Cr^{3+}, Fe^{3+}, Fe^{2+}, Zn^{2+} の pK_a を求めると，それぞれ 3.95，2.83，9.50，8.95 となる．

[2] 配位子場安定化エネルギーの大きさ（かっこ内）は，$Mn^{2+}(0)$，$Zn^{2+}(0)$ < $Fe^{2+}(0.4\Delta_o)$，$Cu^{2+}(0.4\Delta_o)$ < $Co^{2+}(0.8\Delta_o)$ < $Ni^{2+}(1.2\Delta_o)$ の順であり，反応開始温度もこの順に高くなる傾向が見てとれる．すなわち，反応開始温度は配位子場安定化による $M-NH_3$ 結合の強さと連動していることが示される．ただし，$[Cu(NH_3)_6]^{2+}$ の場合には，配位子場安定化エネルギーからの予想より，やや低い温度で反応が開始される．これは，銅(II) のヤーン－テラー効果により，上下のアンモニアがやや弱く結合しているためと考えることができる．

[3] (1) en はキレート配位子であり，キレート効果により大きな安定化が得られている．

(2) K は次の計算式により，$10^{9.68}$ と求まる．

$$[[Ni(en)_3]^{2+}][NH_3]^6/[[Ni(NH_3)_6]^{2+}][en]^3$$
$$= \{[[Ni(en)_3]^{2+}]/[[Ni(H_2O)_6]^{2+}][en]^3\}$$
$$\times \{[[Ni(H_2O)_6]^{2+}][NH_3]^6/[[Ni(NH_3)_6]^{2+}]\} = 10^{18.26}/10^{8.61} = 10^{9.68}.$$

次に，

$$\Delta G^0 = -RT\ln K = 8.314 \times 10^3 \times 298 \times 2.303 \times \log 10^{9.68} = -55.23 \text{ kJK}^{-1}\text{mol}^{-1}.$$

[4] (1) NH_3 は硬い配位子，CN^- は軟らかい配位子に分類される．Co(III) はもと

もと硬い酸に分類されるが，5個の軟らかい配位子 CN^- が配位した場合には，その影響を受けて軟らかさが増している．このため，$[Co(NH_3)_5(NCS)]^{2+}$ における Co(III) は，NCS^- に対して硬い酸としてふるまい NCS^- と硬い配位部分の N で結合するのに対し，$[Co(CN)_5(NCS)]^{2-}$ における Co(III) は軟らかい酸としてふるまうようになり，NCS^- とはより軟らかい S 側で結合する．

(2) 上の考察から明らかなように，硬い酸の Co(III) を持つ $[Co(NH_3)_5X]^{2+}$ は X = Cl のときがより安定で，軟らかい酸の Co(III) を持つ $[Co(CN)_5X]^{2-}$ は X = I のときがより安定となると予想される．

第6章

[1] この序列の前にくる配位子は，π 逆供与性のものや軟らかい配位子である．白金(II) は dπ 軌道に電子が詰まっていて逆供与能のある配位子との結合が生じやすい．また，白金(II) は軟らかい酸中心である．すなわち，白金(II) と強い結合を作るものほど，そのトランス位の配位子を解離しやすくする傾向が見てとれる．白金(II)錯体の配位子置換反応では，置換して入ってくる配位子が面の上から結合し，離れていく配位子，トランス効果を持つ配位子との3つで中間の三角形を作る三角両錐型の中間体を経て，置換反応が進行すると考えられている．したがって，トランス位の配位子の役割が6配位八面体型錯体などと比べても顕著である．

[2] (1) この反応の機構は I_a と考えられている．このとき，遷移状態で置換して入ってくる Cl^- が弱く相互作用した1個配位数の多い状態が生ずると考えられるが，その状態の生成はサイズの大きい Mo の方が有利である．このため，Mo 錯体の反応速度が大きくなる．

(2) 安定度定数 K（単位は $mol^{-1}dm^3$）は，Cl^- 錯体の生成速度定数 k_f ($s^{-1}mol^{-1}dm^3$) および Cl^- が解離する反応速度定数 k_b (s^{-1}) との間に，次の関係が成立する．$K = k_f/k_b$．したがって，M = Mo のときの安定度定数 K は，$K = 6.3 \times 10^{-3}/4.26 \times 10^{-4} \, mol^{-1}dm^3 = 14.8 \, mol^{-1}dm^3$ となる．

[3] 反応機構がいずれも I_d であれば，$M-OH_2$ の結合の強さが大きいほど反応速度は小さいと考えられる．しかし，Rh 錯体では，反応機構が I_a となり，置

換して入ってくる H_2O の Rh との相互作用が置換反応を促進する効果がある．これが結合の強さの違いの効果を上まわるので，反応速度は Co ＜ Rh となる．一方，Rh と Ir 錯体では，中心金属イオンのサイズがほとんど同じなので，置換して入ってくる H_2O の相互作用の効果はほぼ同じであり，M－OH_2 の結合の強さの違いが効いてきて，Rh ＞ Ir となる．

[4] (1) もし，ラセミ化の途中で配位したシュウ酸イオンのうちの1個が外れて，結合し直す際にラセミ化が起こるのであれば，ラセミ化反応の速度は，添加したシュウ酸イオンの濃度の影響を受けるはずである．その影響がないということは，ラセミ化反応が分子内で起こることを示している．

(2) 配位したシュウ酸イオンのうちの1個が単座となった中間体において，対称な構造の中間体を考える必要があるので，図に示すような中間体が考えられる．第3章の [2] の解答を参考にせよ．

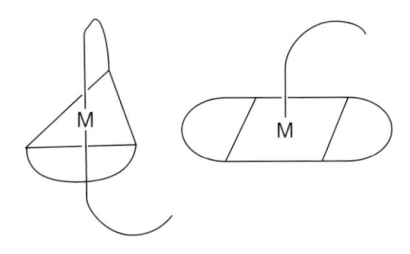

(3) 結合が切れないまま構造がねじれ，対称的な構造の中間状態を経て反応が進むが，具体的には図に示す三核柱型の構造が考えられる．

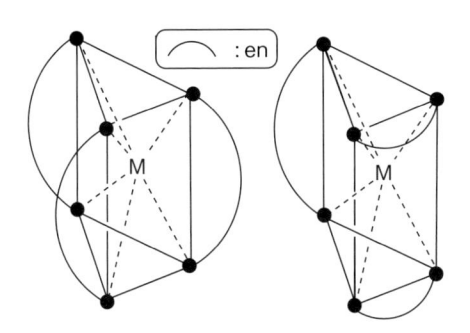

[5] (1) $K_{com} = \exp(F\Delta E/RT)$ の関係から，$K_{com} = \exp(9.6485 \times 10^4 \times (0.51)/(8.314 \times 298)) = 4.22 \times 10^8$.

(2) オキソ架橋にプロトンが付加し,ヒドロキソ架橋になることによって配位子の塩基性が弱まり,金属中心の電子密度も下がる.このため,酸化が起こりにくくなり,酸化還元電位も正側にシフトする.

(3) $K_{com} = \exp(9.6485 \times 10^4 \times (0.54)/(8.314 \times 298)) = 1.36 \times 10^9$. K_{com}の値は,ヒドロキソ架橋錯体の方が大きく,混合原子価状態がより安定である.しかし,その差は小さく,プロトン付加による効果はあまり大きくない.

第7章

[1] エチレンジアミン四酢酸イオンやテトラキス(2-ピリジルメチル)エチレンジアミンはいずれも,金属イオンに配位すると最も安定なサイズのキレート環とされる5員環キレート5個を形成する.これによる錯体の安定化は極めて大きく窒素原子との結合の弱さを十分にカバーし,安定な錯体を形成できる.キレート効果については,5.4.3項を参照のこと.

[2] この配位子は,ポルフィリンの面上の末端にピリジル基を有する.一方,ポルフィリンの環内に取り込まれた亜鉛(II)は,面の上下方向にさらに配位基を配位させる能力を持つ.この亜鉛イオンに第二の亜鉛ポルフィリンが配位すると,ポルフィリンが互いに垂直の方向に位置する形が得られ,図に示すような4個の亜鉛ポルフィリンが四角形型に閉じた構造を形成することが可能である.この型のポルフィリンで実際にこのような四角形型の錯体が知られている.この連結が外側に向かえば,ジグザグ型に連結した鎖状錯体が得られることになるが,実際に単離され,構造が決められた例はない.

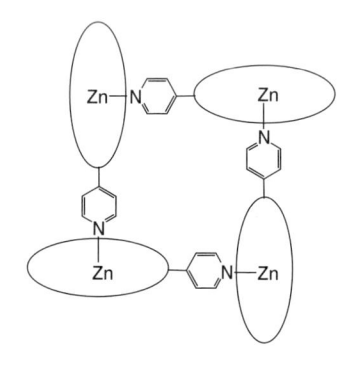

[3] (1) この錯体が例えば2個クロム(III)に配位したとき，このクロム(III)中心まわりはSが6個配位した形で配位構造には異性体はない．したがって，異性体を与える要因は，fac-[Co(NH$_2$CH$_2$CH$_2$S)$_3$]の光学異性体であり，その組み合わせにより，ΔΔ，ΔΛ，ΛΛの3種の光学異性体が存在する．

(2) cis-[Pt(NH$_2$CH$_2$CH$_2$S)$_2$]は二座配位子で，幾何，光学異性体共に存在しない．しかし，これが3個八面体型金属中心に配位した場合，この金属中心まわりにはΔ，Λの光学異性体が存在する．この2種のみが可能な異性体である．

(3) Cl$^-$のtrans位が，2個ともSである幾何異性体，2個ともNである幾何異性体，およびNとSが一個ずつの幾何異性体の3種がある．

(4) cis-[CoCl$_2$(NH$_2$CH$_2$CH$_2$S)$_2$]$^-$の化学式で，二つのSが共にCl$^-$のtrans位にある幾何異性体には，Δ，Λの光学異性体が存在する．これが3個，2つのSでキレート配位した八面体型金属中心にもΔ，Λの光学異性体が存在する．これらの光学異性体の組み合わせで，可能な異性体は，Δ(ΔΔΔ)，Δ(ΔΔΛ)，Δ(ΔΛΛ)，Δ(ΛΛΛ)，Λ(ΔΔΔ)，Λ(ΔΔΛ)，Λ(ΔΛΛ)，Λ(ΛΛΛ)，の8種となる．ここで，(　)内の3つが元のCo錯体の光学異性体に対応する．

[4] 銅(I)の4配位錯体は四面体型構造をとっている．銅(I)錯体のd電子のうちの1個が励起されて，よりエネルギーの高いs軌道，あるいは配位子の反結合性軌道に移動すると，d軌道部分は1電子少ないd^{9}電子配置となり，この配置は銅(II)錯体に見られるように平面型構造をとりやすくなる．したがって，1,10-フェナンスロリンが2個配位した銅(I)錯体の励起状態は平面に近い状態となると思われるが，2,9-ジメチル-1,10-フェナンスロリンが2個配位した銅(I)錯体では，置換基の立体障害で平面型構造をとりにくい．励起状態からの発光は，立体構造の変化が小さい方が振動エネルギーなどでエネルギーが失われる過程が少なくなり有利であると考えられるが，ビス(2,9-ジメチル-1,10-フェナンスロリン)銅(I)錯体は，励起状態と基底状態の構造の違いが小さいので，より強い発光を示すと考えられる．

第8章

[1] (1) $CH_4 + 2O_2 \rightarrow CO_2 + 2H_2O$ のエンタルピー変化は，与えられた各成分の生成エンタルピーより $-891\ kJ\ mol^{-1}$ と求まる．この値から，1 mol のメタンの酸化により，ATP はおよそ 22 mol 生成することがわかる．

(2) $N_2 + 3H_2O \rightarrow 2NH_3 + 3/2O_2$ の反応のエンタルピー変化は $766\ kJ\ mol^{-1}$ である．この変化は，ATP → ADP の変化のおよそ 19 mol 分に相当する．生体系では，発熱反応と組み合わせることにより，必要なエネルギーを酸化還元電位や pH 勾配（膜電位）の形で供給し吸熱反応も進行させる．この例で明らかなように，生体反応の模倣には，効率のよい金属酵素のデザインのみならず，エネルギーの供給法を考えねばならない場合も多い．

[2] 一般に，有機基は還元的であり，酸化力の強い高酸化状態の金属イオンと反応すると，（電荷の偏った）イオン結合生成をするよりも，酸化還元反応が進行してしまう．このため，高酸化数金属イオンとの M−C 結合は不利であり，低酸化数の還元的な金属中心と共有結合的な結合が生成する．

[3] 合成法は以下に図示した通りである．

銅(I)イオンが4配位四面体型をとることを利用して，OH基の向きを固定し，ポリエチレンオキシド鎖で配位子を固定し2つのリングが相互貫入した化合物を合成する．最後に，銅(I)イオンが置換活性であることを利用して，CN^-により銅(I)をシアノ錯体として取り除いて，カテナンを完成させている．この合成法の発表後，金属イオンを有機配位子の配向の制御に利用した超分子合成法が盛んとなっている．

[4] (1) $\tau = 1\,\mu s ; k = 1\times 10^6\,s^{-1} ; \tau = 1\,ns ; k = 1\times 10^9\,s^{-1}$.

(2) 励起状態A^*の時間変化は $d[A^*]/dt = -(k_r + k_{nr})[A^*]$ と表すことができるので，全失活速度定数は $k_{total} = k_r + k_{nr}$ となる．よって，寿命τは $1/(k_r + k_{nr})$ と表せる．

(3) 励起状態A^*の時間変化は

$$d[A^*]/dt = -(k_r + k_{nr})[A^*] - k_q[X][A^*] = -(k_r + k_{nr} + k_q[X])[A^*].$$

よって励起状態の寿命は $1/(k_r + k_{nr} + k_q[X]) = 1(k_{total} + k_q[X])$.

[5] 一般に低スピン状態より，高スピン状態の方が，e_g軌道に入る電子の数が多くなる．e_g軌道は，金属－配位子反結合性の軌道であるため，低スピン状態から高スピン状態になると金属－配位子結合長が長くなる．このような構造変化があるため，スピンクロスオーバー現象は圧力にも影響を受けやすい．

索　引

ア

アーヴィング–ウィリアムスの系列　135
アイゲン　11
亜鉛(II)　48,63,126,210
アクセプター数　130
アクチノイド　15,26,41,72
アセタト架橋錯体　61
アセチルアセトナトイオン　122,150
アセチルアセトン　17
アダムソンの規則　214
アミノ酸　4,191
アルカリ金属元素　20
アルカリ土類金属元素　20
アルミニウム　20,34
アルミニウム(III)　155,210
アルミニウム(III)キノリノラト錯体　215
安定度定数　123,131,172
アンモニア　1,4,6,192
アンモニア錯体　126

イ

イオン化ポテンシャル　22
イオン結合　39
イオン結晶　39
イオン半径　26,44
異性化反応　141
イソチオシアナト　54
1次元構造　202
一酸化炭素(CO)配位子　96
イリジウム(III)　49,149,209,215
インジウム　20

ウ

ウィルキンソン　9
ウィルキンソン触媒　11,193
ウェルナー　7

エ

エチレン　6
エチレンジアミン　128,170,178
エネルギー項　77,106,107,110
エネルギー状態　106
エネルギー伝搬　177

オ

オウラノフィン　222
オキソイオン　31,41,50,58,61,163,182
オキソ架橋錯体　59
オキソ金属イオン　31
オスミウム(II)　208

カ

外圏型反応機構　157
架橋配位子　58,179
角重なりモデル　100,214
カシャの規則　213
硬さ–軟らかさの概念　132
活性化エンタルピー　154
活性化エントロピー　154
活性化体積　154
活性化パラメータ　154
カテナン　200
カドミウム(II)　48,210
過マンガン酸イオン　32,51
ガリウム　20
カルボキシペプチダーゼ　188
カルボニル錯体　96
カルボン酸イオン　61,63,135
還元剤　156
還元的脱離　194
環状配位子　172
環状ポリエーテル　174,175

索　引

キ

幾何異性体　52, 170
機能性物質　67
機能モデル錯体　188, 190
キノリノラト錯体　215
逆供与　96
吸収スペクトル　110
共有結合　5, 39
許容遷移　109
キレート環　170, 173
キレート効果　128, 172, 175
キレート配位　7, 170
キレート配位子　126, 170
金(I)　44, 61, 209, 216
銀(I)　44, 209
均化定数　164
禁制遷移　109
金属－金属間結合　57, 101, 162, 210
金属間結合　57, 63, 64, 101
金属間三重結合　66
金属間四重結合　66, 102
金属クラスター錯体　56
金属酵素　3, 178, 187
金属酸化物　193

ク

クラウンエーテル　10, 175, 216
クリプタンド　10, 175
グレッツェルセル　217

クロイツ－タウビー錯体　164
クロム(II)　61, 146, 157, 157
クロム(III)　49, 105, 113, 121, 143, 146, 149, 212
クロム(VI)　32, 51, 156
クロム酸イオン　32, 51
クロロフィル　177, 188

ケ

蛍光　213
結合性軌道　92
結合電子対　39
結晶場安定化エネルギー　85, 136, 149
結晶場活性化エネルギー　149
結晶場分裂エネルギー　81
結晶場理論　9, 71, 79
原子移動機構　159
原子価軌道　29
原子核の安定性　34
原子価結合論　71
原子価電子　25
原子軌道関数　74
元素の存在量　32

コ

項　77, 106
光学異性体　55, 59, 172
光学活性　8
光学活性錯体　12
光学活性体　68
光学対掌体　7
項間交差　213

光合成　192
光合成系　217
高スピン　49, 83, 99, 218
構造モデル錯体　188
高分子錯体　67, 199
ゴーシュ構造　172
五角両錐型錯体　48
固体錯体化学　198
固体表面　205
コバルト(II)　25, 82, 130, 178, 190
コバルト(III)　1, 7, 24, 49, 84, 99, 121, 143, 149, 155, 157, 178
混合原子価状態　164
コンパートメント配位子　181

サ

最低エネルギー項　110
錯形成定数　123
錯形成反応　122
錯形成平衡　122
酢酸イオン　61, 163
酢酸銅(II)　61
錯体修飾固体表面　205
錯体触媒　193
錯体配位子　182
サマリウム(III)　210
酸解離定数　31
酸化還元対　156
酸化還元電位　22, 138, 155
酸化還元反応　11, 138, 142, 155
三角形型錯体　48
三角両錐型錯体　48, 178

酸化剤　156
酸化状態　18
酸化数　21,40,42,148
酸化的付加　194
酸化反応　195
三脚型四座配位子　172
三重結合　105
三重縮退　106
サンドイッチ型錯体　52

シ

シアノ配位子　180
シート構造　202
四角錐型錯体　48
四角面三冠三角プリズム　48
色素太陽電池　217
磁気モーメント　99,218
磁気量子数　74
軸不斉　55
シクロペンタジエニルイオン　6,51
自己集積化錯体　198,199
磁石　220
シス　50,52
シスプラチン　222
磁性　98,217
シッフ塩基　181
シトクロム　188
ジホスホナトイオン　209
四面体型錯体　48
遮蔽効果　29
車輪型錯体　184
自由イオン　74
自由原子　74

集積型金属錯体　56
縮退　78,79,87
主量子数　74
シュレーディンガーの波動方程式　73
条件付き錯形成定数　129
常磁性　98
小分子の吸着　204
触媒化学　193
触媒反応　142,193
触媒反応場　204

ス

水銀(II)　48
水和エンタルピー　86
スズ　20
スピン-軌道相互作用　78,98,114,222
スピン角運動量の保存　109
スピンクロスオーバー　219
スピン多重度　78,106
スピン量子数　75

セ

正十二面体型錯体　48
生体関連化学　187
生体必須元素　187
正八面体型六核骨格　66
正方アンチプリズム型錯体　48
ゼオライト　204
全安定度定数　124
遷移金属元素　15,20
遷移金属錯体　41,42,72,79
遷移状態　152
全角運動量　115
全軌道角運動量　77
センサー　216
全スピン角運動量　77,107
選択則　107
全電子スピン量子数　99

タ

第一遷移系列金属　136
第一遷移系列元素　18,30
第二遷移系列元素　18,30
第三遷移系列元素　18,30
太陽電池　217
タウビー　11
多核化配位子　180
多核金属錯体　101
多核錯体　11,56,64,162,179,198,209,210
多座配位子　40,168
多電子配置　106
田辺-菅野図　110
タリウム　20
タングステン　193
タングステン(II)　210
タングステン(III)　104
タングステン(VI)　60
炭酸脱水酵素　3
単分子磁石　220

チ

チオシアナト　54

索引

置換活性　11,143,158,
　163
置換不活性　11,143,158
置換不活性型錯体　121
逐次安定度定数　124
チタン　22
超分子化合物　11
超分子錯体　67,198

ツ

ツァイゼ塩　9,51
つながり異性体　53
強い結晶場の近似　114

テ

低スピン　21,25,49,83,
　99,218
テクネチウム　35
鉄(Ⅱ)　3,21,100,157,
　160,219
鉄(Ⅲ)　21,25,157,160,
　218
鉄-硫黄タンパク質
　188
テトラアザデカン　54
電荷移動　213
電荷移動遷移　116
点共有型複核錯体　57
典型金属　147
典型金属元素　15,20
典型金属錯体　72
電子間反発　219
　——のパラメータ
　110,113
電子状態　169
電子スペクトル　105
電子対　5

電子対生成エネルギー
　83
電子伝達系　191

ト

銅(Ⅰ)　44,48,61,178,
　196,209
銅(Ⅱ)　48,61,87,124,
　126,178,196
ドナー数　130
トランス　50,52
トランス影響　50,66
トランス効果　150,163
トリアザシクロノナン
　174
トリアザヘプタン　54
1,3,5-トリアミノベンゼ
ン　180
トリエチレンテトラミン
　128
トリス(アミノエチル)
アミン　172

ナ

内圏型反応機構　157,
　159
鉛　20

ニ

二核化配位子　180
二重縮退　106
ニッケル(Ⅱ)　178
ニトリト　54
ニトリドイオン　32
ニトロ　54
ニトロゲナーゼ　188,
　191

ネ, ノ

ネオジム(Ⅲ)　210
ネットワーク構造　202
熱分解反応　120,121
野依良治　12

ハ

配位結合　5,39,71
配位高分子　67,199,202
　——の作る空間　203,
　204
配位子　4,5,168
配位子群軌道　91,94
配位子置換反応　142,
　162,214
　——速度　147
配位子場分裂　219
　——エネルギー　81,
　97
　——のパラメータ
　113
配位子場理論　9,72,89
配位水　31
配位水交換反応　144,
　154
配位数　26,40,43,44,168
配座数　169
バイナップ　197
パウリの原理　83
八面体型六核錯体　210
白金　193,210
白金(Ⅱ)　49,63,88,89,
　153,163,209
白金(Ⅱ)ポルフィリン
錯体　215
発光　178,206,211

発光性材料 215
発光ダイオード 215
波動方程式 73
バナジウム 23,31,32
バナジウム(II) 157
バナジウム(IV) 50,150
バナジウム(V) 60
パラジウム 193
パラジウム(II) 49,63,196,201
パルスラジオリシス 142
反結合性軌道 92
反応速度定数 144,147

ヒ

光エネルギーの吸収 177
光化学 206
光誘起スピン励起状態トラップ 219
光励起状態 142,206,211,214
光励起電子移動 216
非共有電子対 38
非水溶媒 129
ヒステリシスループ 221
ビスマス 20
ヒドロキソ架橋錯体 58
ヒドロキソ錯体 151
ヒドロゲナーゼ 188
4,4′-ビピリジン 169,179,198,199,202
ピラジン 63,164,169

フ

ファク 52
風解 121
2-フェニルピリジナトイオン 209
フェロセン 9,51
不活性電子対 41
——効果 20
複核錯体 56
不斉触媒 196
フタロシアニン 176
フランク-コンドンの原理 160
プルシャンブルー 180
分光化学系列 84,98
分子軌道 72,89,105
フントの規則 82

ヘ

平面型構造 42
平面型錯体 48,81,88,193,209
ヘキソール錯体 8,59
ペダーセン 10
ヘムエリトリン 188,190
ヘモグロビン 3,177,188
ヘモシアニン 188,190
ベリリウム(II) 63
辺共有型複核錯体 57

ホ

方位量子数 74
ボーア磁子 99
ポリオキソ酸 60
ポルフィリン 2,17,174,176,182,188,190,192,210,217

マ

マーカス 11
マグネシウム(II) 177
マクロサイクル 173,181
マンガン 35,101
マンガン(II) 50,154
マンガン(VII) 32,51,156
マンガン-サレン錯体 197

ミ

ミオグロビン 177,188
見かけの錯形成定数 129

メ

メタンモノオキシゲナーゼ 192
メル 52
面冠三角柱型錯体 48
面冠八面体型錯体 48
面共有型複核錯体 57
面不斉 55

モ

モリブデン 34,117,193
モリブデン(II) 210
モリブデン(IV) 50,190
モリブデン(V) 50
モリブデン(VI) 60

ヤ, ユ

ヤーン-テラー効果 49,

87,136
有機金属化合物 6
有機金属錯体 18
有機ゼオライト 204
有機無機複合体 MOF 199
誘電率 129
ユウロピウム(Ⅲ) 210

ヨ

陽イオン交換能 204
ヨルゲンセン 6
弱い結晶場の近似 114
ラカーのパラメータ 113
ラセミ化反応 141
ラポルテ則 109
ランタノイド 15,25,33, 41,43,72,115,133,137, 210
ランタノイド収縮 30, 44

リ

立体構造 38,42,44
立方体型錯体 48
硫化物イオン 32
りん光 213

ル

ルイス塩基 5,71,130
ルイス酸 5,71,130
ルテニウム(Ⅱ) 132, 149,164,197,208,213, 215
ルテニウム(Ⅲ) 133,163

レ

励起状態 206
レーン 10
レニウム(Ⅰ) 208
レニウム(Ⅲ) 102,210
連結異性体 53

ロ,ワ

ロジウム(Ⅰ) 193
ロジウム(Ⅲ) 49,121, 149,197,209
ワッカー反応 196

欧文,数字など

2 配位錯体 44
3 配位錯体 47
4 配位錯体 48
4 配位四面体型錯体 81
5 員環 128,171
5 配位錯体 48,178
5 配位四角錐型錯体 59, 81
6 員環 128
6 配位錯体 48
6 配位(正)八面体型錯体 7,41,49,61,80,98,169, 178
7 配位錯体 48
8 配位錯体 48
9 配位錯体 48
π型相互作用 93
π 供与 94
π 受容性 96
σ型相互作用 89
σ 供与 94
σ 結合 102

A 機構 152
BINAP 197
D 機構 152
d 軌道 92
——の分裂 79
d-d 遷移 109,115
d 電子数 147
d-ブロック元素 16
EDTA 2,4,44,50,128, 134,137,170,172
e_g 軌道 81,83,97
f-ブロック元素 16
I 機構 152
I_a 機構 153
I_d 機構 153
$j-j$ 結合法 115
p 軌道 92
p-ブロック元素 16
s 軌道 92
s-ブロック元素 16
t_{2g} 軌道 81,83,97

錯体化学式

$[Co(NH_3)_6]^{3+}$ 1
$[Cr_2Cl_9]^{3-}$ 105
$[Fe(H_2O)_6]^{2+}$ 3,21,25
$[Fe(H_2O)_6]^{3+}$ 21
$[Ir(ppy)_3]$ 209
$Mn_2(CO)_{10}$ 101
$[Mn_{12}O_{12}(CH_3COO)_{16}(H_2O)_4]$ 223
$[Pt_2(\mu-pop)_4]^{4-}$ 209
$[Re_2Cl_8]^{2-}$ 102
$[Ru(bpy)_3]^{2+}$ 208,212, 213,215,216
$[W_2Cl_9]^{3-}$ 104

著者略歴

佐々木陽一(ささきよういち)

1942年北海道生まれ．東北大学大学院理学研究科化学第二専攻博士課程修了．北海道大学名誉教授．元錯体化学会会長．研究テーマは多核錯体の合成，構造，反応性，発光．理学博士．

柘植清志(つげきよし)

1967年東京生まれ．東京大学大学院理学系研究科化学専攻博士課程修了．富山大学大学院理工学研究部教授．研究テーマは金属錯体の合成と解析．博士（理学）．

化学の指針シリーズ　錯体化学

2009年11月25日　第1版1刷発行
2019年2月25日　第3版1刷発行
2023年3月5日　第3版3刷発行

検印省略
定価はカバーに表示してあります．

著作者	佐々木　陽　一
	柘　植　清　志
発行者	吉　野　和　浩
発行所	東京都千代田区四番町 8-1
	電　話　03-3262-9166（代）
	郵便番号 102-0081
	株式会社　裳　華　房
印刷所	中央印刷株式会社
製本所	株式会社　松　岳　社

一般社団法人　自然科学書協会会員

JCOPY〈出版者著作権管理機構　委託出版物〉
本書の無断複製は著作権法上での例外を除き禁じられています．複製される場合は，そのつど事前に，出版者著作権管理機構（電話03-5244-5088，FAX 03-5244-5089, e-mail: info@jcopy.or.jp）の許諾を得てください．

ISBN 978-4-7853-3224-2

ⓒ 佐々木陽一，柘植清志，2009　　Printed in Japan

化学の指針シリーズ

各A5判

【本シリーズの特徴】
1. 記述内容はできるだけ精選し，網羅的ではなく，本質的で重要な事項に限定した．
2. 基礎的な概念を十分理解させるため，また概念の応用，知識の整理に役立つよう，演習問題を設け，巻末にその略解をつけた．
3. 各章ごとに内容にふさわしいコラムを挿入し，学習への興味をさらに深めるよう工夫した．

化学環境学
御園生 誠 著　252頁／定価 2750円

錯体化学
佐々木陽一・柘植清志 共著
264頁／定価 2970円

化学プロセス工学
小野木克明・田川智彦・小林敬幸・二井 晋 共著
220頁／定価 2640円

分子構造解析
山口健太郎 著　168頁／定価 2420円

生物有機化学
－ケミカルバイオロジーへの展開－
宍戸昌彦・大槻高史 共著
204頁／定価 2530円

高分子化学
西 敏夫・讃井浩平・東 千秋・高田十志和 共著
276頁／定価 3190円

有機反応機構
加納航治・西郷和彦 共著
262頁／定価 2860円

量子化学
－分子軌道法の理解のために－
中嶋隆人 著　240頁／定価 2750円

有機工業化学
井上祥平 著　248頁／定価 2750円

超分子の化学
菅原 正・木村榮一 共編
226頁／定価 2640円

触媒化学
岩澤康裕・小林 修・冨重圭一
関根 泰・上野雅晴・唯 美津木 共著
256頁／定価 2860円

既刊11点，以下続刊

※価格はすべて税込(10%)

裳華房ホームページ　https://www.shokabo.co.jp/